碳中和知识学

CARBON

刘 华 著

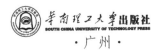

华南理工大学出版社
SOUTH CHINA UNIVERSITY OF TECHNOLOGY PRESS
·广州·

本书主要包括应对气候变化进展、基础理论、碳足迹和碳标签、碳交易和碳市场、碳金融和碳会计、行业碳中和路径、碳中和行动、碳中和标准化等章节，涉及碳中和的思想、理论、方法、标准和案例等内容。本书适用于组织或个人碳中和能力提升的学习，可作为大专院校的本科生和研究生的教材。本书是"碳中和能力提升系列丛书"的第一本著作，其他包括：《面向数字化转型碳排放管理体系：理论、标准和应用》《碳中和声明理论和实践》《碳战略和碳预算》《企业碳目标设定理论和方法》《碳金融和碳资产》和《行业碳中和示范场景》等。

图书在版编目（CIP）数据

碳中和知识学 / 刘华著. —广州：华南理工大学出版社，2022.8
ISBN 978-7-5623-7120-5

Ⅰ.①碳…　Ⅱ.①刘…　Ⅲ.①二氧化碳－节能减排－教材　Ⅳ.①X511

中国版本图书馆CIP数据核字（2022）第143198号

Knowledge on Carbon Neutrality

碳中和知识学

刘　华　著

出 版 人：柯　宁
出版发行：华南理工大学出版社
　　　　　（广州五山华南理工大学17号楼，邮编510640）
　　　　　http://hg.cb.scut.edu.cn　E-mail：scutc 13@scut.edu.cn
　　　　　营销部电话：020-87113487　87111048（传真）
责任编辑：王昱靖
责任校对：梁樱雯　李　桢
印 刷 者：广州小明数码快印有限公司
开　　本：889mm×1194mm　1/16　印张：22.5　字数：423千
版　　次：2022年8月第1版　2022年8月第1次印刷
定　　价：67.50元

前　言

　　"世界潮流，浩浩荡荡，顺之则昌，逆之则亡。"百年前以孙中山先生为代表的民族革命先辈们，为了中华民族和国家的独立和富强提出这样的口号。当时的"世界潮流"乃是民主主义。

　　2021年10月25日，国家主席习近平在中华人民共和国恢复联合国合法席位50周年纪念会议上发表的讲话中，再次提到这句话。此时的"世界潮流"，乃是强调"历史大势"。

　　尽管百年变局和世纪疫情之影响叠加交织，国际形势跌宕起伏，但和平与发展的主题未曾改变，携手推动构建人类命运共同体，共同建设持久和平、普遍安全、共同繁荣、开放包容、清洁美丽的世界乃是"历史大势"。

　　从1921年中国共产党成立至2021年这百年的发展进程中，中国历经四个发展时期，即新民主主义革命时期：从1921年7月中国共产党成立至1949年10月中华人民共和国成立；社会主义革命和建设时期：从1949年10月至1978年12月党的十一届三中全会召开；改革开放和社会主义现代化建设新时期：从1978年12月至2012年11月党的十八大召开；中国特色社会主义新时代：从2012年11月至今。

　　2021年，我国脱贫攻坚战完美收官，历史性地解决了绝对贫困问题，在中华大地上全面建成了小康社会，提前10年实现《联合国2030年可持续发展议程》减贫目标，在实现全体人民共同富裕的道路上迈出了坚实的一大步，实现了几代中国人追求的第一个百年奋斗目标。我国正以不可阻挡的步伐向第二个百年奋斗目标阔步前行，走向中华民族的伟大复兴。

　　生态兴则文明兴，生态衰则文明衰。保护生态环境，应对气候变化，维护能源资源安全，是全球面临的共同挑战。实现碳达峰、碳中和，是以习近平同志为核心的党中央统筹国内国际两个大局作出的重大战略决策，是着力解决资源环境约束突出问题、实现中华民族永续发展的必然选择，是构建人类命运共同体的庄严承诺。

　　2021年10月22日，在第18届中国标准化论坛上，本人组织发起成立了"碳中和领跑行动联盟"，发布了"碳中和领跑行动路线图"和"碳中和领跑行动宣言"，工业领域陶瓷行业、交通领域充电桩行业、建筑领域、金融领域共26家代表企业签署并发布了"碳中和领跑行动承诺书",建立了碳中和领跑行动平台(碳中和声明平台)(http://www.environdec.cn/tzhsmpt)、微信公众号:碳中和领跑联盟。

为了帮助企业开展碳中和领跑行动,联盟发起了"科学领跑者碳目标"倡议(SBTi-Forerunner),帮助企业在符合联合国政府间气候变化专门委员会IPCC第五次评估报告中2℃脱碳水平的条件下,综合考虑国家和地区的自主贡献的情况,在共同但有区别责任的原则下,确定组织自主贡献,设定基于循证决策的减排目标。

基于以上基础,面向当今"双碳"目标和数字经济的发展,我们提出了碳中和促进"速达"(SUDA)模式(标准,联盟,宣言,领跑;Standard,Union,Declaration,Action),促进区域、行业、组织、项目、服务、产品等碳中和。

为了配合这项工作,本人策划了"碳中和能力提升系列丛书",第一批包括:《碳中和知识学》《面向数字化转型碳排放管理体系:理论、标准和应用》《碳中和声明理论和实践》《碳战略和碳预算》《企业碳目标设定理论和方法》《碳金融和碳资产》和《行业碳中和示范场景》等。

《碳中和知识学》获得广东省哲学社会科学规划项目"建设粤港澳大湾区"和"支持深圳建设中国特色社会主义先行示范区"专项:粤港澳大湾区创新绿色低碳发展模式研究(项目编号:GD20SQ15)、广东省教育厅科研项目:大数据背景下农产品区域品牌价值评价理论和方法及标准化推广(项目编号:2020ZDZX1012)、佛山市哲学社会科学研究项目、佛山实施"十百千万企业家成长工程"对策研究(项目编号:2021-ZDB03)资助。

本书在编写过程中,广泛汲取了国内外众多专家学者的研究成果,在此致以最诚挚的谢意。由于本书内容涉及领域浩繁,著者水平有限,难免有疏漏和错误之处,敬请批评指正。联系电话:13826175499;邮箱:381508408@qq.com.

目 录

1 绪论 1

  1.1 我国碳中和目标的提出 1

  1.2 中国实现碳中和目标面临的挑战 2

  1.3 碳中和的特征分析 4

    1.3.1 外部性 4

    1.3.2 绿色溢价 5

    1.3.3 绿色治理 6

    1.3.4 发展机遇 7

  1.4 碳中和的不确定性 9

    1.4.1 碳中和在科学方面的不确定性 9

    1.4.2 碳中和在社会政策层面上的不确定性 10

    1.4.3 碳中和在信任机制层面上的不确定性 10

    1.4.4 碳中和在认识层面上的不确定性 11

  1.5 碳中和知识体系 12

    1.5.1 思想基础 12

    1.5.2 碳中和涉及的领域 15

2 应对气候变化的进展 21

  2.1 国际应对气候变化的进展 21

    2.1.1 国际应对气候变化概况 21

    2.1.2 国际公约贡献和意义 28

  2.2 我国应对气候变化的进展 35

    2.2.1 时期角色 35

    2.2.2 角色变化 37

    2.2.3 发展历程 39

2.3 碳中和进展 41

    2.3.1 国际碳中和进展 41

    2.3.2 我国碳中和进展 47

    2.3.3 实现碳中和的关键技术 54

3 基础理论 57

    3.1 资源 57

        3.1.1 资源的概念 57

        3.1.2 资源的分类 57

    3.2 能源 59

        3.2.1 能源的概念 59

        3.2.2 能源的分类 60

        3.2.3 能源的革命 62

    3.3 大气 63

        3.3.1 大气的概念 63

        3.3.2 大气的组成 64

        3.3.3 全球碳循环 65

    3.4 大气污染 66

        3.4.1 大气污染的分类 66

        3.4.2 大气污染源 67

        3.4.3 大气污染物 67

    3.5 环境问题 69

        3.5.1 大气环境问题 69

        3.5.2 水环境问题 70

        3.5.3 固体废物 73

        3.5.4 物理性污染 73

        3.5.5 环境规制 75

    3.6 气候变化 77

        3.6.1 温室气体 77

        3.6.2 气候变化趋势 80

        3.6.3 气候变化减缓 81

3.6.4 气候变化适应 82

3.7 低碳发展 83

3.7.1 低碳概念 83

3.7.2 低碳经济 84

3.7.3 绿色发展 86

3.7.4 循环发展 87

3.7.5 基本特征 92

3.8 生态文明 97

3.8.1 概念定义 97

3.8.2 发展历程 99

3.8.3 基本特征 102

3.9 可持续发展 103

3.9.1 概念定义 103

3.9.2 发展历程 104

3.9.3 基本特征 106

3.10 碳达峰与碳中和 108

3.10.1 碳锁定与碳解锁理论 108

3.10.2 碳脱钩理论 108

3.10.3 环境高山理论 111

3.10.4 碳源、碳汇、碳达峰与碳中和理论 112

4 碳足迹和碳标签 116

4.1 足迹的概念 116

4.1.1 足迹的定义和类型 116

4.1.2 足迹的综合框架模型 118

4.2 生态足迹 120

4.2.1 生态足迹分析法 120

4.2.2 生态足迹计算方法 121

4.2.3 生态足迹的应用 122

4.3 区域碳足迹核算方法 122

4.3.1 区域碳足迹核算方法的分类 122

4.3.2 生产者责任方法 123

4.3.3 消费者责任方法 125

4.3.4 生产 – 消费者共同分担责任方法 125

4.3.5 国家温室气体清单编制指南 126

4.3.6 我国省级温室气体清单编制指南 128

4.4 企业碳足迹核算方法 129

4.4.1 边界设定 129

4.4.2 排放源识别 132

4.4.3 排放量计算 132

4.4.4 数据质量管理 138

4.5 产品碳足迹核算方法 142

4.5.1 产品碳足迹概念 142

4.5.2 生命周期评价法 142

4.5.3 产品碳足迹核算标准 148

4.5.4 产品碳足迹计算流程 153

4.5.5 敏感性分析和不确定性分析 155

4.6 碳标签 156

4.6.1 标志的概念和分类 156

4.6.2 环境标志的分类 157

4.6.3 碳标签实践 161

4.6.4 碳标签国际标准 163

4.6.5 碳标签的分类 164

4.6.6 碳标签的作用 165

4.6.7 碳标签案例 166

5 碳交易和碳市场 169

5.1 基础理论 169

5.1.1 碳交易市场 169

5.1.2 外部性 170

5.1.3 公共物品 173

5.1.4 公地悲剧 175

　　　　5.1.5　科斯定理和庇古税 177

　　5.2　碳交易 181

　　　　5.2.1　碳交易发展历程 181

　　　　5.2.2　碳排放权交易市场的分类 183

　　　　5.2.3　碳排放权交易的工作原理 187

　　　　5.2.4　碳核算报告与碳核查 188

　　　　5.2.5　配额分配与交易制度 191

　　　　5.2.6　履约清缴与抵消机制 201

　　5.3　碳市场 209

　　　　5.3.1　全国碳排放权交易市场 209

　　　　5.3.2　地方碳排放权交易试点 217

　　5.4　清洁发展机制 226

　　　　5.4.1　CDM 相关规则 226

　　　　5.4.2　CDM 项目的具体实施 227

　　　　5.4.3　CDM 方法学 231

　　　　5.4.4　CDM 国内管理规则 235

　　5.5　中国自愿减排项目 237

　　　　5.5.1　CCER 基本概念 237

　　　　5.5.2　CCER 项目开发流程 238

　　　　5.5.3　CCER 项目方法学 239

6　碳金融和碳会计 243

　　6.1　碳金融 243

　　　　6.1.1　碳金融市场要素 244

　　　　6.1.2　利益相关方 244

　　　　6.1.3　碳金融产品 245

　　　　6.1.4　价格发现机制 246

　　6.2　碳会计 247

　　　　6.2.1　碳会计概念 247

　　　　6.2.2　碳会计对象与要素 248

　　　　6.2.3　碳会计信息披露 249

6.2.4 碳审计与碳鉴证 · 255

6.3 中国碳排放权交易有关会计处理 · · · · · · · · · · · · · · · · 258

6.3.1 政策文件 · 258

6.3.2 适用范围 · 259

6.3.3 处理原则 · 260

6.3.4 账务处理 · 260

6.3.5 财务报表列示和披露 · 262

6.4 绿色金融 · 263

6.4.1 绿色金融概念和作用 · 263

6.4.2 绿色金融市场与产品 · 265

7 行业碳中和路径 · 269

7.1 中国经济社会发展现状和目标 · · · · · · · · · · · · · · · · · · 269

7.1.1 中国经济社会发展现状 · · · · · · · · · · · · · · · · · · · 269

7.1.2 中国国家战略部署 · 270

7.1.3 中国经济社会发展目标 · · · · · · · · · · · · · · · · · · · 270

7.1.4 减排实施路径 · 271

7.2 能源行业碳中和路径 · 273

7.2.1 行业现状 · 273

7.2.2 发展趋势 · 274

7.2.3 实施路径 · 277

7.3 工业行业碳中和路径 · 280

7.3.1 行业现状 · 280

7.3.2 发展趋势 · 280

7.3.3 实施路径 · 280

7.4 建筑行业碳中和路径 · 282

7.4.1 行业现状 · 282

7.4.2 发展趋势 · 282

7.4.3 实施路径 · 283

7.5 交通行业碳中和路径 · 286

7.5.1 行业现状 · 286

7.5.2 发展趋势 286

7.5.3 实施路径 286

8 碳中和行动 289

8.1 碳中和倡议及行动 289

8.2 联合国碳中和行动 289

8.3 欧洲碳中和行动 290

8.3.1 英国碳中和行动 290

8.3.2 法国碳中和行动 291

8.4 澳大利亚碳中和行动 292

8.5 哥斯达黎加碳中和行动 293

8.6 中国碳中和实践及国际经验启示 293

8.7 碳中和领跑行动联盟 295

8.7.1 联盟提出 295

8.7.2 联盟理念和模式 296

8.7.3 领跑宣言 296

8.7.4 路线图 297

8.7.5 碳中和领跑行动平台 301

9 碳中和标准化 302

9.1 国际碳中和标准化 302

9.1.1 国际标准化活动 302

9.1.2 国外标准化活动 303

9.1.3 国际范围内碳中和标准化趋势 305

9.2 国内碳中和标准化 305

表格索引 307

图片索引 310

参考文献 312

附录1：国际标准 317

附录2：中国国家标准的制定情况一览表 319

附录3： 各省市的地方标准制定情况一览表................................321

附录4： 团体标准制定情况一览表................................323

附录5： 大型项目方法学................................326

附录6： 大型造林与再造林项目方法学................................329

附录7： 小型项目方法学................................330

附录8： 小型造林与再造林项目方法学................................332

附录9： 组合方法学................................333

附录10： CCER方法学................................334

附录11： 碳普惠制核证减排量方法学................................340

附录12： 术语中英文对照................................341

1 绪论

1.1 我国碳中和目标的提出

工业革命以后，人类的活动冲击了原有碳循环系统中碳源（碳排放）和碳汇（碳吸收）的平衡，特别是化石能源的使用导致大气中二氧化碳浓度上升，引发温室效应，带来全球气候变暖的后果。大多数科学家认同过去一个世纪的气候变暖与人类的行为有关。尤其是过去 50 年，从冰川融化致海平面上升，从海洋生态受毁坏到水供应压力日益增大，从极端天气（洪水、干旱、飓风）频发到疾病传播等，气候变化的影响越来越成为一个亟待解决的现实问题。

按照联合国政府间气候变化专门委员会（Intergovernmental Panel on Climate Change，IPCC）的预测，到 2100 年，全球平均温度将比工业革命之前高 1.5～4.8 ℃。如果不采取应对措施，按照现在的趋势，气候变化对人类社会各方面的冲击将日益严重。

碳排放是经济活动的结果。工业革命以来人类生活水平大幅提升，其中化石能源起到了重要作用。碳减排在短期需要付出成本，可能导致经济受损，但是碳减排、碳中和（carbon neutrality）将给人类社会带来长远的利益。

减少碳排放的方式有两大类：一是经济活动（如工业生产、交通运输、家庭取暖等）的电气化；二是发电方式从使用传统能源转化为使用可再生能源、核能或者化石能源配上碳捕捉与封存技术。现在的难题是，清洁能源的成本比化石能源高，同时需要新建配套基础设施，这些成本对经济增长有负面影响。经过努力，2010—2019 年，全球范围内光伏发电、光热发电、陆上风电和海上风电项目的加权平均成本已分别下降 82%、47%、39% 和 29%。

"十四五"规划期间我国需要对节能提效提出明确要求。节能提效应为我国能源战略之首，是保障国家能源供需安全和能源环境安全的第一要素。特别是在当前以化石能源为主的能源结构下，节能提效应是减排的主力。从能源生产来说，就是由黑色、高碳逐步转向绿色、低碳，从以化石能源为主，转向以非化石能源为主。

碳达峰（peak carbon dioxide emissions）和碳中和的目标对于我国而言，是挑战也是机遇，转型不力将会导致能源系统和技术的落后；但同时，它将催生新的产业、新的增长点和新的投资，实现经济、能源、环境、气候的可持续发展。现在，我们正处在能源产业和时代发展的拐点上，尤其是在碳中和的目标之下，未来的能源生产、储备和消费将会发生重大的变化。

气候变化是当今人类面临的重大全球性挑战。我国为了积极应对气候变化提出了碳达峰、碳中和目标，一方面是我国实现可持续发展的内在要求，是加强生态文明建设、实现美丽中国目标的重要抓手；另一方面也是我国作为负责任大国履行国际责任、推动构建人类命运共同体的责任担当。

党的十九大提出"两个一百年"奋斗目标，把 2020 年到 21 世纪中叶的现代化进程分为两个阶段，即到 2035 年基本实现社会主义现代化，到 21 世纪中叶把我国建成富强民主文明和谐美丽的社会主义现代化强国。生态文明建设事关实现"两个一百年"奋斗目标，事关中华民族永续发展，是建设美丽中国的必然要求。

2030 年前碳排放达峰，与 2035 年中国现代化建设第一阶段目标和美丽中国建设第一阶段目标相吻合，是中国 2035 年基本实现现代化的一个重要标志。

2060 年前实现碳中和目标，与《巴黎协定》提出的全球平均温升度数控制在工业革命前的 2℃ 以内并努力控制在 1.5℃ 以内的目标相一致，与中国在 21 世纪中叶建成社会主义现代化美丽中国的目标相契合，实现碳中和是建成现代化强国的一个重要内容。

2021 年 3 月 15 日，习近平总书记在中央财经委会议上指出，要把碳达峰碳中和纳入生态文明建设整体布局。从传统工业文明走向现代生态文明，是应对传统工业化模式不可持续危机的必然选择，也是实现碳达峰、碳中和的目标的根本前提。同时，做好碳达峰、碳中和工作，又是促进生态文明建设的重要抓手。

传统工业化模式是以工业财富大规模生产和消费为特征的发展模式，高度依赖化石能源和物质资源投入，必然会造成大量碳排放、资源消耗，导致生态环境遭受破坏，全球气候变化和发展不可持续，需要大幅度减少碳排放，及早实现碳达峰、碳中和目标。

"绿水青山就是金山银山"的生态文明理念，代表价值观念和发展内容向低碳方向的深刻转变。全社会的资源朝着绿色发展方向有效配置，绿色经济就会越来越有竞争力，生态文明建设进程就会越来越快。

1.2 中国实现碳中和目标面临的挑战

我国作为世界最大的发展中国家，在 2060 年前实现碳中和目标将面临非常严峻的挑战。时间紧、任务重，相比其他发达国家，我国需要付出更多的努力。

第一，从排放总量看，我国碳排放总量巨大，约占全球的28%，是美国的2倍多、欧盟的3倍多，实现碳中和所需的碳减排量远高于其他经济体。

第二，从发展阶段看，欧美各国经济发展成熟，已实现经济发展与碳排放的绝对脱钩，碳排放进入稳定下降通道。而我国国民生产总值（gross domestic product，GDP）总量虽跃居全球第二位，但人均GDP刚突破1万美元，各地区发展不平衡、不充分的问题仍然比较突出，发展过程中的能源需求不断增加，碳排放尚未达峰。要统筹经济结构转型、能源低碳转型和社会经济协调发展，实现碳达峰、碳中和目标，难度巨大。

第三，从碳排放发展趋势看，英、法、德等欧洲发达国家早在1990年开启国际气候谈判之前就实现了碳达峰，美国、加拿大、西班牙、意大利等国在2007年前后就实现了碳达峰，这些国家从碳达峰到2050年实现碳中和的窗口期短则40余年，长则60～70年，甚至更长。而我国从2030年前碳排放达峰到2060年前实现碳中和的目标的时间跨度仅有30年左右，时间跨度显著短于欧美各国。我国为实现碳中和目标所要付出的努力要远远大于欧美国家。

第四，从重点行业和领域看，我国能源结构以煤炭为主，2019年煤炭消费占能源消费总量的比例为57.7%，非化石能源占15.3%，规模以上发电厂发电量中火电占比72%。能源系统要在短短30年内快速淘汰占85%的化石能源实现零碳排放，这不是单凭节能减排就可以实现的转型，而是一场真正的能源革命。当前，以清洁低碳为特征的新一轮能源变革蓬勃兴起，新型的清洁能源取代传统能源是大势所趋。实现碳达峰、碳中和目标，需要能源系统率先碳达峰、碳中和。我国要达到2030年前碳达峰、2060年前碳中和的目标，需要能源系统在近期就出现明显的转型，到2050年前后实现净零排放，之后开始进入负排放阶段。

中国是世界最大的煤炭生产国和消费国。2019年，中国煤炭产量超过全球总产量的47%，而煤炭消费量在全球的占比更是高达52%。2019年全球煤炭产量最大的50家企业中，中国企业有30家。相比石油和天然气，煤炭是碳排放强度最高的化石能源品类，按单位热值的含碳量计算，煤炭大约是石油的1.31倍，是天然气的1.72倍。

煤炭是我国能源安全的稳定器和压舱石，对经济发展具有重要的支撑作用。在碳达峰、碳中和目标下，煤电不仅要继续做好保障大电网稳定运行的基石，而且要积极参与电网调峰、调频、备用。

天然气相比煤炭、石油更低碳，是能源转型进程中有益的过渡能源，但仍然是一种有碳能源。全球通过天然气替代煤炭，在推动能源转型中发挥了关键作用。在欧洲，天然气替代煤炭的转型已基本完成，天然气消费进入平台期。在我国 2030 年前碳达峰、2060 年前碳中和目标下，天然气作为能源转型的过渡性方案，在未来 5～10 年还有一定的发展空间，未来 10～15 年的发展前景则存在较大不确定性。从长远来看，要实现碳达峰、碳中和目标，天然气最终也将被无碳排放的能源替代。

1.3 碳中和的特征分析

1.3.1 外部性

人类经济活动有很多外部性，大部分的外部性是局部的，而且在一定范围之内，比如金融风险、土壤污染。但气候变化是全球性的，影响所有国家和人群。

一个可比的例子是应对新冠肺炎疫情的举措。接种新冠疫苗不仅能保护个体，而且能限制病毒在群体中传播，后者具有全球性的正外部性。如果每个国家的新冠疫苗接种率都达到 70%～80%，就可能实现全球性的群体免疫。如果每个国家都只顾自己，单个国家即使达到 100% 的人群接种，也难以保证消除疫情，因为其他国家的病毒传播可能导致病毒变异，使疫苗失效。

但应对气候变化和控制疫情相比有一个重要差异，那就是后者的影响体现在当下，效果也比较明确，前者涉及的却是几十年甚至上百年以后的影响，效果的体现形式和程度有很大的不确定性。这种跨时空的负外部性使得私有部门参与应对气候变化的动力很小，自由市场调节机制的作用很有限，纠正负外部性是实现碳中和的关键。

目前，全球应对气候变化的效果有限，或者说和理想的要求相距甚远。一个关键因素是所谓负外部性：碳排放经济活动让个体受益，由此带来的气候变化和空气污染等损害由群体承担。这种负外部性使自由市场形成的商品和服务的价格不符合社会利益，体现为化石能源的市场价格太低、消费量太大。

如何纠正负外部性，这需要公共政策的干预。碳价格是关键因素，它是衡量碳排放的社会成本，其作用机制是通过付费把碳排放的社会成本转化为使用者成本，促使经济主体降低能耗，同时从化石能源向清洁和可再生能源转换。

从理论上讲，碳价水平的确立应该基于碳的社会成本，需要把碳排放的长远损害折现成当下的成本。因为贴现率反映的是社会在当代人与后代人利益之间的选择，这是最容易产生争议的地方，因此对未来几十年气候变化影响的估算有很大的不确定性。

在执行层面，碳价有两种形式：碳税和碳交易形成的碳价格。前者是政府通过税收直接设定一个碳价，以弥补碳的市场价格的缺失；后者是创造一个交易市场，在政策设定的排放总量限制下由交易双方形成价格。相互对比见表1。

表 1　碳税和碳交易对比表

层面	碳税	碳交易
基本内容	政府通过税收直接设定一个碳价，以弥补碳的市场价格的缺失	创造一个交易市场，在政策设定的排放总量限制下由交易双方形成价格
成本问题	使用现有的征收机制，征收成本较低	涉及碳排放量许可设定和建立新的交易机制，成本较高
影响问题	引进新税种会引发社会接受度的问题	受多重因素的影响，包括经济周期和技术进步等。在经济衰退时，碳排放需求下降，碳价也会随之下降；反之，在经济繁荣时，需求增加会导致价格上升
相对优势	透明，价格可预期，有利于经济主体的长期规划	碳排放量的可预期性比碳税情形高
相对劣势	与减排目标的关系不直接、不稳定，也就是碳排放量的可预期性差	价格的可预期性低，因为供给缺少弹性，需求端所有冲击的影响都落在价格上，所以价格波动容易过大，会对企业等经济主体的经营规划产生较大的冲击

1.3.2　绿色溢价

绿色溢价（green premium）是指某项经济活动的清洁（零碳排放）能源成本与化石能源成本之差，负值意味着化石能源的成本相对较高，经济主体有动力向清洁能源转换，从而减少碳排放。

经济主体的决策取决于化石能源与清洁能源使用成本的比较。使清洁能源和化石能源成本相等的碳价，被称为转换价格或者平价，例如国际能源署（International Energy Agency，IEA）就是使用转换价格而不是传统的碳价概念来描述碳中和的路径；比尔·盖茨在《气候经济与人类未来》一书中提出绿色溢价的指标，绿色溢价实际上就是转换价格的概念。

降低绿色溢价可以以碳税、碳交易和公共政策等为载体来实现。碳税和碳交易在前文提及外部性时已经提到，关于公共政策，政府可以在促进技术进步和创新方面增加投入，例如加快制定行业和产品的绿色标准，建设降低清洁能源使用成本的基础设施等方式来实现。

绿色溢价衡量的是现状，是由近及远，估算当下的成本差异，以此为基础分析未来可能的演变路径。在长远的目标（碳达峰、碳中和）已经确定的情形下，绿色溢价作为分析工具的可操作性更强。

由于技术条件、商业模式、公共政策的差异，绿色溢价具有鲜明的行业结构性特征，各行业的绿色溢价不同，甚至有很大差异。估算不同行业的绿色溢价有助于评估政策措施在不同领域的可行性。依据对新技术、新模式以及规模效应门槛值的假设，绿色溢价可以帮助我们判断实施路径上的一些关键时间点与指标。

碳价是一个整体划一的概念，估算碳价是由远及近的方法，把碳排放导致的气候变化的长远损害折现为当下的成本，涉及对长远不确定因素的评估，需要纠正超时空的外部性。

统一碳价可能存在问题，需要差别碳价。人类共同生活在地球村中，在大气层中并不能分出温室气体是哪个行业排放的，每一吨二氧化碳对人类经济社会的负面影响是一样的，去除或者减少每一吨二氧化碳所需要的综合代价（而不是边际代价）是不一样的。各个行业的绿色溢价可能不一样，政策安排也可能不一样，是指即期的边际效应不同。应对这种差别，在行业方面有产业政策和财政政策，这些政策产生的差别待遇会给各个行业带来不同的激励机制。

例如，在我国当前，非乘用车交通运输以及建材行业（水泥、玻璃等）的绿色溢价比例分别是141%、138%，即清洁和可再生能源的成本比化石能源高一倍多。这说明仅依靠市场价格提供的利益驱动机制，绿色转型的动力有所欠缺，而这几个行业占我国碳排放总量的一半以上。

降低绿色溢价有两个载体，即降低清洁能源的成本和增加化石能源的成本。如果降低绿色溢价完全靠增加化石能源的成本，则其所要求的幅度可能会给经济带来很大的冲击。理想的办法是降低清洁能源的成本，或者降低单位 GDP 的能耗，这就要求技术进步和社会治理方面的创新。这将对经济产生一个正面的供给冲击，能给发展带来新机遇。

1.3.3　绿色治理

实现碳中和需要政府和非政府机构的协力，以及国家之间的合作和协同。碳中和的推进面临两个挑战：一是涉及面广，跨经济、社会、科学多方面，二是公共政策作为其关键，但又是处在难以借鉴以往经验的新领域。

当前发达国家和发展中国家在气候问题上存在的争议主要体现在：一是发展中国家普遍认为，发达国家对碳减排的资金和技术支持远远不到位；二是存在跨境碳排放问题，这就会涉及贸易的跨境调节税，还有跨境飞机、跨境船舶等在国际领域内的碳排放问题。

各国应对跨境碳排放予以调控，这相对较易达成共识。然而，关于所收税费应进谁的口袋则争议巨大，因为各国都想把钱放进自己的口袋。这就表现出国际共识缺乏，影响国际行动，也使得全球共同应对气候变化的可信度受到质疑。

因此，绿色治理也需要体现国际共识和国际行动，需真正秉持人类命运共同体和多边主义的宗旨，以第二次世界大战以后构建布雷顿森林体系为参考模板，大胆设计，大力推动。

要做好绿色治理，就必须夯实数字基础，搭建可计量、可核算、可定价、可评估、可激励的绿色治理制度和体系。这是促使各个部门都积极行动，主动落实碳达峰与碳中和目标的关键因素。

我国目前在这方面的进展刚起步，很多问题尚在初步讨论之中。对此，可适时借鉴和采用 MRV（measurement、reporting、verification，即可度量、可报告、可核查）体系的一些做法，这也是构建碳交易市场的核心要素之一。

碳排放和技术进步都有外部性，前者是负外部性，后者是正外部性，都需要公共政策的干预和扶持。研发投入和失败风险由个体承担，成果可能使整个社会受益，这导致私人部门的研发投入低于社会福利要求的水平。

创新不仅限于自然科学和技术，还包含社会治理。由于人们的生活习惯、风俗、路径依赖等，绿色溢价和碳减排的关系不一定是线性的，碳价在促进能源转换方面的门槛值可能比较高，短期内对经济的影响大，而技术进步有较大的不确定性。公共政策的行政性干预以及社会治理方面的改革有助于在需求端促进节能减排，包括形成更健康的生活方式，比如减少食品浪费，可以把部分土地腾出来做修复、增加碳汇，或者生产生物能源等。

在一些领域，新技术和新产品的推广需要一个学习过程，发挥规模效应需要时间，并且存在较大的不确定性，这使得规则和监管比货币化价格引导更有效地发挥作用，比如制定行业和产品标准、改进城市规划、改善土地管理、建设新基础设施（包括充电桩和更便利的公共交通设施）等。数字经济发展也能起到重要作用，大数据应用扩大了清洁能源技术的应用收益和成本下降空间，比如提升风电和光伏发电的可预期性，提高需求侧管理效率以促进电力供需更好地匹配。

1.3.4 发展机遇

应对气候变化，实现碳中和，从根本上来说是发展模式变化和经济结构转型，其背后是相对价格变化的驱动。无论是碳税、碳交易形成碳价，还是公共政策等措施，其促进碳减排的传导载体都是提升化石能源的价格和降低清洁能源的价格，例如绿色溢价。

在新的模式下，清洁能源将成为人类社会健康生活、可持续发展的基础。但在旧均衡到新均衡的转型过程中，相对价格变化会对经济造成供给冲击。碳价在供给侧体现为生产成本上升，在需求侧体现为实际收入下降。

就结构影响来讲，一些经济活动、技术，甚至行业将被新模式替代，传统能源尤其是煤炭行业受到的冲击最大，相关的基础设施、制造和服务部门的就业率将显著下降，清洁/可再生能源及相关部门的就业率显著上升。自然禀赋是化石能源分布的基本特征，对于中国这样的大型经济体来讲，区域特征是转型带来的显著特征，煤炭、石油生产大省和地区将受到较大冲击，而这些省和地区地处西部地区，经济相对欠发达。同时传统能源价格将在一段时间内上升和有较大的波动，对低收入人群的影响比对中高收入人群的影响大。应对这些结构调整和收入分配问题，需要财政等公共政策发挥作用。

经济研究需要重新审视自然的角色，在劳动力和生产性资本之外，我们还要考虑自然资本（水、空气、森林、生物多样性、海洋等），而自然资本没有自由市场形成的价格，需要公共政策和社会治理发挥作用。在效率与公平的平衡中，对公平的重视将有所增加。

应对气候变化的经济研究，早期大多采用成本—收益分析，即比较碳减排的长远收益与短期成本，并据此提出政策建议。但给气候变化的长远影响予以货币价值存在很大的不确定性，政策制定者容易低估控制措施的收益，导致政策力度不足。

首先，经济分析往往只能捕捉到有市场交易的经济活动或者可以货币化的经济影响，而气候变化带来的一些冲击超越了传统的经济分析或者难以货币化，比如海平面上升、海水酸化、生态失衡等。其次，成本是当下的，收益则是长远的，人们以及公共政策部门往往更注重短期的成本和经济压力，而忽视后代人的利益。

在应对气候变化成为国际共识之后，讨论的重点不再是是否应该采取控制措施，而是确定目标后如何以最小的成本能有效达到目标；研究的重点从成本—收益分析转变成了成本—有效性分析，即给定政策目标，根据落实不同措施的成本，分析实现目标的有效路径和具体措施。这也是碳中和是确定的目标而不是计算的结果这一说法的充分依据。

关于碳中和目标的未来，三种可能出现的情形如下：第一，碳中和的努力没有取得成功或者成功来得太迟，全球气候变化将给人类社会带来重大损害；第二，碳中和的努力取得了成功，但主要靠增加能源使用成本来实现，全球经济在长时间内面临滞胀的压力；第三，公共政策包括国际合作促进技术和社会治理创新，碳中和带来新发展格局，人类享受更高水平、更健康的生活。

1.4 碳中和的不确定性

1.4.1 碳中和在科学方面的不确定性

科学技术是测量、评估、预测和检验全球气候变化和碳排放交易的基础性工具。目前科学技术所能确定的全球变暖的证据主要来自两个方面：一方面来源于一百多年以来关于气候变化的历史数据记录和分析；另一方面来源于某些与气候变化相关联的迹象，如生物足迹、碳足迹、极端天气、冰川融化等可视迹象。由于在历史记录和当下碳足迹基础上建立起来的气候变化模型只能满足于可视性的碳排放领域，不确定性的范围远大于确定性的范围。

另外，碳排放交易制度的减排信用、总量控制、抵消、净额结余和银行存储都需要建立在确切的信息和具体计算方式的基础上，而这些信息和数据在客观上是不确定的。但这些不确定性不是否定碳排放交易制度的正当理由。只要人类还致力于共同应对全球气候变化这一现实问题，我们就必须找到将不确定性转化为确定性的方法。这种客观上的不确定性必须通过可接受的中介转化为主观上的确定性。我们除了获得概率规则的支撑外，也可以通过民主和法律方式达成一套人类必须接受的确定性标准。

我们可以从可视性的简约化范围着手进行保护生态环境的试验。因为面对全球变暖这一世界性新问题，没有现成的技术和规范方式正确指引，在应对全球气候变化这一方面，所有国家都处于世界性的试验状态之中。我们可以通过碳减排实践充实或修正简约模型，不断扩大确定性范围的边界，逐步推进碳排放交易机制的适应性范围，以实现在科学范畴上从以迹象和证据为基础的阶段上升到以数据为基础的阶段。由于对全球气候变化的事实我们掌握的数据极为有限，因此，在全球减排政策选择上必须通过多样化的方式进行渐进式试验，以便积累经验数据，检验不同政策的有效性及有效性范围。

科学技术领域的不确定性问题还可以运用其他社会机制予以弥补。目前应对全球气候变化的简化模型需要社会科学的方法形成一个解释体系，以便在实践过程中建立起履行共同保护生态环境的信任机制。全球气候变化的不确定性产生形成全球性应对气候变化规范体系的契机，迫使世界必须发展出自己的规范以重构全球共同体。《联合国应对气候变化框架公约》《京都议定书》和《巴黎协定》就是全球共同体化的契约。全球气候变化的不确定性同时也是推动世界团结的契机。

1.4.2 碳中和在社会政策层面上的不确定性

在应对全球气候变化的过程中，不确定性始终存在。但由于全球气候变化具有重构世界规范的事实本身的本质性强制力量，无论哪一个国家都被迫自觉或不自觉地卷入这一全球性试验之中，必须做出应对全球气候变化的政策部署。

目前所采用的方式主要有国家管理方式与市场交易方式，但两者减排效果不明显。在全球应对气候变化的过程中必须尝试更多的方法，提供更多的政策工具。

选择碳排放交易政策的主张认为，由于激励机制的作用，在实现相同的碳减排目标方面，碳排放交易所需支付的社会成本相对较少。反对碳排放交易机制的主张认为，在实现碳减排这一公共目标过程中引入个人成本—收益计算，会进一步增加碳减排目标实现的不确定性，也就是碳排放交易市场是否能实现碳排放交易机制所承载的理论价值。碳排放交易机制实际上承担了多重价值目标，例如环境优先原则、经济发展原则和公众福利原则，目前这些价值在理论上的排序在世界范围内并不一致。

因碳排放交易机制自身的特点，涉及公民基本权利的碳排放不适合通过碳排放交易机制实现环境保护目标。碳排放交易可用于环境福利改善领域。碳排放交易机制存在环境保护目标、经济发展目标和私人经济目标这三个主要价值范畴，它们各自的逻辑是不同的，因此存在冲突。如何协调三者之间的冲突取决于各国不同的政策选择和均衡能力。

1.4.3 碳中和在信任机制层面上的不确定性

由于气候具有均等分布的特点，全球气候变化最终对每个人的负面影响都是相同的，这为全球共同应对气候变化奠定了基础。然而，由于应对气候变化必须支付一定的成本，因此，在行动上就会出现"公地悲剧""囚徒困境"和"搭便车"现象。造成"公地悲剧"最重要的原因是不同国家彼此缺乏信任。在行动上，克服"公地悲剧"的重要途径是建立各国相互之间的合作机制，而合作机制的基础是建立各国彼此之间的信任关系。

在应对全球气候变化问题上，为了使不确定性转化为一定程度上可控的确定性，人类充分利用了信任机制，而这种信任机制是由一系列的制度确定下来的。为了克服不同利益之间的障碍，我们将公共政策目标转化为不同利益的组合，相信不同利益的参与会最终可达成总体上的减排目标，但在碳排放交易过程中，这种信任关系本身存在转化为破坏信任关系的不确定性的风险，因此，我们还必须通过法律方式将这种不确定性风险内化为确定性的行为动机。

美国是全球第二大温室气体排放国，是发达国家中的第一大温室气体排放国。美国是否参与气候制度不仅直接关系到制度的成败，而且会对其他国家产生示范效应和带动作用。美国退出《京都议定书》，以及退出和重新加入《巴黎协定》，对信任机制造成了极大的破坏。

1.4.4　碳中和在认识层面上的不确定性

碳中和本身充满着实践的辩证法，交织着不同的逻辑及其转化机制。这决定了碳中和本身难以形成融贯的理论化体系，其体系内部充满着未完全理论化的范畴，形成的是不同知识体系和实践经验的逻辑片断。

生态环境问题本质上是人类活动的负面效应。在经济活动中，生态环境问题是经济负外部性的突出表现。碳排放交易机制却是通过将这种负外部性看作正外部性进行产权化和交易化的。由于人们已经建立了一种关于如何消除经济的负外部性的理论范式，在这一范式中，产权是经济活动的正面成果而不是负面影响，负面影响具有反伦理学的特征。将负外部性产权化且赋予其权利地位，乃是一种反常的制度安排。这种反常的制度安排之所以被接受，乃是由于人类共同应对全球生态环境危机的体现。

由于生态环境问题主要是经济行为的负外部性，按照生态环境保护的逻辑，生态环境保护应该排除经济行为的介入，但碳排放交易机制却将具有自反性的两个要素结合在一起，形成一种复合结构。在这一结构的公共政策层面，确立的是排放总量。排放总量是根据减排目标确立的，它们之间构成了直接的逻辑关系。在碳排放交易市场，确立的是碳排放总量与市场参与者之间的直接逻辑关系。市场参与者的逻辑只有在法律约束下才会与减排目标之间形成间接逻辑关系，如果法律约束放松或者缺位，则市场参与者与减排目标之间将处于一种可疑的关系之中。而碳排放交易的理论认为，减排目标、总量控制与碳排放市场处于同一逻辑关系之中，具有逻辑上的一致性。实际上，由于将经济的负外部性产权化甚至权利化运作，碳排放交易机制存在极大的背离减排目标的风险。

1.5 碳中和知识体系

全球气候变化主要指温室气体增多导致的全球变暖，是美国气象学家詹姆斯·汉森于1988年6月在美国参众两院听证会上首次提出。在2003年，美国著名演员莱昂纳多·迪卡普里奥花钱在墨西哥植树，用于抵消他产生的二氧化碳，并宣称自己是美国第一个碳中和公民。

气候变化已成为全球性的政治问题，成为国际社会的共识，也成为大国博弈的焦点。气候变化的问题从环境领域一直延伸到经济、政治、文化、科技和社会领域，维系着人类的兴衰和各国的发展前景。碳达峰、碳中和就是在这个大背景下引起了国际社会的普遍关注。

1.5.1 思想基础

1.5.1.1 "绿水青山就是金山银山"理念

2005年8月，时任浙江省委书记习近平同志在湖州安吉首次提出"绿水青山就是金山银山"的发展理念。2017年10月，"必须树立和践行绿水青山就是金山银山的理念"被写进党的十九大报告；"增强绿水青山就是金山银山的意识"被写进新修订的《中国共产党章程》。

自然界是人类生存与发展的基础，人是自然界的一部分。没有适合人类生存的自然界，再多的钱财也无所用处。"绿水青山就是金山银山"的理念强调"宁要绿水青山，不要金山银山"。从历史看，例如处于黄河流域的毛乌素沙漠，曾由于人们过度破坏环境造成水土流失，变成不毛之地。绿水青山就是金山银山的理念蕴含的"生态兴则文明兴，生态衰则文明衰"的思想观点，对于我们正确看待和处理人与自然的关系，具有极强的现实意义。

生态环境本身就意味着生产力和经济财富，例如外界自然条件在经济上可以分为两大类：一是生活资料的自然富源，例如肥沃的土壤、渔产丰富的河流等；二是劳动资料的富源，如可以航行的河流、森林、金属、煤炭等。习近平总书记指出："我们既要绿水青山，也要金山银山。宁要绿水青山，不要金山银山，而且绿水青山就是金山银山。"其揭示了保护环境就是保护生产力，改善环境就是发展生产力的客观规律。

尊重自然、顺应自然、保护自然，是发展生产力的前提。党的十八大以来，以习近平同志为核心的党中央把生态文明建设作为统筹推进"五位一体"总体布局和协调推进"四个全面"战略布局的重要内容，彰显了"绿水青山就是金山银山"的生态文明理念。

1.5.1.2 生态文明观

党的十八大把生态文明建设纳入中国特色社会主义事业"五位一体"总体布局，明确提出大力推进生态文明建设，努力建设美丽中国，实现中华民族永续发展。生态文明建设在"五位一体"总体布局中具有突出地位，发挥独特功能，为经济建设、政治建设、文化建设、社会建设奠定坚实的自然基础和提供丰富的生态滋养，推动美丽中国的建设蓝图一步步成为现实。

"生态兴则文明兴、生态衰则文明衰。"人与自然和谐共生的新生态自然观。绿水青山就是金山银山，保护环境就是保护生产力的新经济发展观。山水林田湖草是一个生命共同体的新系统观。环境就是民生，人民群众对美好生活的向往就是我们的奋斗目标的新民生政绩观。

党的十八大以来，以习近平同志为核心的党中央提出并深入贯彻新发展理念，坚持系统思维，厚植马克思主义生态观内涵，体现了低碳经济发展与政策体系协同的整体布局，彰显了共同但有区别责任原则下"气候正义"的时代价值。2013年，联合国环境规划署第二十七次理事会通过了推广中国生态文明理念的决定草案；2016年5月，联合国环境规划署发布《绿水青山就是金山银山：中国生态文明战略与行动》报告，向国际社会展示了中国建设生态文明、实现绿色发展的决心和成效。

生态文明观以生态伦理为价值取向，以工业文明为基础，以信息文明为手段，把以当代人类为中心的发展调整到以人类与自然相互作用为中心的发展上来，从根本上确保了当代人类的发展及其后代持续发展的权利。

要贯彻生态文明观，需要正确处理人与自然、人与人、自然界生物之间、人与人工自然的关系，以及身与心、我与非我、心灵与宇宙的关系。如何处理人与自然、人与人、自然界生物之间、人与人工自然的关系，最终归结到人怎样看待这个世界。当代社会面临危机四伏的局面，根源在于人的身与心存在严重分裂、人的心灵与宇宙存在巨大差异，来源于人类内心深处的思维指导下的行为使"天人""人地"关系全面失衡。只有弘扬中国古典生态智慧"道法自然"，崇尚治身与治心和谐统一的理念，明白人的内心比宇宙更广大，不断地开发与扩张内心的空间，生态文明理念才会在全社会形成。

2021 年，习近平总书记在主持召开中央财经委员会第九次会议时发表重要讲话强调，实现碳达峰、碳中和是一场广泛而深刻的经济社会系统性变革，要把碳达峰、碳中和纳入生态文明建设整体布局。

1.5.1.3 人类命运共同体

党的十八大明确提出，"要倡导人类命运共同体意识，在追求本国利益时兼顾他国合理关切"。2015 年 9 月，习近平总书记在纽约联合国总部发表重要讲话时指出："当今世界，各国相互依存、休戚与共。我们要继承和弘扬联合国宪章的宗旨和原则，构建以合作共赢为核心的新型国际关系，打造人类命运共同体。" 2019 年 10 月，党的十九届四中全会提出，坚持和完善独立自主的和平外交政策，推动构建人类命运共同体。

习近平总书记在第 75 届联合国大会上提出我国在 2030 年前碳达峰、2060 年前碳中和的目标，同时，在气候雄心峰会上进一步宣布中国将积极提交国家自主贡献（Nationally Determined Contributions，NDCs）的安排，受到国际社会高度赞誉，彰显了全球气候治理中"构建人类命运共同体"的思想内涵。

我国碳达峰、碳中和目标战略的提出，是在全球气候治理的进程中不断推进绿色经济复苏、事关中华民族永续发展和构建人类命运共同体的体现。中国是全球最大的碳排放权供应国，在国际碳市场的不断发展中，一直在倡导全球绿色经济体系的稳定运行，并与其他国家共同开展应对气候变化南南合作。在全球气候治理的国际格局的不断变革中，中国已决定接受《〈蒙特利尔议定书〉基加利修正案》，加强氢氟碳化物等非二氧化碳温室气体管控。应对气候变化是全人类的共同事业，不应该成为地缘政治的筹码和贸易壁垒的借口。

国际社会为应对气候变化制定了《巴黎协定》，开启了"国家自主贡献＋五年评审"的全球气候治理"自下而上"的新模式，要求各缔约国提交国家自主贡献减排计划，并对各缔约国的落实情况进行评估，进而实现全球气候共治的局面。中国一直坚持共同但有区别责任的原则，推动落实《巴黎协定》，积极开展气候变化南南合作，体现了构建人类命运共同体的大国担当，为全球生态和谐、国际和平事业、变革全球治理体系、构建全球公平正义的新秩序贡献了中国智慧和中国方案。

习近平总书记以"绿水青山就是金山银山"的思想内涵、大国责任担当精神，将新发展理念提升到构建人类命运共同体的高度，这是尊重自然、顺应自然、坚持走可持续发展道路的大国智慧。

1.5.2 碳中和涉及的领域

碳中和涉及生态系统、产业发展、政策规划、市场建设与技术研发、低碳能源、新型城镇化、公众生活和全球治理等领域。

1.5.2.1 碳中和与生态系统

地球上的水资源总量约为 13.86 亿立方千米，淡水资源仅占水资源总量的 2.5%，约为 3 500 万立方千米，真正能够供人类利用的江河湖泊以及地下水中的一部分资源仅占地球水资源总量的约 0.26%，且水资源分布严重不均。

能源和矿产资源是人类社会存在和发展的物质基础，20 世纪以来，人类对不可再生矿物能源的消耗量一直呈指数式增长，油气储量日趋枯竭，一些重要的矿产资源严重短缺。

应保护水资源和水环境，节约用水，节约矿产能源和矿产资源，减少碳排放，实现碳达峰、碳中和，使资源维系人类经济和社会的持续发展。

森林资源、草地资源和湿地资源是重要的固碳库，在大气平衡、地球气候变化、水循环等过程中起着重要的调节作用。人类乱砍滥伐，造成森林被破坏、生物多样性减少，导致水土流失、土地荒漠化，加剧温室效应，造成气候失调，增加自然灾害的发生频率，破坏经济和社会的持续发展。

全世界每年排入大气的有害气体总量为 5.6 亿吨，其中一氧化碳 2.7 亿吨、二氧化碳 1.46 亿吨、碳氢化合物 0.88 亿吨、二氧化氮 0.53 亿吨。每年向江河湖海排放的各类污水约 4 260 亿吨，造成径流总量 14% 被污染，污染 5.5 亿立方米的淡水。2019 年全球产生的电子废物总量达到 5 360 万吨，其中亚洲 2 490 万吨、美洲 1 310 万吨、欧洲 1 200 万吨、非洲 290 万吨、大洋洲 70 万吨，全年只有 17.4% 的电子垃圾被收集和回收，到 2030 年全球电子垃圾将达到 7 400 万吨。土壤污染具有累积性、隐蔽性和滞后性的特点，不仅对生产和生活产生直接影响，而且治理周期较长、成本高。因此，大气污染防治、水污染防治、固体废弃物污染防治和土壤污染防治是碳达峰、碳中和的重要内容。

生态系统是人类的生存和发展空间，森林、草原、荒漠、海水、淡水、湿地、农田、城市等生态系统实现动态平衡才能使人和自然和谐发展。实施森林、草原、湿地、海洋等生态系统的保护和修复工程，不但可增加固碳能力，提高生态系统碳汇增量，也可保护生物多样性。生态保护红线的划定、自然保护地体系的建立能有效地预防未来的生态遭到破坏，维护生态安全和经济社会的持续发展，在当前全球共同应对气候变化的大背景下，对实现碳达峰、碳中和目标具有现实意义。

1.5.2.2 碳中和与产业发展

建立健全绿色低碳循环发展经济体系，促进经济社会发展全面绿色转型，是解决我国资源环境生态问题的基础之策。2021 年 2 月，国务院印发了《关于加快建立健全绿色低碳循环发展经济体系的指导意见》，明确提出了建立健全绿色低碳循环发展经济体系的总体要求。

推动经济绿色低碳循环发展，就是优先发展高附加值、低能耗、低排放产业。力求通过产业结构调整、产业技术升级、产业链转型等措施，使碳排放达到峰值，让经济以低碳的方式增长。要实现碳中和目标，必须建立第一产业、第二产业、第三产业绿色低碳循环发展的产业结构。

第一产业碳排放涵盖农业产前、产中、产后纵向产业链直接或间接的排放，以及农、林、牧、渔业横向产业范围的排放。第一产业碳汇功能主要通过人为调节和支配第一产业系统中作物、森林、草地等的自然碳封存和土壤自身的碳储量来发挥作用。

农业作为人类社会与自然生态系统共同作用的界面，在参与碳循环过程中显示出碳汇和碳排放双重特征。农业碳排放主要包括以下三个方面：一是植物需要部分呼吸消耗碳水化合物放出二氧化碳，以维持生理活动；二是农业化学制品生产及使用、农业机械动力能源消耗以及农地利用所造成的直接或间接排放；三是废弃物处理排放，包括秸秆焚烧及动物粪便处理等造成的排放。

林木每生长 1 立方米，平均能吸收约 1.83 吨二氧化碳，释放 1.62 吨氧气。森林植被区的碳储量几乎占陆地碳库总量的一半。

畜牧业中呼吸排放所占的比例很小，主要是间接地以反刍动物的肠发酵和蠕动以及动物粪便分解而释放出甲烷等温室气体，以饲料及动物产品生产过程中化石燃料的使用，动物产品机械化屠宰、冷冻、包装和运输过程中化石燃料的使用，伐林取地用于饲料生产或者放牧导致土地退化等方式造成碳排放。畜牧业的温室气体排放量占全球温室气体排放量的 15%，比交通运输业的影响还大。2020 年我国碳排放中农业碳排放量约为 20 亿吨，基本是畜牧业产生的。

渔业碳排放主要发生在渔业生产、渔业捕捞以及水产品加工利用等产出环节。渔业碳汇功能主要是渔业生产活动促进水生生物吸收水体的二氧化碳，以及藻类养殖、滤食性鱼类养殖、人工鱼礁、增值放流以及捕捞渔业等形成生物碳汇。

第二产业是能源消费和碳排放的主要领域，我国是全球唯一拥有联合国产业分类中全部工业门类的国家，建立了门类齐全的工业体系，已成为世界第一制造大国。工业和建筑业是碳排放的重要领域，是碳中和责任的重要主体。钢铁、化工、电力、石油和采掘业等行业占据了工业近90%的碳排放量。建筑施工每年形成的碳排放量约占世界碳排放总量的11%。

第三产业是指除第一产业、第二产业以外的其他行业，也称服务业。服务业碳排放占所有产业碳排放总量的比例较低。在服务业的行业分类中，煤炭消费比例最大的是居民服务和其他服务业，石油消费比例最大的是交通运输、仓储和邮政业，天然气消费比例最大的是住宿业和餐饮业，热力、电力消费比例最大的是信息传输、计算机服务和软件业。

1.5.2.3　碳中和与政策规划

我国实现碳中和，需要广泛而深刻的经济社会系统性变革，需要在碳减排途径、技术、机制和政策上开拓思路、积极创新，需要有一套系统、完整、强有力的政策措施来确保目标的实现。

在国家发展战略方面，已经逐步进入碳排放强度和总量双控，开展驱动经济社会系统性变革政策规划；落实2030年应对气候变化国家自主贡献目标，制定2030年碳达峰行动方案，制定碳达峰碳中和时间表、路线图；开展顶层设计，形成"1+N"政策体系；优化能源结构，控制和减少煤炭等化石能源；推动产业和工业优化升级；推进节能低碳建筑和低碳设施；构建绿色低碳交通运输体系；发展循环经济，提高资源利用效率；推动绿色低碳技术创新，发展绿色金融；出台配套经济政策和改革措施，建立碳市场和碳定价机制；完善基于自然的解决方案。

在财政、金融方面，需要制定专项政策，如财税环境保护政策、治污减排约束机制、绿色金融政策框架等方面。在产业政策方面，主要在煤炭工业、电力产业、石油化工产业、交通运输产业、建筑材料产业、钢铁和有色金属产业、碳排放权交易等方面也需要制定专项政策。

1.5.2.4　碳中和与市场建设和技术研发

碳排放权交易可使碳排放权在国际和国内市场发生流动和交换，带来巨大的市场经济效益，推动企业优化生产结构，增大减排力度。经过10多年的发展，世界碳排放权交易建立了相对适用的体系。对于我国而言，通过地方试点积累经验，逐步建立全国碳市场，不断完善碳排放权交易体系，不断完善碳排放监测、报告与核查，对于实现碳达峰、碳中和有重大意义。

我国需不断开展有关碳中和方面的技术研发，包括但不限于：清洁煤技术，主要包括煤炭加工、清洁煤气化、煤炭转化、污染控制与废弃物处理；二氧化碳捕获、利用与封存（carbon capture，utilization and storage，CCUS）技术；节能技术，主要包括工业节能技术、建筑节能技术、照明节能技术、电力节能技术、锅炉节能技术、家用节能技术、节油节气技术、余热回收利用技术、节水技术以及智能监管技术。

1.5.2.5 碳中和与低碳能源

低碳能源是指在利用能源的过程中产生较少二氧化碳等温室气体的能源。通过发展清洁能源，包括风能、太阳能、核能、地热能和生物质能等替代煤炭、石油等化石能源，可减少二氧化碳排放。低碳能源产业是绿色经济发展的产业基础。

清洁能源是对能源清洁性、高效性、系统化应用的技术体系。清洁性指的是符合一定的排放标准，强调清洁性同时也强调经济性。清洁能源包括可再生能源和非可再生能源。可再生能源是指消耗后可得到恢复补充，不产生或极少产生污染物的能源，如太阳能、风能、生物能、水能、地热能、氢能等。非可再生能源是指在生产及消费过程尽可能减少对生态环境的污染的能源，包括低污染的化石能源（如天然气等）和利用清洁能源技术处理过的化石能源（如洁净煤、洁净油等）。

按照《绿色产业指导目录（2019年版）》，低碳能源产业涉及清洁能源产业下的新能源与清洁能源装备制造、清洁能源设施建设和运营、传统能源清洁高效利用、能源系统高效运行等4项二级分类、32项三级分类。

低碳能源主要包括风能、太阳能、海洋能、天然气、地热能、生物质能、核能、氢能、可燃冰和页岩气。

1.5.2.6 碳中和与新型城镇化

我国新型城镇化建设按照城乡"生态位"进行合理优化布局，发展壮大城市群和都市圈，形成疏密有致、分工协作、功能完善的城镇化空间格局。

2013年，中央城镇化工作会议明确了我国"两横三纵"的城镇化空间战略格局。"两横三纵"是指以陆桥通道（东起连云港、西至阿拉山口的运输大通道，是亚欧大陆桥的组成部分）、沿长江通道为两条横轴，以沿海、京哈京广、包昆通道为三条纵轴的全国城镇化战略格局。

大力开展智慧城市、生态城镇、秀美乡村、城镇绿地和湿地生态系统保护和提升、城镇建筑物空间立体绿化等专项建设，有助于促进城镇碳中和目标实现。

1.5.2.7　碳中和与公众生活

生活方式是指在一定社会文化、经济、风俗、家庭影响下，长期以来人们所形成的一系列生活习惯、生活制度和生活意识。

思想决定行为，转变公众消费意识、培养公众生态文明意识是推行低碳消费的重中之重。公众生态文明意识主要包括生态库意识、和谐共生意识、全球意识、发展意识、人均水平意识、国情意识、人口教育意识、环境资源意识、环境道德意识、环境法治意识、环境科技与经济意识、公众参与意识。

在倡导和践行绿色低碳生活方面，需要制定完善绿色低碳消费法律法规，大力倡导绿色低碳消费理念，引导社会大众形成低碳消费光荣、奢侈性高碳消费可耻的理念，加大对环境知识的科普力度，使社会大众充分认识到低碳消费的强烈重要性并自觉形成节约、低碳的消费方式。

生产促进消费，消费也影响生产。培养公众的绿色低碳生活方式，利用消费对生产的反作用，促进产业的绿色低碳转型，推动经济的优化升级，有助于碳排放达峰行动的开展，实现碳达峰、碳中和的目标。

1.5.2.8　碳中和与全球治理

传统工业以大量消耗能源和资源、排放大量废弃物为粗放式特征，以征服和掠夺自然为生存发展理念，导致了全球能源危机、资源危机和生态危机。

全球变暖的危机不是区域性的，必须全球互动并进行国际合作，各个国家共同采取各种措施，才有可能解决人类面临的问题。

生态环境问题日益突出并呈全球化发展趋势，越来越引起国际社会的极大关注。世界各国各地的环保类非政府组织也大量涌现，其数目远远超出政府间组织。1971年，当今世界最活跃、影响最大、最激进的国际性生态环境保护组织"绿色和平组织"成立。

随着国际社会对生态环境问题的关注，适用于调整国际自然环境保护的国家间相互关系的国际环境法陆续制定，这是国际社会经济发展与人类环境问题发展的产物。国际条约规定了国家或其他国际环境法主体之间在保护、改善和合理利用环境资源问题上的权利和义务，是国际环境法规范的最基本和最主要的渊源。

解决全球环境问题，最常见的法律手段就是签订国际环境条约。目前，与环境和资源有关的国际环境条约有近200项，如《保护臭氧层维也纳公约》《联合国气候变化框架公约》《京都议定书》《巴黎协定》等。迄今为止，我国已批准加入30多项与生态环境有关的多边公约或议定书。

2018年5月，联合国大会通过决议，正式开启《世界环境公约》的谈判进程。在已经签订的保护国际环境的国际条约中，有些原则是作为国际惯例发生作用的，也是国际环境法规范的一个渊源。各种国际组织就自然环境某些部分的保护而通过的许多具体纲领和决议，也被认为是自然资源保护方面的国际环境法的基础，如《人类环境宣言》《关于环境与发展的里约宣言》等。

不断加深的生态环境保护国际合作，使中国在全球气候行动中发挥了积极的作用。在国内实行碳达峰、碳中和行动的同时，中国在国际上还积极参与以应对全球气候变化为中心的环境治理，通过推进绿色低碳"一带一路"建设，提升沿线国家生态环保合作水平，为实现2030年可持续发展议程环境目标做出贡献。

2 应对气候变化的进展

2.1 国际应对气候变化的进展

2.1.1 国际应对气候变化概况

2.1.1.1 联合国应对气候变化的进展

1988 年，联合国环境规划署（United Nations Environment Programme，UNEP）和世界气象组织（World Meteorological Organization，WMO）联手，成立了联合国政府间气候变化专门委员会。

1990 年，IPCC 发布了第一份评估报告。经过数百名顶尖科学家和专家的评议，该报告确定了气候变化的科学依据，对政策制定者和广大公众都产生了深远的影响，也影响了后续的气候变化公约的谈判。

1990 年，第二次世界气候大会呼吁建立一个气候变化框架条约。该次会议由 137 个国家及欧洲共同体进行部长级谈判，主办方为世界气象组织、联合国环境规划署和其他国际组织。

1990 年 12 月 21 日，第 45 届联合国大会通过题为"为今世后代保护全球气候"的 45/212 号决议，决定设立一个单一的政府间谈判委员会，制定一项有效的气候变化框架公约，这标志着国际气候变化谈判进程正式开始。1992 年 5 月《联合国气候变化框架公约》（United Nations Framework Convention on Climate Change，UNFCCC）在联合国总部得以通过。

自 20 世纪 90 年代以来，国际社会在联合国框架下开展了一系列气候变化谈判，先后达成了《联合国气候变化框架公约》《京都协定》《巴黎协定》等条约或协定（如图 1 所示），奠定了世界各国携手应对全球气候变化的法律基础。

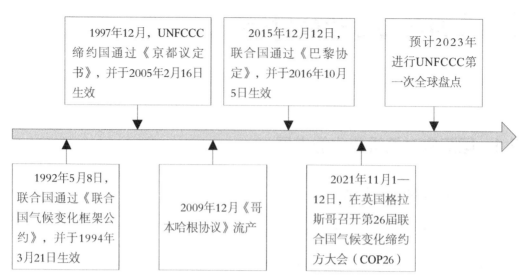

图 1　UNFCCC 及其相关系列活动时间表

温室气体排放对气候变化的影响是全球性的，应对气候变化需要全球共同行动才能取得应有效果，因此，减少碳排放需要国际组织发挥作用。应对气候变化的国际组织有政府间国际组织、非政府间国际组织等。主要国际机构如表 2 所示。

表 2　应对气候变化的主要国际机构

日期	成立机构名称	职能
1951 年 12 月	世界气象组织（WMO）	在政府层面正式开展国际气象合作
1973 年 1 月	联合国环境规划署（UNEP）	为联合国负责环境问题的专门机构
1983 年 12 月	世界环境与发展委员会（WCED）	对世界面临的问题及应采取的战略进行研究
1988 年 11 月	联合国政府间气候变化专门委员会（IPCC）	对与气候变化有关的各种问题展开定期的科学、技术和社会经济评估，提供科学和技术咨询意见
1990 年 11 月	全球环境基金（GEF）	为联合国发起建立的国际环境金融机构，以提供资金援助和转让无害技术等方式帮助发展中国家实施保护全球环境的项目
1990 年 12 月	气候公约"政府间谈判委员会"（INC）	开始起草公约的谈判，国际气候变化谈判的进程由此正式启动
1991 年 5 月	世界气候计划合作委员会（CCWCP）	制定世界气候研究计划，主要研究地球系统中有关气候的物理过程

2.1.1.2 联合国政府间气候变化专门委员会

联合国政府间气候变化专门委员会，是一个附属于联合国的跨政府组织，在 1988 年由世界气象组织和联合国环境署合作成立，专职研究由人类活动所造成的气候变迁。该委员会会员限于世界气象组织及联合国环境署的会员国。

IPCC 本身并不进行研究工作，也不对气候或其相关现象进行监测。IPCC 主要根据成员互相审查对方报告及已发表的科学文献来撰写评估报告，主要工作是发表与执行《联合国气候变化框架公约》有关的专题报告，撰写流程如图 2 所示。

图 2　IPCC 报告撰写流程

目前，IPCC 具有 195 个成员国，组织了数以千计的杰出科学家对气候变化的各个主题的论文进行回顾。IPCC 每隔几年（5～8 年）就会根据全世界的研究进展，发表一份具有权威性的综述。

IPCC 的报告是经过每个成员国政府审核后发布的，是气候变化研究领域的相关机构和各个政府权衡之后发布的研究成果。因此，IPCC 每次报告的发布，基本上给全球应对气候变化指明了方向。截至 2021 年，IPCC 分别在 1990 年、1995 年、2001 年、2007 年、2014 年发布了 5 份气候变迁评估报告，并且在 2018 年发布了《全球升温 1.5℃ 特别报告》，在 2019 年发布了《气候变化和土地》和《气候变化中的海洋和冰冻圈》这两份特别报告，如图 3 所示。2016—2022 年是 IPCC AR6 的工作周期，包括以上三份特别报告以及 IPCC AR6 的正式报告。

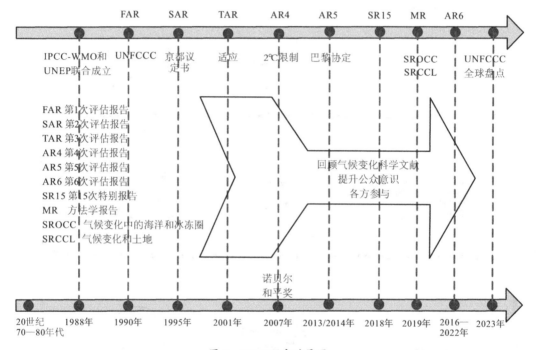

图 3 IPCC 研究进展图

IPCC 的正式报告一般包括四个部分，为三份工作组报告加一份综合报告。

第一工作组有关自然科学基础，主要报告全球变暖的科学事实以及过去、现在和未来的气候状况，评估目前全球变暖的程度以及未来气候变化的可能趋势。

第二工作组有关气候变化影响、脆弱性和适应性，主要评估社会经济和自然系统面对气候变化的脆弱性、气候变化的消极和积极后果以及适应气候变化的备选办法。

第三工作组有关减缓气候变化，评估减少温室气体排放的方法，以及阐述从大气中消除温室气体的方法。

综合报告则是在三个工作组报告和几个特别报告的基础上进行提炼。IPCC 在 2021 年 8 月 9 日发布了 IPCC AR6 第一工作组的报告，在 2022 年陆续发布第二和第三工作组的报告，最终发布 IPCC AR6 的综合报告。

IPCC 报告体系如图 4 所示。

IPCC全体会议
向WMO和UNEP成员国开放

IPCC办事处 工作组的联合主席和副主席 由全体会议选取 在一个评估报告期（5～6年）内，目前有30个成员	IPCC秘书处 在日内瓦的WMO

第一工作组 自然科学基础	第二工作组 气候变化影响、 脆弱性、 适应性、	第三工作组 减缓气候变化	专案组 国家温室气体清单
技术支持单位	技术支持单位	技术支持单位	技术支持单位

图 4　IPCC 报告体系

2.1.1.3　国际应对气候变化谈判进程

　　1992 年《联合国气候变化框架公约》（以下简称《公约》）在巴西里约热内卢达成以来，国际社会围绕细化和执行该公约开展了持续谈判，大体可以分为 1995—2006 年、2007—2010 年、2011—2015 年、2015 年以后几个阶段，签署了《京都议定书》《坎昆协议》《巴黎协定》等，详见表 3。

表 3　国际应对气候变化谈判进程

时间	阶段	内容
1995—2006 年	《京都议定书》谈判、签署、生效	《京都议定书》是《公约》通过后的第一个阶段性执行协议。 　　由于《公约》只是约定了全球合作行动的总体目标和原则，并未设定全球和各国不同阶段的具体行动目标，1995 年缔约方大会授权开展《京都议定书》谈判，明确阶段性的全球减排目标以及各国承担的任务和国际合作模式。 　　《京都议定书》作为《公约》的第一个执行协议，从谈判到生效时间较长，历经美国签约、退约，俄罗斯等国在排放配额上要价高等波折，最终于 2005 年正式生效，首次明确了 2008—2012 年《公约》下各方承担的阶段性减排任务和目标。 　　《京都议定书》将附件一国家区分为发达国家和经济转轨国家，由此形成发达国家、发展中国家和经济转轨国家三大阵营

时间	阶段	内容
2007—2010年	谈判确立2013—2020年国际气候制度	2007年印度尼西亚巴厘气候大会上通过了《巴厘路线图》，开启了后《京都议定书》国际气候制度谈判进程，覆盖执行期为2013—2020年。 根据《巴厘路线图》授权，缔约方大会应在2009年结束谈判，但当年大会未能全体通过《哥本哈根协议》，而是在次年即2010年的坎昆大会上，将《哥本哈根协议》主要共识写入《坎昆协议》中。其后两年，通过缔约方大会"决定"的形式，逐步明确各方减排责任和行动目标，从而确立了2012年后国际气候制度。《哥本哈根协议》《坎昆协议》等不再区分附件一国家和非附件一国家，并且由于欧盟的东扩，经济转轨国家的界定也基本取消
2011—2015年	谈判达成《巴黎协定》	基本确立2020年后国际气候制度。 2011年南非德班缔约方大会授权开启"2020年后国际气候制度"的"德班平台"谈判进程。 根据当时美国奥巴马政府在《哥本哈根协议》谈判中确立的"自下而上"的行动逻辑，2015年《巴黎协定》不再强调区分南北国家，法律表述为一致的"国家自主贡献"，仅能通过贡献值差异看出国家间自我定位差异，形成所有国家共同行动的全球气候治理范式
2016年至今	就细化和落实《巴黎协定》的具体规则开展谈判	国际气候治理进程再次经历美国、巴西等国政府换届产生的负面影响，艰难前行。 2018年波兰卡托维兹缔约方大会就《巴黎协定》关于自主贡献、减缓、适应、资金、技术、能力建设、透明度、全球盘点等内容涉及的机制、规则达成基本共识，并对落实《巴黎协定》、加强全球应对气候变化的行动力度做出进一步安排

2.1.1.4 国际气候谈判的基本格局

国际气候谈判的基本格局，已从20世纪80年代的南北两大阵营演化为当前的"南北交织、南中泛北、北内分化、南北连续波谱化"的局面。

"南北交织"，指南北阵营成员在地缘政治、经济关系和气候治理上的利益重叠交叉。

"南中泛北"，主要指一些南方国家成为发达国家俱乐部成员，一些南方国家与北方国家表现出共同或相近的利益诉求，另有一些南方国家成长为有别于纯南方国家的新兴经济体，虽仍然属于南方阵营，但有别于欠发达国家。

"北内分化"，是指北方国家内部出现不同的有着各自利益诉求的集团，最典型的是伞形集团和欧盟，而且这些集团内部也有分化。例如，加入欧盟的原经济转轨国家波兰、罗马尼亚等，与原欧盟十五国在气候政策的立场上有较大的分歧。更重要的是，北方国家对全球经济的控制力相对下降，新兴经济体的地位得到较大幅度提升，欠发达国家的地位相对持恒。

在连续的波谱化趋势中，仍有一些具有典型代表性的国家和地区，概括起来可将其表述为：两大阵营、三大板块、五类经济体。即南北两大阵营依稀存在，发达国家、新兴国家和欠发达国家三大板块大体可辨，五大类别国家包括人口数量增长较快的发达经济体、人口数量趋稳或下降的发达经济体、人口数量趋稳的新兴经济体、人口数量快速增长的新兴经济体、以低收入为特征的欠发达经济体。这些国家将来可能不断分化重组，但这样的总体格局将在一个相当长的时期内存在。

国际气候谈判的主要利益集团有欧盟、伞形国家集团、小岛国集团、新兴经济体发展中国家等。欧盟作为一个整体，一直积极参与气候谈判并采取气候行动。伞形国家集团的主要参与方为美国和俄罗斯，美国的气候行动与政策易受国家执政党影响，国家层面的政策存在波动和不连续性，地方政府、城市和企业一直积极采取气候行动；俄罗斯认为气候变暖可能有利于其经济发展，对于全球气候治理的态度不是很积极。小岛国集团易受全球气候变暖导致海平面上升所带来的生存危险，特别关注气候变化，希望获得资金支持。新兴经济体发展中国家是在《巴黎协定》谈判进程中形成的"立场相近的发展中国家集团"，这些国家处于经济社会快速发展期，对碳排放具有刚性需求，同时也希望通过国际资金和技术合作，实现低碳转型发展。

2.1.1.5 国家自主贡献

根据在《哥本哈根协议》谈判中确立的"自下而上"的行动逻辑，2015年《巴黎协定》不再强调区分南北国家，法律表述为一致的"国家自主贡献"。

国家自主贡献是指批准《巴黎协定》的国家为实现《巴黎协定》提出的全球行动目标，根据自身情况确定的参与国际合作应对气候变化行动目标，包括温室气体控制目标、适应目标、资金和技术支持等。新的或更新的国家自主贡献于2020年提交，此后每5年提交一次。国家自主贡献代表了一个国家的减排意愿和目标。

2015年前后，共有193个缔约方提交了国家自主贡献预案（Intended Nationally Determined Contributions，INDCs），大部分国家在批准《巴黎协定》后，其INDCs已自动转为NDCs。部分国家在无条件的NDC之外还提出了有条件的NDC目标，只有得到资金和技术援助，才能实现更高的减排目标。

我国根据自身国情、发展阶段、可持续发展战略和国际责任，于 2015 年 6 月 30 日向联合国提交了《强化应对气候变化行动——中国国家自主贡献》，而且中国自主减排目标不附加任何条件，主要包括二氧化碳排放于 2030 年前后达到峰值并争取尽早达峰；单位国内生产总值二氧化碳排放比 2005 年下降 60%～65%；非化石能源占一次能源消费比例达到 20% 左右；森林蓄积量比 2005 年增加 45 亿立方米左右。为实现到 2030 年的应对气候变化自主行动目标，我国还明确提出了体制机制、生产方式、消费模式、经济政策、科技创新、国际合作等方面的强化政策和措施。

截至 2021 年 2 月 20 日，有 8 个国家提交了第二轮更新的 NDCs。2020 年 12 月，欧盟通过了 "2030 年相比 1990 年减排 55% 的新目标"。英国脱欧后拟独立提出 "到 2030 年相对 1990 年减排 68% 的新目标"。在 2020 年 12 月举行的气候雄心峰会上，我国国家主席习近平宣布中国国家自主贡献一系列新举措：到 2030 年，单位国内生产总值二氧化碳排放将比 2005 年下降 65% 以上，非化石能源占一次能源消费的比例将达到 25% 左右，森林蓄积量将比 2005 年增加 60 亿立方米，风电、太阳能发电总装机容量将达到 12 亿千瓦以上，等等。

2.1.2 国际公约贡献和意义

2.1.2.1 《联合国气候变化框架公约》

（1）公约的达成

1992 年 5 月 9 日联合国政府间谈判委员会就气候变化问题达成的公约，于 1992 年 6 月 4 日在巴西里约热内卢举行的联合国环发大会（地球首脑会议）上通过。《联合国气候变化框架公约》是世界上第一个为全面控制二氧化碳等温室气体排放，以应对全球气候变暖给人类经济和社会带来不利影响的国际公约，也是国际社会在应对全球气候变化问题上进行国际合作的一个基本框架。

1994 年 3 月 21 日《联合国气候变化框架公约》正式生效。自 1995 年起，该公约缔约方每年召开缔约方会议（Conferences of the Parties，COP）以评估应对气候变化的进展。目前已有 189 个国家签署《联合国气候变化框架公约》。在数次谈判内，不同国家结成了数个联盟，其中主要包括欧盟、"伞状集团"（包括美、日、加、澳、俄等国）以及 "七十七国集团＋中国"。

（2）公约的主要内容

《联合国气候变化框架公约》内容包括序言、26 条正文以及 2 个附件。其中序言主要包含各国政府就气候问题达成的共识，以及各国通力协作控制、处理气候问题的号召。

正文部分开篇即提出了气候控制工作期望达成的目标——严控大气环境中温室气体浓度，使其保持在人类干扰可控的水平之内。第 3 条确立了各国采取行动控制气候的五个原则。

附件部分主要包括经济高度发达的欧盟、经济合作与发展组织国家（Organization for Economic Co-operation and Development，OECD）、俄罗斯等正处于转型期的 14 个国家、摩纳哥和列支敦士登等数国的缔约资料附件，以及多个经济仍在发展时期国家的缔约资料附件。《联合国气候变化框架公约》所规定的缔约方类别见表 4 所示。

表 4 《联合国气候变化框架公约》所规定的缔约方类别

分类	所包括国家	减排义务
附件一国家	工业化国家和正在朝市场经济过渡的国家	承担削减温室气体排放的义务。以 1990 年的温室气体排放量为基础进行减排，如果不能完成削减任务，可以从其他国家购买排放指标
附件二国家	经济合作与发展组织	承担为发展中国家提供资金、技术援助的义务，还应帮助特别易受气候变化不利影响的发展中国家缔约方支付适应这些不利影响的费用。
其他	发展中国家	不承担削减义务，以免影响经济发展，可以接受发达国家提供的资金、技术援助，但不得出售排放指标

两个附件中的国家所承担的共同义务有：确定本国内温室气体的排放现况、制定减排计划，开发相关技术、促进技术交流，增加森林植被数量，普及相关科学知识等。

附件一中的发达国家较之附件二中的国家，还需率先担负起减排责任，采取措施，实现截至 2000 年将本国内温室气体排放水平降低到与 1990 年时相当的水平目标，并主动为附件二中所列国家的减排工作提供技术、资金、信息费用支持，尤其要为受全球气候变化影响较大的岛国、沿海国家等提供直接资金支持，以帮助其开展气候影响因素的控制计划。

由于《联合国气候变化框架公约》具备框架特点，而且科学界尚未对此温室气体的浓度得出统一结论，故此《联合国气候变化框架公约》内并无明确温室气体限制浓度。

（3）公约的主要特点

《联合国气候变化框架公约》认识到，那些尚处于发展阶段的国家的首要任务仍然是解决本国的贫困和自身发展问题，故此设计了各国必须遵守的共同义务和发达国家现行义务的区别责任原则，将经济高度发达的国家纳入附件一，将仍处于发展时期的国家纳入附件二，设立不同要求；只要求附件二国家完成温室气体释放清单列示工作，制定改善计划的任务，而无减排任务，同时要求附件一国家为其提供资金支持，以便完成清单列示和计划订立工作。公约具有如下特点：

第一，制定模式混合化。《联合国气候变化框架公约》采取了国际法制定时常用的三种模式——多方会议、公约、议定书。首先订立框架性条约，对所有缔约国均不限定其具体权责、义务，仅明确达成目标、行动宗旨、方向、原则，并对缔约国类型进行合理划分。建立此框架协议，能够促进各国统一意见，使其尽快生效。为逐步完善条例、细则，《联合国气候变化框架公约》规定每年召集缔约国举办一次会议展开细则讨论。

第二，广泛参与性。截至2022年6月，已有共计197个缔约方签署《联合国气候变化框架公约》，且有多个非政府组织参与其中，每一届会议中与会人员数量均不低于4000人。

第三，影响力强大。气候问题表面上只涉及环境，但就其影响来说，则还涉及经济甚至政治。减排与全球所有国家、所有人类的所有行为相关。这一问题，不仅与直接燃烧能源产生温室气体的生产性机构有关，而且与森林植被面积占比有关，不仅与经济发达国家的局势相关，还将经由贸易系统变化全面影响全球。

2.1.2.2 《京都议定书》

1.《京都议定书》的谈判历程

在《联合国气候变化框架公约》中，只是要求发达国家在2000年底将其温室气体排放水平控制到与1990年时相当的程度，但没有将此指标进行量化设置。

1995年第一次缔约方会议上，公布的附件一国家温室气体排放指标结果表明，只有极小部分国家达到了这一目标。因此，各国一致认为仅缔约此承诺并未对世界性气候问题产生较大效益，后又通过了《柏林授权书》等文件，以谈判方式确定自2000年起附件一国家的减排责任及进程计划，并明确不为附件二国家增加既定公约之外的其他义务。

1997年12月在日本京都的联合国气候变化框架公约缔约方第三次会议上，制定了《京都议定书》（Kyoto Protocol），全称为《联合国气候变化框架公约的京都议定书》，是《联合国气候变化框架公约》的补充条款。其目标是"将大气中的温室气体含量稳定在一个适当的水平，进而防止剧烈的气候改变对人类造成伤害"，明确了《联合国气候变化框架公约》附件一国家减排的量化指标，仍未给附件二中国家设置减排/限排指标和义务。

《京都议定书》规定了最小参与原则，即只有当至少55个《联合国气候变化框架公约》的缔约方签署并批准加入，且其温室气体排放量至少占全球总量的55%，两份协议才能生效。《京都议定书》于2005年2月16日正式生效。

2.《京都议定书》的主要内容及特征

议定书以《联合国气候变化框架公约》的第一条原则"共同但有区别的责任原则"为其基本核心，设立具体要求。

（1）减排目标的设定

减排目标的设定充分体现了"共同但有区别的责任原则"。议定书要求附件一国家自2008年起至2012年将温室气体排放总量减少为1990年时总量的95%，但仍未对附件二国家提出硬性指标。设定此目标充分表明，发达国家在世界气候控制、减少温室气体排放方面应该承担更多责任，这也是《联合国气候变化框架公约》第一条原则最基础的要求。

（2）灵活合作机制建立

《京都议定书》第一承诺期是2008—2012年，第二承诺期为2013—2020年。《京都议定书》第一承诺期对全球碳减排发挥了很大作用，在全球建立了旨在促进碳减排的三个灵活合作机制：国际排放贸易机制（Emissions Trading，ET）、联合履行机制（Joint Implementation，JI）和清洁发展机制（Clean Development Mechanism，CDM）。这些机制允许发达国家通过碳交易市场等灵活方式完成减排任务，而发展中国家可以获得相关技术和资金。这一时期形成的碳交易经验，为我国建立碳市场提供了很好的参考经验。

（3）缔约方的义务承诺

议定书内为全部缔约国家设定的承诺达成责任以《联合国气候变化框架公约》第一原则为基础。譬如其中第10条，对全部缔约国家提出如下要求："考虑到共同但有区别的责任，同时考虑不同国家所在地区、发展情况、具体目标等差异化情形，在不对附件二诸国提出承诺性要求的前提下，强调了《联合国气候变化框架公约》内第4条关于此原则的一般性责任承诺条款（第1款），且持续助力以期所有承诺国均实现这一承诺，保证世界可持续发展，并充分考虑《联合国气候变化框架公约》内关于附件一国家给予附件二国家的资金支持（第3款）、转让相关技术（第5款）、有效性参照承诺（第7款）的条款内容。"由此不难看出，因为议定书的订立是根据《联合国气候变化框架公约》共同但有区别的责任原则的要求而订立的，所以设定量化或非量化减排目标和义务时，均倾向于保护仍在发展时期的国家的利益。

3.《京都议定书》的世界性影响

《京都议定书》中明确了发达国家从 2008 年起至 2012 年期间的减排目标，影响了全球政治、经济及国际法律体系。

《京都议定书》对国际贸易产生刺激作用。附件一诸国仍然存在排放量超标现象的传统行业必然不得不采用更为清洁的替代能源用于生产，但是目前的技术成本较高，能源被替代之后必然导致传统行业的制造成本显著增加，利润被大幅削减，部分工厂必定倒闭，相应出口量随之减少，进而影响发展中的国际贸易。

《京都议定书》影响全球能源市场。附件一诸国为完成其承诺，很可能会大幅提升必须限制使用的能源价格，实现对市场的调控，减少温室气体释放。因此，相应行业定然设法减少需求，这一变化将因全球化的经贸系统影响世界石油价格，给主要产油国尤其是中东诸国造成损失。

经济较为发达的国家还会加大用于新能源开发的资金投入。无论哪一个国家，只要能够超前于别国取得成果，就能够奠定其世界能源霸主之地位，占据绝对优势。而目前仍在发展的国家则亦将面临源自发达国家的更大压力。虽说那些发达国家之间因为利益冲突从未停止过斗争，但是在对发展中国家的减排义务问题上，发达国家意见显然高度统一。

《京都议定书》为《联合国气候变化框架公约》中附件一国家订立了量化的减排目标，设置了进程表，成立了专门委员会用于监督各国实现其承诺，首次突破了国际性法规的软性，为后期国际法律的实施打下了基础。

《京都议定书》设立的三个市场化制度，为国际化碳交易开拓途径，既有助于附件一国家降低减排支出，又对附件二国家的持续发展有积极作用，为将来国际法律的订立提供思路。这是人类历史上首次以法律的形式限制温室气体排放。

2.1.2.3 《巴黎协定》

1.《巴黎协定》的通过

2015 年 12 月 12 日，195 个国家在《联合国气候变化框架公约》第 21 届缔约方会议巴黎大会上通过《巴黎协定》，2016 年 4 月于纽约签署该协定。2016 年 9 月，我国人大常委会批准加入该协议，成为第 23 个完成批准协议的国家。

《巴黎协定》生效条件：应在不少于 55 个《联合国气候变化框架公约》缔约方，共占全球温室气体总排放量至少约 55% 的《联合国气候变化框架公约》缔约方交存其批准、接受、核准或加入文书之日后第三十天起生效。

《巴黎协定》于 2016 年 11 月 4 日正式生效。《巴黎协定》的生效填补了《京都议定书》第一承诺期 2012 年到期后一直存在的空白，使得国际上又有了一个具有法律约束力的气候协议。按照这一协定，各方将共同加强应对气候变化威胁，使全球温室气体排放总量尽快达到峰值，以实现将全球气温控制在比工业革命前高 2℃ 以内并努力控制在 1.5℃ 以内的目标，同时认识到这将大大减少气候变化的风险和影响。

2.《巴黎协定》的主要内容

《巴黎协定》共 29 条，其中包括目标、减缓、适应、损失损害、资金、技术、能力建设、透明度、全球盘点等内容。

各缔约方应编制、通报并持有其打算实现的下一次国家自主贡献目标，并采取本国的减缓措施，以实现目标。发达国家缔约方应继续带头，努力实现全球经济绝对减排目标。发展中国家缔约方应当继续加强自身的减缓努力，并根据本国国情，逐渐实现全球经济绝对减排或限排目标。

《巴黎协定》提出："发达国家缔约方应为协助发展中国家缔约方在减缓和适应两方面提供资金资源，以便继续履行在《公约》下的现有义务；鼓励其他缔约方自愿提供或继续提供这种资助；作为全球努力的一部分，发达国家缔约方应继续带头，从各种手段及渠道调动气候资金，同时注意到公共基金通过采取各种行动，包括支持国家驱动战略而发挥的重要作用，并考虑发展中国家缔约方的需要和优先事项。对气候资金的这一调动应当逐步超过先前的努力。""发达国家应为发展中国家提供资金、技术等方面的支持。特别是发达国家曾经承诺，到 2020 年要实现每年向发展中国家提供 1 000 亿美元应对气候变化支持资金的目标。""缔约方会议应在 2023 年进行第一次全球总结，此后每五年进行一次盘点，以帮助各国提高力度、加强国际合作，实现全球应对气候变化长期目标。"

中国提出二氧化碳排放在 2030 年前后达到峰值并争取尽早达峰，单位国内生产总值二氧化碳排放比 2005 年下降 60%～65% 等自主行动目标。美国承诺到 2025 年在 2005 年的基础上减排温室气体 26%～28%。

3.《巴黎协定》的意义

这是国际社会在气候问题上多年"博弈"后产生的应对全球气候变化新协议，截至 2020 年底共有 190 个缔约方签署了协定。《巴黎协定》是继 1992 年《联合国气候变化框架公约》和 1997 年《京都议定书》之后，人类历史上应对气候变化的第三个里程碑式的国际法律文书，为 2020 年后全球应对气候变化行动做出了安排。

第一，继续明确了发达国家在国际气候治理中的主要责任，保持了发达国家和发展中国家责任和义务的区分，发展中国家行动力度和广度显著上升。《巴黎协定》承认了南北国家、国家与国家间的差距，体现了缔约方责任和义务的区分，基本否定了发达国家希望推动责任趋同的计划。在文件的不同段落中重申和强调了"共同但有区别的责任"原则，为发展中国家公平、积极参与国际气候治理奠定了基础。同时，也拓展了发展中国家开展行动的力度和广度。

第二，采用自下而上的承诺模式，确保最大范围的参与度。《巴黎协定》秉承《哥本哈根协议》达成的共识，由缔约方根据自身经济社会发展情况，自主提出减排等贡献目标。正是因为各国可以基于自身条件和行动意愿提出贡献目标，很多之前没有提出国家自主贡献目标的缔约方也受到鼓励，提出国家自主贡献，保证了《巴黎协定》广泛的参与度，同时也因为是各方自主提出的贡献目标，更有利于确保贡献目标的实现。

第三，构建了义务和自愿相结合的出资模式，有利于拓展资金渠道并孕育更加多元化的资金治理机制。《巴黎协定》继续明确了发达国家提供资金的责任和义务，照顾了发展中国家关于有区别的资金义务的谈判诉求，既尊重事实，体现了南北国家的区别，也赢得各国尤其是发展中国家，对参与国际资金合作的信心。同时，《巴黎协定》还鼓励所有缔约方向发展中国家应对气候变化提供自愿性的资金支持。这些举措将有助于巩固既有资金渠道，并在互信的基础上拓展更加多元化的资金治理模式。

第四，确立了符合国际政治现实的法律形式，既体现约束性也兼顾了灵活性。《巴黎协定》没有采用"议定书"的称谓，一方面，因为各国的贡献目标没有包括在其正文中，而是放在《巴黎协定》外的"计划表"中，这会导致其功能和作用与议定书有一定差异；另一方面，"协定"的称谓相比"议定书"也会相对简化各国的批约程序，更有助于缔约方快速批约。尽管《巴黎协定》虽然没有采用"议定书"的称谓，但从其内容、结构到批约程序等安排都完全符合一份具有法律约束力的国际条约的要求，当批约国家达到一定条件后，《巴黎协定》生效并成为国际法，约束和规范2020年后全球气候治理行动。

第五，建立全球盘点机制，动态更新和提高减排努力。为确保其高效实施，促进各国自主减排贡献，实现全球长期减排目标，《巴黎协定》建立了每5年一次的全球盘点机制，盘点不仅是对各国贡献目标实现情况的督促和评估，也将可能被用于比较国际社会减排努力和IPCC提出的实现2℃乃至1.5℃温升量目标间的差距，并根据差距敦促各国提高实现自主减排目标的力度或者提出新的自主减排目标。盘点的机制相对以往达成的气候协议是一种创新，既可以促进、鼓励行动力度大的国家不断发挥潜能升级行动；也可以给目前贡献目标相对保守的国家保留更新目标和加大行动力度的机会，从而促进形成动态更新的、更加积极的全球协同减排和治理模式。

《巴黎协定》对我国的影响见表5所示。

表5　《巴黎协定》对中国的影响

影响类型	影响主题	说明
不利影响	我国需承担气体减排义务	作为一个发展中国家，我国承诺承担温室气体减排，不可避免地会对本国经济造成一定负担。2007年以来，我国已超过美国成为温室气体排放最多的国家，且人均水平也超过世界平均水平。作为一个温室气体排放大国，根据《巴黎协定》的相关原则，我国有责任承担减排义务
	引发诉讼风险	从气候变化的角度看，我国是温室气体排放大国。温室气体的排放已经造成了气温变暖、海平面上升、气候灾害频发等诸多问题。国际上，已经有学者主张在气候变化领域引入"领土无害使用原则"和"污染者付费原则" "领土无害使用原则"是国际法中确立的原则，即一国在其领土范围内实施的活动不得损害其他国家环境。从大气污染的角度看，我国排放的污染物很可能进入大气候越境他国，对他国空气造成污染，我国存在被邻国起诉的风险
有利影响	有利于改善我国国内气候环境	我国生态环境脆弱，容易受到气候影响，近年来气候环境有恶化的趋势，即便国际上没有采取行动，我国自身也应当积极应对国内的气候变化问题。减排、治理大气污染，对于改善我国大气污染、大气环境意义重大
	促进国际竞争力提升	当前，我国的能源结构、产业结构自身都存在着很多问题，产业改革、升级势在必行。《巴黎协定》在一定程度上可以通过"倒逼机制"督促我国进行能源结构、产业结构的调整，节能减排，发展清洁能源。如果我国能尽快完成国内产业调整、能源升级，在国际竞争中将十分有利
	减排压力可自主决定	《巴黎协定》的"自主贡献"原则给予了各缔约国在节能减排上的自主选择权、决定权，我国可以结合国家发展态势，在不给经济发展造成太大压力、改革压力可承受范围内展开节能减排行动

2.2　我国应对气候变化的进展

2.2.1　时期角色

从1990年国际气候变化谈判元年开始，我国积极认真地参与联合国气候变化谈判。2020年是国际气候变化谈判开展30周年，也是我国参与国际气候变化谈判30周年。系统梳理我国参与国际气候变化谈判的历史进程，归纳总结我国扮演的角色和所发挥的作用。分析我国角色变迁的原因，具有重要的理论和现实意义，有助于我国在碳中和目标下深度参与全球气候治理，减少外界误解，增强在全球气候治理过程中的规则制定权和话语权，对外讲好中国故事，在全球气候治理领域构建中国话语和中国叙事体系。

关于我国在国际气候变化谈判中的历史分期和角色定位，国内外学者在不同时期从不同角度曾进行过梳理和总结，见表6。

表6　中国在国际气候变化谈判中的历史分期和角色定位表

序号	主要学者	我国在国际气候变化谈判中的历史分期和角色定位
1	唐更克	以国际气候变化谈判的进程为依据，将我国在国际气候变化谈判中的立场划分为京都会议前、京都会议期间和京都会议后三个阶段，认为京都会议前中国在国际气候变化谈判方面是一个积极主动、活跃度高的参与者，京都会议期间我国对清洁发展机制、联合履约和排放贸易等京都机制持保留态度，京都会议之后我国对清洁发展机制转向更为积极的态度。总体上，中国强硬的、有时缺乏灵活性的立场，在国际谈判中赢得强硬路线者的声誉
2	张海滨	聚焦于1991年、1999年、2001年和2005年四个时间点，对我国在国际气候变化谈判中的基本立场进行纵向历史对比，得出如下结论：16年来，我国在国际气候变化谈判中的立场稳中有变，并用减缓成本、生态脆弱性和公平原则三个变量解释了中国立场的变与不变
3	严双伍	将我国参与国际气候变化谈判的历程划分为三个时期：被动却积极参与（1990—1994年）、谨慎保守参与（1995—2001年）及活跃开放参与（2002年以后）
4	肖兰兰	根据国际政治社会理论，将我国参与国际气候变化谈判的历史划分为"积极被动的发展中国家"（1990—1994年）、"谨慎保守的低收入发展中国家"（1995—2001年）和"负责任的发展中大国"（2002年以后）三个阶段。将我国参与国际气候变化谈判的历史划分为五个阶段：气候问题科学主导阶段、《联合国气候变化框架公约》谈判及生效阶段、《京都议定书》谈判及生效阶段、后京都国际气候谈判阶段、《巴黎协定》签署及生效阶段
5	薄燕	从我国的谈判立场出发，将我国参与国际气候变化谈判的历史划分为2007年之前和2007年之后两个阶段。2007年之前，我国反对将发展中国家的自愿承诺问题提上议程，拒绝任何形式的减排承诺；2007年之后，我国的气候变化外交政策出现转变，虽然重申发展中国家现阶段不应当承担减排义务，但是提出可以根据自身国情在力所能及的范围内采取积极措施，尽力控制温室气体排放的增长速度
6	庄贵阳	从我国对气候变化问题的认识角度提出，我国参加全球气候治理经历了四个阶段：注重环境含义，以科学参与为主（1988—1994年）；注重权益维护，以战略防御为主（1995—2005年）；强调地缘政治，注重发展协同（2006—2013年）；强调贡献引领，转向积极行动（2014年至今）

序号	主要学者	我国在国际气候变化谈判中的历史分期和角色定位
7	薄凡	对我国参与国际气候变化谈判的历史进行了划分：第一阶段，重视生态环境问题，是全球气候治理行动的"跟随者"（1979—2006 年）；第二阶段，在国际气候大会中积极发声，形成"三足鼎立"格局（2007—2014 年）；第三阶段，建立我国话语权，引领全球气候治理（2015 年至今）。这一划分将我国参与国际气候变化谈判的历史提前至 1979 年我国参加第一届世界气候大会，与国际气候变化谈判始于 1990 年的主流观点出入较大

2.2.2 角色变化

1. 积极参与者（1990—2006 年）

从在国际气候变化谈判中的政策立场和国内应对气候变化的行动角度看，1990 年到 2006 年，我国是积极参与者。在这一阶段，我国积极认真参与联合国气候变化谈判，积极维护中国和其他发展中国家的发展权益，争取尽可能多的排放权和发展空间，不承担量化减排义务。对待清洁发展机制，我国的态度由质疑转变为支持；在资金和技术方面，从一味强调发达国家必须向发展中国家提供资金和技术援助，转向支持建立双赢的技术推广机制和开展互利技术合作；从强调《联合国气候变化框架公约》及《京都议定书》的重要性，转向对其他形式的国际气候合作机制也持开放态度。

在这一时期，对国际环境问题及相关文件资料的研究还不够深入、透彻，缺少自己的科研资料，有些提案和会议主题不衔接，与会准备不充分，参加国际谈判和开会时发言次数少且针对性不强，在谈判中往往处于被动局面。气候变化"阴谋论"的观点在中国国内有相当大的市场，即认为气候变化是西方发达国家不愿意看到中国快速发展，为延缓和阻止中国发展而抛出气候变化议题，这是一个故意设计的陷阱，是一个阴谋。

2. 积极贡献者（2007—2014 年）

随着 2007 年《中国应对气候变化国家方案》、2008 年《中国应对气候变化的政策与行动》、2013 年《国家适应气候变化战略》等一系列政策文件出台，我国将应对气候变化纳入国民经济和社会发展的总体规划之中，明确了国家应对气候变化的指导思想、具体目标、基本原则、重点领域及政策措施。我国开始将应对气候变化的政策主流化和系列化。

2007 年后，我国虽然重申发展中国家现阶段不应当承担减排义务，但是提出可以根据自身国情采取力所能及的积极措施，尽力控制温室气体排放增长。2009 年，中国宣布自愿减排指标；到 2020 年，单位 GDP 的二氧化碳排放比 2005 年下降 40%～

45%。这是我国首次在国际气候变化谈判中提出量化的、清晰的减排承诺。

特别是在 2007 年巴厘岛气候大会、2009 年哥本哈根气候大会，我国借助日益增加的国际影响力，提供中国方案，不断推动气候谈判进程。我国为维护发展中国家的团结、巩固我国战略依托而积极运作，在 2009 年哥本哈根气候大会召开之前，积极联络印度、巴西、南非，倡导建立"基础四国"磋商机制，定期协调立场；2012 年形成了 30 多个亚非拉国家参加的"立场相近发展中国家"协调机制，并加强同小岛国、最不发达国家、非洲集团的对话、沟通和理解。

3. 积极引领者（2015 年以后）

我国积极提出应对气候变化要坚持人类命运共同体和生态文明的理念，倡导构建人与自然生命共同体，坚持共同但有区别的责任原则，坚持气候公平正义，维护发展中国家的基本权益。

我国积极开展元首气候外交。2014 年，随着巴黎气候大会的日益临近，我国与美国、法国等主要国家顺利发表气候变化联合声明，就"共同但有区别的责任"原则、透明度和盘点等谈判中的关键问题达成重要共识。

到 2019 年底，我国碳强度比 2015 年下降 18.2%，已提前完成"十三五"约束性目标任务；碳强度较 2005 年降低约 48.1%，非化石能源占能源消费的比例达 15.3%，我国向国际社会承诺的 2020 年目标均提前完成。经测算，相当于减少二氧化碳排放约 56.2 亿吨，减少二氧化硫排放约 1 192 万吨，减少氮氧化物排放约 1 130 万吨，应对气候变化和污染防治的协同作用初步显现，在国际上起到良好的示范引领作用。

通过"一带一路"倡议及南南合作等机制，我国帮助广大发展中国家建设了一批清洁能源项目。我国支持肯尼亚建设的加里萨光伏发电站年均发电量超过 7600 万千瓦时，每年可减少 6.4 万吨二氧化碳排放。我国援助斐济建设的小水电站为当地提供了清洁稳定、价格低廉的能源，每年斐济可节省约 600 万元人民币的柴油进口费用，这些小水电项目助力斐济实现"2025 年前可再生能源占比 90%"的目标。2013—2018 年，我国共在发展中国家建设应对气候变化成套项目 13 个，其中风能、太阳能项目 10 个，沼气项目 1 个，小水电项目 2 个。

我国积极帮助发展中国家特别是小岛屿国家、非洲国家和最不发达国家提升应对气候变化能力，减少气候变化带来的不利影响。2015 年，我国宣布设立气候变化南南合作基金，在发展中国家开展"十百千"项目（10 个低碳示范区、100 个减缓和适应气候变化项目及 1000 个应对气候变化培训名额）。目前，我国已与 34 个国家开展了合作项目。我国帮助老挝、埃塞俄比亚等发展中国家关注环境保护、清洁能源等领域，制定相关发展规划，加快绿色低碳转型；向缅甸等国赠送太阳能户用发电系统和清洁炉灶，既降低了碳排放又有效保护了森林资源；赠送埃塞俄比亚的微小卫星已经成功发射，可以帮助该国提升气候灾害预警监测水平和应对气候变化能力。2013—2018 年，我国举办了 200 余期以气候变化和生态环保为主题的研修项目，在学历学位项目中设置环境管理与可持续发展等专业，已经为有关国家培训了 5000 余名人员。

《巴黎协定》达成以来，我国在全球气候治理中扮演积极引领者的角色，作用越来越凸显。在积极提供推进国际气候谈判和全球气候治理的理念和方案的同时，也设定相关的议题和议程；在具体谈判过程中，例如哥本哈根、多哈等气候大会上，在谈判的关键时刻发挥关键作用，及时消除谈判的关键障碍，为谈判的达成做出了重要贡献；国内应对气候变化的行动力度大，绿色低碳发展成绩显著，对他国具有较大的示范作用；在全球气候合作中，大规模地为发展中国家提供气候援助；在国际社会接受度和认可度方面，引领者的作用得到国际社会大多数成员的肯定。

30 年来，我国持续参与国际气候变化谈判进程，已经从积极参与者、积极贡献者转变为积极引领者；从参加国际谈判以争取发展空间为主要目标，转变为以统筹国内国际两个大局、国内促进高质量发展、国际树负责任大国形象、构建人类命运共同体为目的，建设生态文明。

2.2.3 发展历程

我国应对气候变化谈判中重要事件如下：

（1）1990 年 2 月，我国成立国家气候变化协调小组，以中国气象局、国家计委、国家科委、外交部、环保局等 18 个单位的领导为小组成员，时任国务委员宋健担任组长。小组下设科学评价、影响评价、对策和国际公约四个工作组。国际气候公约的谈判由外交部条法司牵头。

（2）1992 年 6 月，《联合国气候变化框架公约》达成之后，我国全国人大于 1992 年 11 月批准该公约，并于 1993 年 1 月将批准书交存联合国秘书长处。由此，我国成为最早缔结该公约的国家之一。

（3）1992 年，联合国环境与发展大会召开以后，我国政府率先组织制定了《中国 21 世纪议程：中国 21 世纪人口、环境与发展白皮书》，从本国情出发采取了一系列政策措施，为减缓全球气候变化做出了积极的贡献。

（4）1998 年，我国对原气候变化协调小组进行调整，成立了由 13 个部门参与的国家气候变化对策协调小组。

（5）2006年8月，中国国家气候变化专家委员会组建完毕，成为支撑中国参与气候谈判的重要智囊团。

（6）2006年底，科技部、中国气象局、发改委、国家环保总局等六部委联合发布了我国第一部《气候变化国家评估报告》。

（7）2007年6月，国务院发布《中国应对气候变化国家方案》，首次明确了将应对气候变化纳入国民经济和社会发展的总体规划之中，明确了到2010年国家应对气候变化的指导思想、具体目标、基本原则、重点领域及政策措施，宣布到2010年，实现单位国内生产总值能源消耗比2005年降低20%左右，相应减缓二氧化碳排放。该方案是我国首部全面应对气候变化的政策性文件，也是发展中国家颁布的第一部应对气候变化国家方案，意义十分重大。

（8）2007年9月，外交部成立应对气候变化对外工作领导小组，设立气候变化谈判特别代表。

（9）2007年12月，在巴厘岛气候大会上，坚持"共同但有区别的责任"原则；强调"减缓、适应、技术和资金"四个轮子应该独立并行，特别强调了技术在帮助发展中国家应对气候变化方面的极端重要性，中国代表团为达成"巴厘岛路线图"做出了重要努力和贡献，以上这些内容均已反映在《巴厘岛行动计划》中。

（10）2008年10月召开的中国共产党第十七次全国代表大会上，胡锦涛总书记在报告中提出"加强应对气候变化能力建设，为保护全球气候做出贡献"，应对气候变化首次被写入中国共产党的纲领性文件。自2008年起，我国每年发布《中国应对气候变化的政策与行动》白皮书，全面阐述积极应对气候变化的立场，介绍应对气候变化的新进展。

（11）2008年，在国家机构改革中，国家发展和改革委员会特别设立了应对气候变化司。

（12）2009年，中国宣布自愿减排指标，到2020年，单位国内生产总值二氧化碳排放量比2005年下降40%～45%。这是中国首次在国际气候变化谈判中提出量化的、清晰的减排承诺。在2009年哥本哈根气候大会召开之前，中国积极联络印度、巴西、南非，倡导建立"基础四国"磋商机制，定期协调立场。

（13）2012年的多哈气候大会是国际气候变化谈判进程中承前启后的一次重要会议。2012年形成了30多个亚非拉国家参加的"立场相近发展中国家"协调机制，并加强同小岛国、最不发达国家、非洲集团的对话、沟通和理解。

（14）2013年，我国发布《国家适应气候变化战略》，将适应气候变化的要求纳入国家经济社会发展的全过程。

（15）2014 年 11 月，习近平主席与时任美国总统奥巴马于 2014 年 11 月发表了《中美气候变化联合声明》。

（16）2015 年 11 月，在巴黎气候大会召开前夕，习近平主席与时任法国总统奥朗德发表《中法元首气候变化联合声明》。

（17）2015 年 11 月，习近平主席在巴黎气候大会开幕式上发表讲话，他表示，"应对气候变化的全球努力是一面镜子，给我们思考和探索未来全球治理模式，推动建设人类命运共同体带来宝贵启示"。

（18）2015 年 12 月 12 日，《联合国气候变化框架公约》第 21 次缔约方大会在法国达成《巴黎协定》。

（19）2017 年 1 月 18 日，习近平主席在瑞士日内瓦万国宫出席"共商共筑人类命运共同体"高级别会议，并发表题为《共同构建人类命运共同体》的主旨演讲。他强调，"构建人类命运共同体，关键在行动。我认为，国际社会要从伙伴关系、安全格局、经济发展、文明交流、生态建设等方面做出努力"。

（20）2020 年 9 月，习近平主席在第 75 届联大一般性辩论中宣示了"二氧化碳排放力争于 2030 年前达到峰值，努力争取 2060 年前实现碳中和"的目标。

（21）2021 年 9 月 14 日，美国皮尤研究中心公布了一份对世界 17 个发达经济体的 16 000 余名受访者的调查报告，报告称 78% 的受访者认为中国应对气候变化的表现差。对这一结论可以有多种解读，但至少说明中国应对气候变化的行动尚未被世界充分了解，外界对中国应对气候变化的表现存在一定的认识误区。

（22）2021 年 5 月 31 日，中共中央政治局就加强我国国际传播能力建设进行第三十次集体学习。习近平总书记在主持学习时强调，"要围绕中国精神、中国价值、中国力量，从政治、经济、文化、社会、生态文明等多个视角进行深入研究，为开展国际传播工作提供学理支撑"。

2.3　碳中和进展

2.3.1　国际碳中和进展

2.3.1.1　碳中和目标

《巴黎协定》生效后，各缔约国先后制定了各自的碳中和行动目标。截至 2021 年 4 月，全球已有 100 多个国家正式通过、宣布或承诺在 21 世纪中叶左右实现净零排放目标。全球已有不丹、苏里南 2 个国家实现了碳负排放，世界主要国家或地区碳中和目标见表 7。

表 7　世界主要国家或地区碳中和目标

国家或地区	碳中和目标		提出目标时间
	年份	状态	
阿根廷	2050	提交 UNFCCC	2020 年 12 月提交联合国
澳大利亚	2050—2100	对《巴黎协定》的承诺	—
奥地利	2040	联盟协定	2020 年 1 月联合政府承诺 2040 年实现气候中和、2030 年实现 100% 清洁电力
比利时	2050	政策立场	—
巴西	2060	提交 UNFCCC	2020 年 12 月提交联合国
加拿大	2050	政策立场	总理特鲁多于 2020 年 11 月提交了相关法律草案
中国	2060	政策立场	习近平主席于 2020 年 9 月 23 日，在第七十五届联合国大会一般性辩论上提出：中国力争 2030 年前碳达峰，2060 年前碳中和
丹麦	2050	立法	2030 年起禁售汽油 / 柴油车
欧盟	2050	政治协定	2019 年 12 月"绿色新政"确立欧盟 2050 年碳中和目标（波兰是唯一持不同意见的国家，拒绝承诺执行）。2020 年 3 月提交联合国
芬兰	2035	联盟协定	2019 年 6 月 5 个政党一致同意强化该国的气候法
法国	2050	立法	2019 年 6 月 27 日议员投票将净零排放目标纳入法律
匈牙利	2050	立法	2020 年 6 月通过气候中和气候法
德国	2050	立法	德国第 1 部主要气候法于 2019 年 12 月生效，详细列出了未来 10 年各行业的年度排放预算
日本	2050	意向声明	2020 年 10 月时任首相菅义伟宣布，将于 2050 年前实现碳中和
新西兰	2050	立法	2019 年 11 月立法设定了除生物甲烷（主要来自绵羊和牛）外的所有温室气体的净零排放目标；到 2050 年，生物甲烷排放将在 2017 年的基础上削减 24% ～ 47%

国家或地区	碳中和目标		提出目标时间
	年份	状态	
挪威	2050（实际）2030（补偿）	政策立场	议会同意国内实现 2050 年目标，通过国际碳补偿实现 2030 年目标
新加坡	2050—2100	提交 UNFCCC	2020 年 3 月提交联合国
南非	2050	政策立场	2020 年 9 月公布了低排放发展战略
韩国	2050	政策立场	2020 年 10 月时任总统文在寅公开承诺，将于 2050 年前实现碳中和
西班牙	2050	立法（草案）	2020 年 5 月提交法律草案
瑞典	2045	立法	2017 年 6 月立法
瑞士	2050	提交 UNFCCC	2020 年 12 月提交联合国
乌克兰	2060	政策立场	2021 年 3 月发布的《2030 经济战略》中，提出了不晚于 2060 年实现碳中和的计划
英国	2050	立法	2019 年 6 月立法
美国	2050	政策立场	2021 年 1 月《关于应对国内外气候危机的行政命令》中提出：不迟于 2050 年实现全经济范围内净零排放

2.3.1.2 碳中和战略

1.欧盟绿色新政

2019 年 12 月 11 日，欧盟委员会发布了新的增长战略文件《欧洲绿色新政》（European Green Deal，以下简称"新政"）。新政提出，通过向清洁能源和循环经济转型，使欧洲在 2050 年成为全球首个碳中和大陆，以阻止气候变化，促进欧洲经济稳定可持续发展。

欧盟委员会于 2019 年 12 月发布了《欧洲绿色新政》，旨在提振经济，改善人们的健康和生活质量，将欧盟转变为一个公平、繁荣的社会及富有竞争力的资源节约型现代经济体，到 2050 年使欧洲成为全球第一个温室气体净零排放的大陆，实现经济增长与资源消耗脱钩，做到不让任何地方和任何人掉队，使欧盟占据全球领导者地位。《欧洲绿色新政》推出的重要起因是全球气候变化，落脚点是推动欧盟经济社会绿色可持续发展，核心目标是 2050 年实现碳中和。《欧洲绿色新政》主要包括以下"七大行动"见表 8。

表8 《欧洲绿色新政》主要七大行动

序号	主题	主要内容
1	能源体系	构建清洁、可负担、安全的能源体系：能源活动温室气体排放占比75%以上，通过能效提升，发展以可再生能源为基础的电力系统，快速淘汰煤炭，天然气脱碳，能源数字化、智能化、绿色化及市场一体化等，确保2030年和2050年低碳目标的实现
2	工业体系	构建清洁循环的工业体系：工业部门温室气体排放占比20%，以绿色循环经济和数字经济应对挑战
3	建筑	推动高能效和资源高效利用的建造和建筑升级改造：建筑能耗占比40%，以建造革新、建筑能效提升等手段应对挑战
4	交通系统	发展智能可持续交通系统：交通运输温室气体排放占比25%，通过可持续与智慧出行等手段应对挑战
5	食品体系	实施"农场到餐桌"的绿色食品体系：大幅减少化学杀虫剂、化肥、抗生素的使用量，推动农场到餐桌产业链循环经济发展
6	生物多样性	保护自然生态和生物多样性：制定2030年生物多样性战略和森林新战略，提高森林固碳能力，发展海洋蓝色经济
7	生态环境	创建零污染、无毒生态环境

2.英国绿色工业革命

2020年11月，英国政府公布了《绿色工业革命十点计划》，旨在使英国成为绿色技术和绿色金融的世界中心，并实现2050年前温室气体净零排放的目标。该计划主要内容见表9。

表9 英国《绿色工业革命十点计划》主要内容

序号	计划	主要内容
1	推进海上风电	充分利用成熟技术，支持创新，到2030年，实现风电装机容量翻2番，达到40吉瓦（包括1吉瓦的创新型海上浮动风能）
2	推动低碳氢增长	到2030年，实现5吉瓦低碳氢产能，为住宅、交通和工业提供清洁燃料和供暖；供给产业、交通、电力和住宅领域；10年内建成首个完全由氢能供能的示范城镇
3	输送新的先进核电	一方面发展大型核电，另一方面开发小型模块化堆和先进模块化堆
4	加速向零排放交通工具转型	从2030年开始，停售汽油/柴油车，所有交通工具均应具有显著的零排放能力；从2035年开始，所有交通工具均应达到100%零排放
5	绿色公共交通、骑行与步行	倡导绿色公共交通、骑行与步行

序号	计划	主要内容
6	飞机零排放与绿色航运	推动可持续航空燃料的使用，研发零排放飞机和清洁海运技术，使英国成为绿色船只和绿色飞机的家园
7	绿色建筑	使建筑能效更高并脱离化石燃料的使用。2028 年前每年安装 60 万台热泵，未来住宅比当前标准降低 75%～80% 的碳排放
8	投资碳捕获、利用与封存	到 2030 年实现每年捕集 100 万吨二氧化碳的能力，投入 10 亿英镑以支持在 4 个工业群中部署碳捕获、利用与封存
9	保护自然环境	到 2030 年保护和改善 30% 陆地面积；投入 52 亿英镑，实施为期 6 年的防洪和沿海防御计划
10	绿色金融和创新	到 2027 年，总研发投资提高到 GDP 的 2.4%；下一阶段绿色创新旨在降低净零转型的成本，培育更好的产品和新的商业模式并影响消费者行为

3. 日本绿色增长战略

2020 年 12 月，日本政府发布《绿色增长战略》，旨在 2050 年实现碳中和。通过促进产业结构和社会经济变革，创造"经济与环境良性循环"的产业政策，即绿色增长战略。为确保 2050 年碳中和目标的实现，该战略对 14 个产业领域分别设定了绿色增长实施计划和 2021—2050 年绿色增长路线图，其中 14 个产业领域的发展目标见表 10。实施绿色增长战略，预计到 2030 年、2050 年会分别带来年均 90 万亿日元、190 万亿日元的经济增长。

表 10　日本《绿色增长战略》主要内容

序号	产业领域	发展目标
1	海上风电产业	装机容量 2030 年达 10 吉瓦，2040 年达 30～45 吉瓦；成本于 2030—2035 年削减至 8～9 日元 / 千瓦时；国产化率于 2040 年达 60%
2	氨燃料产业	2030 年火电厂掺烧 20% 的氨，2050 年用纯氨燃料发电；2030 年氨供应价格目标为 10 日元 / 立方米（标态）
3	氢能产业	氢供应量 2030 年达 3 兆吨，2050 年达 20 兆吨；力争在发电、交通、钢铁、化工等领域将氢能成本降到 2030 年 30 日元 / 立方米（标态）、2050 年 20 日元 / 立方米（标态）
4	核能产业	到 2030 年成为小型模块化堆全球主要供应商；研发高温气冷堆，到 2050 年核能制氢成本降至 12 日元 / 立方米（标态）；研发核聚变，2040—2050 年实现实用化规模示范
5	汽车和蓄电池产业	未来 10 年加速电动汽车普及；力争 2050 年实现合成燃料成本低于汽油；研发下一代电池，增强蓄电池产业的全球竞争力

序号	产业领域	发展目标
6	半导体和信息通信产业	通过数字化推动能效需求管理和碳减排（即数字化绿色）；支持数字设备和信息通信产业的节能和绿色化（即绿色数字化）；2030年所有新建数据中心节能30%，2040年实现该产业碳中和目标
7	船舶产业	2028年前实现零排放船舶的商用；2050年实现全部船舶的氢、氨等替代燃料转换
8	物流、人流和土木工程基础设施产业	全面建设碳中和港口；部署智能交通，推广绿色出行，实现低碳排放的交通运输社会；打造绿色物流，提高交通网络枢纽运输效率，推动低碳化；实现基础设施和城市空间零碳排放；通过推广智能建造和提高工效，施工现场到2030年实现每年减少32 000吨碳排放，到2050年实现碳中和目标
9	食品、农林和水产业	大力推广CH_4和N_2O等温室气体减排技术，推进农林业机械化、渔船电气化、氢能化，打造智慧农业、林业和水产业，发展农田、森林和海洋固碳技术，到2050年实现该产业碳中和
10	航空业	推动电气化、绿色化发展，约2030年进行混合动力系统电动飞机技术示范，稍晚进行氢动力飞机技术示范；2050年全面实现电气化，碳排放较2005年减少一半
11	碳循环产业	研发各种碳回收和资源化利用技术。生产成本目标：2030年碳制混凝土，30日元/千克；2030年碳制藻类生物燃料，100日元/升；2050年碳制塑料原料，100日元/千克。碳分离及回收成本目标：2030年低压废气，2000日元/吨CO_2；高压废气，1 000日元/吨CO_2；2050年直接空气捕集（direct air capture，DAC），2000日元/吨CO_2
12	住宅和建筑业及下一代太阳能产业	利用大数据、人工智能（AI）和物联网等技术对电动汽车、空调等进行能量管理；推广全生命周期负碳住宅和零能耗建筑物及住宅，普及和扩大木结构建筑、高性能建材/设备的研发及应用，加快研发下一代太阳能电池（如钙钛矿电池等）；2030年增量住宅/建筑实现零能耗；2050年后存量住宅/建筑实现零能耗
13	资源循环相关产业	向循环经济转型（如普及和推广废弃物发电、热利用和沼气利用）；2050年将温室气体排放量降为零
14	生活方式相关产业	普及零排放建筑物和住宅，部署先进智慧能量管理系统，利用数字技术推动共享经济；2050年实现碳中和、弹性、舒适的生活方式

2.3.2　我国碳中和进展

2.3.2.1　我国碳排放概况

1.我国温室气体排放量

根据《中国气候变化第二次国家信息通报》，2005 年我国温室气体排放总量约为 74.67 亿吨二氧化碳当量，其中二氧化碳、甲烷、氧化亚氮和含氟气体所占的比例分别为 80.03%、12.49%、5.27% 和 2.21%，土地利用变化和林业部的温室气体吸收汇约为 4.21 亿吨二氧化碳当量。因此，扣除温室气体吸收汇后，2005 年我国温室气体净排放总量约为 70.46 亿吨二氧化碳当量，其中二氧化碳、甲烷、氧化亚氮和含氟气体的所占的比例分别为 78.82%、13.25%、5.59% 和 2.34%（见表 11 和表 12）。2005 年以后我国温室气体排放量尚无公开数据，以上排放数据仅供参考。

表 11　我国 2005 年温室气体排放总量

单位：万吨二氧化碳当量

温室气体排放源	二氧化碳	甲烷	氧化亚氮	氢氟碳物	全氟化碳	六氟化硫	合计
温室气体排放总量	597 557	93 282	39 370	14 890	570	1 040	746 709
能源活动	540 431	32 403	4 030				576 864
工业生产过程	56 860		3 410	14 890	570	1 040	76 770
农业活动		52 857	29 140				81 997
废弃物处理	266	8 022	2 790				11 078
土地利用变化与林业	−42 153	66	7				−42 080
温室气体净排放总量（扣除土地利用变化与林业吸收汇）	555 404	93 348	39 377	14 890	570	1040	704 629

注：全球增温潜势采用《IPCC 第二次评估报告》给出的 100 年时间尺度下的数值。

表 12　我国 2005 年温室气体排放构成

温室气体	包括土地利用变化和林业		不包括土地利用变化和林业	
	二氧化碳当量 / 万吨	比例 / %	二氧化碳当量 / 万吨	比例 / %
二氧化碳	555404	78.82	597557	80.03
甲烷	93348	13.25	93282	12.49
氧化亚氮	39377	5.59	39370	5.27
含氟气体	16500	2.34	16500	2.21
合计	704629	100	746709	100

注：由于经过四舍五入，表中各分项之和与总计可能有微小的出入。

2. 我国主要温室气体排放源

能源活动和工业生产过程是我国二氧化碳排放的主要来源。

2005 年我国二氧化碳排放量为 59.76 亿吨。其中能源活动排放 54.04 亿吨，占 90.4%；工业生产过程排放 5.69 亿吨，占 9.5%；固体废弃物焚烧排放 266 万吨，份额微小。土地利用变化与林业活动吸收二氧化碳 4.22 亿吨。

2005 年我国二氧化碳净排放量为 55.54 亿吨。我国甲烷排放主要来源于农业活动、能源活动和废弃物处理。2005 年我国甲烷排放量为 4 445.5 万吨。其中，农业活动排放 2 516.9 万吨，占 56.62%；能源活动排放 1 542.9 万吨，占 34.71%；废弃物处理排放 382.4 万吨，占 8.6%。此外，森林转化也有少量甲烷排致，约为 3.1 万吨。

我国氧化亚氮排放主要来源于农业活动，能源活动、工业生产过程和废弃物处理也有一定排放。2005 年我国氧化亚氮排放为 127.1 万吨。其中，农业活动排放为 93.8 万吨，占 73.79%；能源活动排放 13.4 万吨，占 10.54%；工业生产过程排放 10.6 万吨，占 8.34%；废弃物处理排放 9.3 万吨，占 7.32%；土地利用变化和林业排放 0.02 万吨，占 0.01%。

2005 年我国二氧化碳、甲烷和氧化亚氮排放清单见表 13。

表 13　我国 2005 年二氧化碳、甲烷和氧化亚氮排放清单

单位：万吨

温室气体排放源与吸收汇的种类	二氧化碳	甲烷	氧化亚氮
总排放量（净排放）	555 404	4 445	127
1. 能源活动	540 431	1 543	13
燃料燃烧	540 431	229	13
能源生产和加工转换	240 828	3	
制造业与建筑业	211 403		
交通	41 574	13	4
商业	13 680		
居民	26 273		
农业	6 673		
生物质燃烧（以能源利用为目的）		216	6
逃逸排放		1 314	
油气系统		22	
煤炭开采		1 292	
2. 工业生产过程	56 860		11

温室气体排放源与吸收汇的种类	二氧化碳	甲烷	氧化亚氮
水泥生产	41 167		
石灰生产	8 562		
钢铁生产	4 695		
电石生产	1 032		
石灰石和白云石使用	1 404		
己二酸生产			6
硝酸生产			5
3. 农业活动		2 517	94
动物肠道发酵		1 438	
动物粪便管理		286	27
水稻种植		793	
农用地			67
4. 土地利用变化和林业	−42 153	3.1	0.02
森林和其他木质生物质储量变化	−44 634		
森林转化	2 481	3.1	0.02
5. 废弃物处置	266	382	9
固体废物处理		220	
污水处理		162	9
废弃物焚烧处理	266		

数据来源：《中国气候变化第二次国家信息通报》。

3. 我国能源活动温室气体排放

我国能源活动温室气体排放的范围包括燃料燃烧和逃逸排放两部分，前者包括化石燃料燃烧和生物质燃烧，估算气体为二氧化碳、甲烷和氧化亚氮；后者包括煤炭开采和矿后活动及废弃矿井的逃逸排放、石油和天然气系统的逃逸排放，估算气体为甲烷。

2005 年我国能源活动的温室气体排放量共计 57.70 亿吨二氧化碳当量。其中，燃料燃烧排放 54.94 亿吨二氧化碳当量，占 95.2%；逃逸排放 2.76 亿吨二氧化碳当量，约占 4.78%。排放总量中二氧化碳排放量为 54.04 亿吨，约占能源活动温室气体总排放量的 93.7%；甲烷排放量为 3.24 亿吨二氧化碳当量，约占 5.6%；氧化亚氮排放量为 0.41 亿吨二氧化碳当量，约占 0.7%（见表 14）。

表 14　我国 2005 年能源活动温室气体排放量

能源活动	二氧化碳／亿吨	甲烷／万吨	氧化亚氮／万吨	折合二氧化碳当量／亿吨
化石燃料燃烧	54.04	12.6	7.0	54.29
生物质燃烧	—	216.3	6.4	0.65
煤炭开采逃逸	—	1 292.2	—	2.71
油气系统逃逸	—	21.8	—	0.046
能源活动合计	54.04	1542.9	13.4	57.70

2005 年我国能源活动的二氧化碳排放量为 54.04 亿吨，全部来源于化石燃料燃烧。其中能源生产和加工转换部门排放量 24.08 亿吨，占 44.55%，其绝对排放量和排放比例都比 1994 年有显著上升；制造业和建筑业排放量 21.14 亿吨，占 39.11%；交通部门排放量 4.16 亿吨，占 7.70%；居民部门排放量 2.63 亿吨，占 4.87%；商业部门排放量 1.37 亿吨，占 2.53%；其他部门（农业）排放量 0.67 亿吨，占 1.24%（见图 5）。

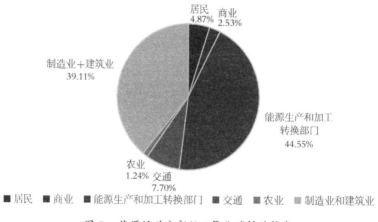

图 5　能源活动分部门二氧化碳排放构成

2005 年我国能源活动甲烷排放量约 1 542.9 万吨。煤炭开采和矿后活动、生物质燃烧、石油及天然气系统是主要排放源。如表 15 所示，2005 年我国煤炭开采、矿后活动以及废弃矿井甲烷逃逸排放量共 1 292.2 万吨，占能源活动甲烷排放量的 83.75%。其中，煤炭生产甲烷排放量约 1 141.1 万吨，扣除被回收利用量 67 万吨，净排放量约 1 074.1 万吨，占 83.1%；矿后活动排放 205.3 万吨；废弃矿井排放 12.7 万吨。2005 年我国生物质能燃烧甲烷排放量约 216.3 万吨，其中以薪柴和秸秆燃烧为主要排放源，动物粪便和木炭的排放量较小。2005 年我国油气系统甲烷逃逸排放量约 21.8 万吨，其中天然气开采、常规原油开采、天然气输送活动等环节为重要排放源，其排放量所占比例分别为 26.2%、22.8% 和 16.1%。2005 年我国移动源化石燃料燃烧甲烷的排放量约为 12.6 万吨，其中 97.5% 来自道路交通。

表 15　我国 2005 年煤炭开采相关活动甲烷逃逸排放量

井工开采 / 10^6 立方米	露天开采 / 10^6 立方米	采后活动 / 10^6 立方米	废弃矿井 / 10^6 立方米	利用量 / 10^6 立方米	排放总量	
					/ 10^6 立方米	/ 万吨
16 798.2	234	3 063.8	190.2	1 000	19 286.2	1 292.2

注：甲烷密度为 0.67 千克每立方米。

2005 年我国能源活动氧化亚氮排放量为 13.4 万吨，其中生物质燃料燃烧排放量约 6.4 万吨，占 47.76%，为最大排放源；其次为移动源化石燃料燃烧排放，约为 4 万吨，占 29.85%；火力发电约排放约 3 万吨，占 22.39%。

4.我国主要工业生产过程温室气体排放

这里所指的工业生产过程温室气体排放不包括所用能源引起的排放。根据我国工业生产活动状况，对我国工业生产过程温室气体排放界定的排放源为：水泥、石灰、钢铁、电石、己二酸、硝酸、半导体、一氯二氟甲烷、铝、镁等产品生产过程；臭氧消耗物质替代生产和使用；电力设备制造和运行；石灰石和白云石的使用。涉及的温室气体包括二氧化碳、氧化亚氮、氢氟碳化物、全氟碳和六氟化硫等五种气体，其中二氧化碳排放中估算了水泥、石灰、钢铁、电石生产过程以及石灰石和白云石使用过程中的排放量，氧化亚氮排放中只估算了己二酸和硝酸生产过程中的排放量。

目前完成的核算是 2005 年我国工业生产过程中的二氧化碳排放，排放量约为 5.69 亿吨。其中水泥生产为主要排放源，排放约 4.11 亿吨二氧化碳，占 72.4%。石灰生产、钢铁生产、电石生产、石灰石和白云石使用排放量分别为 0.85 亿吨、0.47 亿吨、0.1 亿吨和 0.14 亿吨，分别占 15.1%、8.3%、1.8% 和 2.5%。氧化亚氮排放量约为 10.63 万吨，其中己二酸生产过程排放 5.95 万吨，占 56%；硝酸生产过程排放 4.68 万吨，占 44%。含氟气体排放量为 1.65 亿吨二氧化碳当量，其中氢氟碳化物排放 1.49 亿吨二氧化碳当量，占 90.27%；六氟化硫排放 0.11 亿吨二氧化碳当量，占 6.33%；全氟碳排放 0.05 亿吨二氧化碳当量，占 3.40%。一氯二氟甲烷生产过程排放的氢氟碳化物是最大的含氟气体排放源，以三氟甲烷（HFC–23）为主，其排放量占含氟气体排放总量的 64.43%。各行业排放温室气体所占比例如图 6 所示。

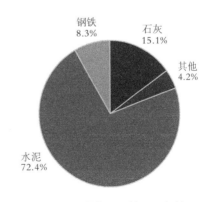

图 6　工业生产过程二氧化碳排放构成

2.3.2.2　中国碳排放指标

中国"十一五"以来应对气候变化目标，总体上体现了从相对目标（能源和碳强度目标），通过能源强度和总量双控目标过渡，最终转向绝对目标（碳达峰、碳中和目标），管控模式不断升级，管控范围从化石能源消费转向非化石能源发展、森林碳汇、行业及区域适应气候变化等全方位发展布局。"十一五"以来，每个五年规划都制定应对气候变化的目标，并由国务院制定和实施节能减排综合工作方案。长期以来，中国高度重视气候变化问题，把积极应对气候变化作为国家经济社会发展的重大战略，应对气候变化的工作已在国家和地方层面扎实推进，并取得显著成效，详见表 16。

表 16　中国"十一五"以来主要节能减排指标及完成情况

时间	特征	具体内容	完成情况
"十一五"规划（2006—2010 年）	能源强度目标	第一次提出了节能减排的概念；单位国内生产总值能源消耗比"十五"期末降低 20% 左右；森林覆盖率达到 20% 等约束性指标；全国单位 GDP 能耗下降 19.1%	"十一五"规划纲要确定的目标任务基本完成。根据 2009 年 11 月发布的第七次全国森林资源清查结果，全国森林面积达 1.95 亿公顷，森林蓄积量 137.21 亿立方米，森林覆盖率从 18.21% 上升到 20.36%，提前两年完成了森林覆盖率 20% 的目标
"十二五"规划（2011—2015 年）	二氧化碳强度目标	非化石能源占一次能源消费的比例达到 11.4%；单位国内生产总值能源消耗降低 16%；单位国内生产总值二氧化碳排放降低 17%；森林覆盖率从 20.36% 提高到 21.66%，森林蓄积量从 137 亿立方米增加到 143 亿立方米	"十二五"期间，中国实际碳强度累计下降 20% 左右，2015 年非化石能源占一次能源消费的比例达到 12%，森林覆盖率达到 21.66%，森林蓄积量增加到 151.37 亿立方米，均超额完成"十二五"规划目标。此外，可再生能源装机容量已占全球的四分之一，新增可再生能源装机容量占全球的三分之一，为全球应对气候变化做出了积极贡献

时间	特征	具体内容	完成情况
"十三五"规划（2016—2020年）	能耗总量和能源强度双控目标	约束性目标为：非化石能源占一次能源消费的比例达到15%；单位国内生产总值能源消耗降低15%；单位国内生产总值二氧化碳排放降低18%；森林覆盖率提高到23.04%，森林蓄积量增加14亿立方米。 《十三五节能减排综合工作方案》提出"双控目标"，到2020年，单位国内生产总值能耗比2015年下降15%；能源消费总量控制在50亿吨标准煤以内	根据统计局能源统计司公布的数据，2020年能源消费总量数据约为49.7亿吨标准煤，实现了"十三五"规划纲要制定的"能源消费总量控制在50亿吨标准煤以内"的目标，完成了能耗总量控制任务。但能耗强度累计下降幅度约为13.79%，未完成"十三五"规划纲要制定的"单位国内生产总值能耗比2015年下降15%"的任务。单位国内生产总值二氧化碳排放量降低约22%，超过"十三五"规划制定的18%的目标。到"十三五"期末，森林覆盖率提高到23.04%，森林蓄积量超过175亿立方米，连续30年保持"双增长"，成为森林资源增长最多的国家
"十四五"规划（2021—2025年）	面向碳达峰、碳中和的新目标	到2025年，非化石能源消费比例达到20%左右，单位国内生产总值能源消耗比例2020年下降13.5%，单位国内生产总值二氧化碳排放比2020年下降18%；森林覆盖率达到24.1%；到2030年，非化石能源消费比例达到25%左右，单位国内生产总值二氧化碳排放比例2005年下降65%以上，顺利实现2030年前碳达峰目标	

2.3.2.3　中国碳排放政策

2020年9月22日，习近平主席在第七十五届联合国大会一般性辩论上的讲话中承诺：中国将提高国家自主贡献力度，采取更加有力的政策和措施，二氧化碳排放力争于2030年前达到峰值，努力争取2060年前实现碳中和。

在《中华人民共和国国民经济和社会发展第十四个五年规划和2035年远景目标纲要》中，国家明确提出"实施可持续发展战略，完善生态文明领域统筹协调机制，构建生态文明体系，推动经济社会发展全面绿色转型"，在坚持公平、共同但有区别的责任及各自能力原则下，积极应对全球气候变化。其要点包括内容见表17。

表 17　中国"十四五"规划纲要涉及内容

序号	主要内容	具体指标
1	完善能源消费总量和强度双控制度，重点控制化石能源消费	到 2025 年，单位 GDP 能耗下降 13.5%；到 2030 年，非化石能源占一次能源消费的比例达到 25% 左右
2	实施以碳强度控制为主、碳排放总量控制为辅的制度，支持有条件的地方、行业、企业率先碳达峰	"十四五"时期，碳强度下降 18%；到 2030 年，碳强度比 2005 年下降 65% 以上
3	推动能源清洁低碳安全高效利用，深入推进工业、建筑、交通等领域低碳转型	到 2030 年，风电、太阳能发电总装机容量达到 1200 吉瓦以上
4	加大对其他温室气体的控制力度	加大对甲烷、氢氟碳化物、全氟化碳等其他温室气体的控制力度
5	提升生态系统碳汇能力	"十四五"时期，森林覆盖率提高到 24.1%；到 2030 年，森林蓄积量将比 2005 年增加 60 亿立方米
6	锚定努力争取 2060 年前实现碳中和，采取更加有力的政策和措施	为实现碳中和，预测需为清洁技术基础设施投资 16 万亿元，而国内机构预测需为能源基础设施投资约 138 万亿元，超过每年 GDP 的 2.5%

2.3.3　实现碳中和的关键技术

实现碳达峰、碳中和是一场广泛而深刻的经济社会系统性变革，不仅涉及能源、采矿、制造、交通运输、建筑等行业，而且还涉及农林牧渔业及各类服务业，覆盖社会生活的方方面面。例如：全球 2016 年温室气体总排放约为 75 Gt CO_2e［基于 20 年全球变暖潜能值（Global warming potential，GWP），包括 CO_2、CH_4、SF_6、氢氟碳化物、全氟化碳等温室气体］，主要排放源占比如图 7 所示；2016 年全世界牛类（包括奶牛）所排放的温室气体量已达 7.9 Gt CO_2e（基于 20 年 GWP），比美国全国的温室气体排放量还多 0.1 Gt CO_2e。

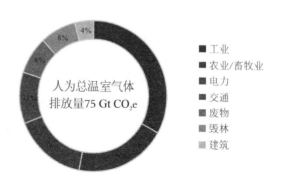

图 7　全球温室气体分类排放源占比

实现碳中和的关键技术见表18。

表 18 实现碳中和的关键技术

序号	关键方法或技术	主要内容
1	需求侧控制及资源循环	一是节约资源，二是资源的循环利用，即在生产、流通和消费等过程做到减量化、再利用、资源化，从而促进可持续发展。例如：在工业领域可通过设备再利用以及金属回收、塑料再生等再循环，降低对资源的需求；利用农林废弃物、生活垃圾发电；采取共享交通、绿色出行、少食牛肉等低碳生活方式等
2	能效	国际上通常认为能效是满足人类需求的第一能源，通过能效提升（如提高建筑保温性能或废热回收利用等），可降低建筑物、工厂或基础设施的能源强度。能效对于实现碳中和目标至关重要，国际能源署将能效与可再生能源、碳捕获、碳利用与封存等除碳技术并列为三大碳中和手段
3	电气化与碳中和电源或低碳电源及新型电力系统	大力提高工业、交通、建筑、日常生活等用能终端的电气化水平（如将电力占终端能源消费的比例由当前的25%提升到75%）；用碳中和电源或低碳电源（如风力发电、光伏/光热发电、地热发电、生物质能发电、海洋能发电或超临界CO_2布雷顿循环发电等）逐渐取代化石燃料电源；采用一体化、新型输电/配电等构成新一代电力系统，以适应碳中和的新需求
4	以碳中和氢/氨或低碳氢/氨为燃料或原料	用绿氢（可再生能源制氢）或蓝氢（化石燃料制氢+CCS）或绿氨（可再生及无碳制氨）替代碳密集型燃料或原料。当前采用绿氢可有效降低大规模输氢的难题
5	以生物质（包括固态生物质、液态生物质、气态生物质等）作为燃料或原料	用可再生的生物质（如生物质颗粒、沼气、生物甲烷、生物乙醇、生物柴油等）代替不可再生燃料或原料，如在化学品生产中采用生物基原料
6	储能	分为由电化学类（锂离子电池、钠流电池、电化学电容等）和机电类（抽水蓄能、压缩空气储能、飞轮、重力等）等构成的双向电储能，由高温显热、相变、低温存储、热光伏、热化学等构成的储热，以及由氢、氨等化学载体构成的化学储能等。优势：①可解决风/光等可再生能源的间歇性、不可调度问题，增加其灵活性；②可用于平抑电力系统功率波动、实现削峰填谷、改善电力品质；③性价比、安全性等进一步提升，可解决电能难以大规模存储的难题

续上表

序号	关键方法或技术	主要内容
7	主要温室气体的捕集和储存或利用技术及其市场管控手段	①利用技术手段，捕集生产过程中排放或泄漏的 CO_2、CH_4 等主要温室气体，也可以直接从大气中捕集这些温室气体并加以储存或利用，以达到温室气体零排放甚至负排放的目的，如 CCS、CCUS、BECCS、DACS 等；②参照国际标准化组织制定的国际标准或国际惯例等，尽快建立全国范围内的主要温室气体测量、报告和核查体系；③通过碳税、碳配额制、绿证及碳排放权交易等市场手段，进行碳排放的管控
8	土地利用或农业、畜牧业方式的改良	改变土地使用或农业、畜牧业的习惯做法，以减少温室气体排放。如通过植树造林等绿化行动，提升生态碳汇能力，实现负排放；或改变牲畜饲料，减少牲畜的 CO_2 及 CH_4 排放量等
9	数字技术	AI、物联网（IoT）、大数据分析、区块链及其他新一代信息通信等数字技术的利用。数字技术赋能智慧交通、智能工厂等，可提高能效，减少资源消耗，降低废品率等；数字技术赋能需求侧响应、车辆到电网（V2G）、碳足迹监视及溯源等新场景；能源区块链在可再生能源监管、能源控制、充电桩共享等方面的应用
10	其他创新性、新兴/颠覆性低碳或零碳或负碳技术/工艺	创新工艺，如电化学生产工艺，采用非化石原料（水泥原料改变等）；新兴/颠覆性技术，如 CO_2 转水晶、CO_2 转岩石、CO_2 转燃料、CO_2 转纤维等

3 基础理论

3.1 资源

3.1.1 资源的概念

资源一般指一国或一定地区内拥有的物力、财力、人力等各种物质要素的总称。在经济学中，所有为商品生产而投入的要素都是资源，如资本、劳动力、技术、管理等。而在环境科学领域，资源的概念是特定的，一般指自然资源。

自然资源是自然界中能被人类用于生产和生活的物质和能量的总称，是自然环境的重要组成部分。随着人类对自然界的认识不断深化，生产力的迅速发展和科学技术的不断进步，一方面有许多新的资源被逐步发现；另一方面，人类也在不断地扩大利用自然资源的范围和程度。自然资源有以下四个特性。

（1）有限性。任何自然资源在数量和可替代资源的品种上是有限的，即自然资源存在稀缺性。资源的有限性要求人类在开发利用自然资源时，必须从长计议，珍惜一切自然资源，注意合理开发利用与保护，不能只顾眼前利益，进行掠夺式开发甚至破坏资源。

（2）区域性。自然资源在数量或质量是存在分布不平衡、区域差异及其特殊的分布规律特点。如石油、煤炭、矿产、森林、水资源等地域分布不平衡。资源的区域性特点要求人类在开发利用资源时应因地制宜，充分考虑区域自然环境和社会经济特点，合理开发利用自然资源，实现经济效益、环境效益和社会效益的统一。

（3）整体性。自然资源要素存在生态上的联系，彼此之间形成一个整体。开发利用任何一种资源都可能引起整个自然资源系统的变化。所以，自然资源的整体性要求必须对自然资源进行综合利用开发。

（4）多用性。任何一种自然资源都有多种用途。因此，开发利用资源时，要综合开发，物尽其用。

3.1.2 资源的分类

资源内容广泛、丰富，为了研究及开发利用上的方便，一般依据资源的一些共同特征将资源进行统一分类（图8）。

传统的自然资源分类方法，是按照自然资源在不同产业部门中所占的主导地位笼统地划分为农业资源、工业资源、能源、旅游景观资源、医药卫生资源、水产资源等。

按照资源的地理学科性质可将资源分为水利资源（含淡水资源）、土地资源、气候资源、生物资源、矿产资源和海洋资源。

按照自然资源的分布量和被人类利用时间的长短，自然资源可分为无限资源（非耗竭性资源）和有限资源（耗竭性资源）两大类。无限资源是指随着地球的形成而存在的资源，如太阳能、风、空气、降水、气候等；有限资源是指在地球演化过程中的特定阶段内形成的资源，其量和质有限，且分布不均匀。有限资源又分为可再生资源和不可再生资源。可再生资源是指通过自然再生产或人工经营能为人类反复利用的资源，如生物资源、土地资源、气候资源、水资源等；不可再生资源一般在岩石圈表层或其内部，是地球亿万年演化的产物，被使用消耗后，在人类有限的生命时间范围内不能再次形成，包括矿物资源和化石燃料资源。

自然资源的分类是相对的，任何资源的可再生都是有条件的。水资源尽管属于可再生资源，但由于时空分布的不均衡性，造成局部区域的水资源短缺；植物资源属于可再生资源，但由于大面积的砍伐，使森林面积锐减、生物多样性丧失，物种减少、林地退化、草场消失成沙漠，相应的植物资源将不可再生；耕地是可再生资源，可以重复利用进行农业生产，若耕地一旦被占用，它将变成不可再生资源。另外，资源的内涵会随社会生产力的提高和科学技术的进步而扩展。例如，随着海水淡化技术的进步，在干旱地区，部分海水和咸湖水有可能成为淡水的来源。

能重复利用的不可再生资源，主要指亿万年地质作用形成的资源，其更新能力极弱，但可回收重新利用，如铜、铁等金属，矿产资源和石棉、云母、矿物肥料等，例如汽车报废后，汽车上的废铁可以回收利用。可回收的不可再生资源尽管可以回收，但不可能全部再利用。因此，每次循环利用，都会使资源产生某种损失，从而导致资源逐渐耗竭。

不可重复利用的不可再生资源，是指经过地质作用形成的，但由于物质转化而完全不能重复利用的自然资源，主要包括煤、石油、天然气和铀等能源。这类资源一旦被使用，就会被消耗掉，不可能再使用。例如，煤一旦燃烧转变为热能，热量就会消散到大气中，变得不可恢复。

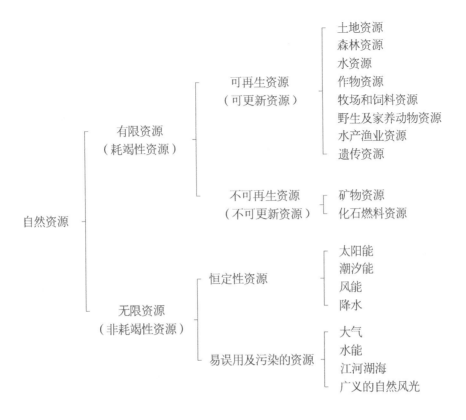

图 8　自然资源的分类

3.2　能源

3.2.1　能源的概念

能源（energy source）亦称能量资源或能源资源，是可产生各种能量（如热量、电能、光能和机械能等）或可做功的物质的统称。它是指能够直接取得或者通过加工、转换而取得有用能的各种资源，包括煤炭、原油、天然气、煤层气、水能、核能、风能、太阳能、地热能、生物质能等一次能源和电力、热力、成品油等二次能源，以及其他新能源和可再生能源。能源是国民经济的重要物质基础，未来国家命运取决于对能源的掌控。能源的开发和有效利用程度以及人均消费量是生产技术和生活水平的重要标志。在《中华人民共和国节约能源法》中所称的能源，是指煤炭、石油、天然气、生物质能和电力、热力以及其他直接或者通过加工、转换而间接取得有用能的各种资源。

能量通常有三种特性。首先，是能量的存在形式。能量以一定的形式存在，如表19 所示。物质存在着各种不同的运动形态，能量也就具有不同的存在方式。例如，物体运动具有机械能，分子运动具有内能，电荷运动具有电能，原子核内部运动具有原子能等。其次，是能量的做功。能量通过做功来转化不同形式的能量之间可以相互转化，且是通过做功来完成这一转化过程。第三，是能量的守恒。某种形式的能量减少，一定存在其他物体的能量增加，且减少和增加量一定相等。

表 19　能量储存的形式和天然的能量资源

能量形式	天然能量资源
机械能	风力、波浪（动能）；水力、潮汐（势能）
热能	地热、高温岩体
电能	闪电
辐射能	太阳能
化学能	煤、石油、天然气等
核能	铀、钍、钚等核裂变燃料，氚等核聚变燃料

3.2.2　能源的分类

能源种类繁多，而且经过人类不断的开发和研究，更多新型能源已经开始能够满足人类的需要。根据不同的划分方式，能源可划分为不同的类型。常见的能源分类如图 9 所示。

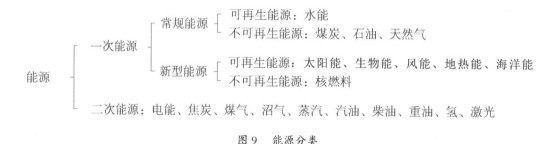

图 9　能源分类

（1）按照能源的来源进行分类。首先是来自地球外部天体的能源（主要是太阳能），除直接辐射外，并为风能、水能、生物能和矿物能源等的产生提供基础。人类所需能量的绝大部分都直接或间接地来自太阳。正是各种植物通过光合作用把太阳能转变成化学能在植物体内贮存下来。煤炭、石油天然气等化石燃料也是古代埋在地下的动植物经过漫长的地质年代形成的。它们实质上是由古代生物固定下来的太阳能。其次是地球本身蕴藏的能量，如原子核能、地热能等。第三是地球和其他天体相互作用而产生的能量，如潮汐能、温泉和火山爆发喷出的岩浆。

（2）按照能源本身的性质进行分类，可分为含能体性能源和过程性能源。含能体性能源（或称载体能源），如氢气、煤炭、石油、天然气、核能等，其含义是能量从含能体性能源的物质发生转换时释放出来的，这种含能体可以直接储存运送。例如，氢气可以直接储运，而且在燃烧过程中可以释放热能，即两个氢原子与一个氧原子反应生成水，向外界释放能量。过程性能源是指能量比较集中的物质运动过程，或称能量过程，是在流动过程中产生能量，其含义是过程性能源释放出能量后，其物质属性不变，如风能、水能、潮汐能、太阳能等。例如，水能发电，即流动的水由于水轮机的阻碍，带动水轮机的旋转，从而将水的动能转换为水轮机的动能，这样水的流动速度会减慢，但是水的物质属性没有变化，水还是水。

（3）按能源的基本形态进行分类，可分为一次能源和二次能源。前者即天然能源，指在自然界现成的能源，如煤炭、石油、天然气、水能等。后者是指由一次能源加工转换而成的能源产品，如电力、煤气、蒸汽及各种石油制品等。一次能源又可分为可再生能源（如水力资源）和不可再生能源（如煤炭、石油、天然气资源）。

（4）按照能源的用途分类，主要分为燃料型能源（煤炭、石油、天然气、泥炭、木材）和非燃料型能源（水能、风能、地热能、海洋能）。人类利用自己体力以外的能源是从火开始的，最早的燃料是木材，之后用各种化石燃料，如煤炭、石油、天然气、泥炭等。现在研究利用太阳能、地热能、风能、潮汐能等新能源。当前石化燃料消耗量很大，但地球上这些燃料的储量有限。未来铀和钍将提供世界所需的大部分能量。一旦核聚变的技术问题得到解决，人类实际上将获得无尽的能源。

（5）按照能源利用程度进行分类，可分为常规能源和新型能源。利用技术上成熟、使用比较普遍的能源叫作常规能源，包括一次能源中的可再生的煤炭、石油、天然气等资源。新近利用或正在着手开发的能源叫作新型能源，是相对于常规能源而言的，包括太阳能、风能、地热能、海洋能、生物能、氢能以及用于核能发电的核燃料等能源。由于新能源的能源密度较小，或品位较低，或有间歇性，按照已有的技术条件转换利用的经济性尚差，还处于研究和发展阶段，只能因地制宜地开发和利用，但新能源大多数是再生能源，资源丰富，分布广阔，是未来的主要能源之一。

（6）按照能源是否能再生进行分类，可分为可再生能源和不可再生能源。一般来说，可再生能源是指在自然界中可以不断再生，永续利用，取之不尽、用之不竭的能源资源的总称。可再生能源对环境无害或危害极小，且分布广泛，适宜就地开发利用，如风能、水能、潮汐能、太阳能等。太阳能被归为"可再生能源"是因为相对于人的生命长短来说，太阳能散发能量的时间约等于无穷，但是实际上对于太阳本身来说，太阳散发能量也是有一定限度的能源。不可再生，如煤炭、石油、天然气、核能等能源在使用过程中，消耗一点就少一点，其在地球上的总量处于减少、下降趋势。

（7）按照能源消耗后是否会造成环境污染进行分类，可分为污染型能源和清洁型能源。污染型能源包括煤炭、石油等。清洁型能源包括水能、太阳能、风能以及核能等。

（8）按照能源的物理性质和可加工形式进行分类。《能源分类与代码》（GB/T 29870—2013）按照能源的"物理性质"和"可加工形式"为主要依据，能源分类采用线性分类方法，分为大类、中类和小类。大类分为煤炭及煤制品、泥炭及泥炭产物、油页岩/油砂、天然气、石油及石油制品、生物质能、废料能、电能、热能、核能、氢能和其他。

3.2.3 能源的革命

从人类发展史的角度，以人工火代替自然火为标志的第一次能源革命，开启了能源发展的"薪柴时代"；以蒸汽机和煤炭的大规模使用为标志的第二次能源革命，开启了能源发展的"煤炭时代"，对应第一次工业革命；以石油替代煤炭，内燃机动力、电力替代蒸汽动力为标志的第三次能源革命，开启了能源发展的"油气时代"，对应第二次工业革命。

从文明发展的角度上说，农业文明对应第一次能源革命，以人工火代替自然火为标志；工业文明对应第二次能源革命，以蒸汽机的发明和19世纪煤炭的大规模使用为主要标志，并将这一时代划分为煤炭替代木材、石油替代煤炭两个阶段；当下正在进行第三次能源革命。能源革命的发展历程如表20所示。

表20　能源革命分类及标志

分析视角	第一次能源革命	第二次能源革命	第三次能源革命
人类发展	薪柴	煤炭	石油
社会文明	薪柴	煤炭、石油	可再生能源
工业文明	煤炭	石油	可再生能源

能源转型是人类文明形态不断进步的历史必然。煤、油、气等化石能源的发现和利用，极大地提高了劳动生产力，使人类由农耕文明进入工业文明。工业文明产生了严重的环境、气候和可持续性问题。现代非化石能源的进步，正在推动人类由工业文明走向生态文明，并在推动新一轮能源革命。

全球和中国能源结构转型的三个阶段呈现的特征存在差异。全球能源结构转型第一阶段以煤炭为主，表现为1913年煤炭占全球一次能源的70%；但经过几十年，全球能源转入油气为主的第二阶段；现在正从以油气为主转向以非化石能源为主的第三阶段。我国能源结构的第一阶段也是以煤炭为主，但第二阶段不会以油气为主，而是进入多元架构阶段，即化石能源和非化石能源多元发展、协调互补、此消彼长，逐步向绿色、低碳、安全、高效转型，进而实现电气化、智能化、网络化、低碳化。我国也将转入第三阶段，即以非化石能源为主的阶段。

属于二次能源的电力作为一种清洁动力是当前世界能源利用的主流方向，可再生能源发电技术的突破与产业化，将推动能源再次革命，促进一系列相关产业的转型、升级，从而引发工业再次革命。新电改后市场主体之间的关系如图10所示。

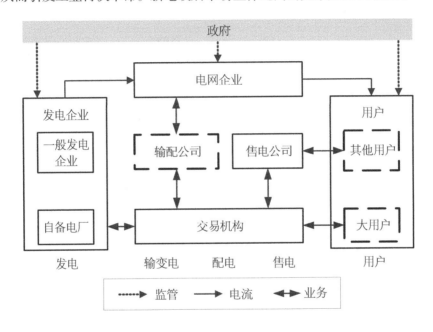

图10　新电改后市场主体之间的关系

3.3　大气

3.3.1　大气的概念

地球表面环绕着一层很厚的气体，称为环境大气或地球大气，简称大气。

国际标准化组织（International Organization for Standardization，ISO）对大气的定义是，大气是指环绕地球的全部空气的总和。环境空气是指人类、植物、动物和建筑物所处的室外空气。

在研究大气污染问题时，往往指的是与人类关系更为密切的环境空气。根据自然地理学，大气圈是指受地心引力作用而随地球旋转的大气层，厚度约为 10 000 公里。世界气象组织根据大气温度在垂直方向上的分布特点,将大气圈分为对流层(troposphere)、平流层(stratosphere)、中间层(mesosphere)、暖层(thermosphere)和散逸层(exosphere)。

3.3.2 大气的组成

大气是由多种气体组成的混合体,其组成成分可以分成三部分:干燥清洁空气、水蒸气和各种杂质,如表21所示。

表21 大气的组成成分及其作用

大气的组成成分				主要作用
干燥清洁空气	主要成分(99.96%)	氮	78.08%	生物体的基本成分
		氧	20.95%	维持生物活动的必要物质
		氩	0.93%	
		二氧化碳	0.03%	植物光合作用的原料;对地面保温
	次要成分(0.04%)	氖、氦、氪、臭氧、甲烷等	0.04%	
水蒸气				成云致雨的必要条件;对地面保温
固体杂质(气溶胶粒子)				成云致雨的必要条件

所有干燥清洁空气的成分在自然状态下都是气体状体,平均相对分子质量为28.97,主要成分如表22所示。大气中的二氧化碳主要来源为有机物的燃烧、腐烂以及生物的呼吸,矿泉、地裂隙和火山喷发也向大气排放出二氧化碳。大气中水蒸气来源于海洋、湖泊、江河、沼泽、潮湿地面及植物表面的蒸发或蒸腾作用。大气气溶胶粒子是指悬浮于空气中的液体和固体粒子,包括水滴、冰晶、悬浮着的固体灰尘微粒、烟粒、微生物、植物的孢子类花粉以及各种凝结核和带点离子等。

碳源物质—化石燃料没有 ^{14}C,由于 ^{14}C 半衰期为5 730年,可能由于埋藏的时间太久以至于它们所含的 ^{14}C 衰变殆尽。而自然界大气中的 CO_2 是含有较多 ^{14}C 的,进入大气后在导致 CO_2 浓度增加的同时,会导致大气 $^{14}CO_2$ 浓度降低,即苏斯效应(Suess effect,Suess,1955)。

表22 干燥清洁空气的成分

成分	相对分子质量	体积分数(%)	成分	相对分子质量	体积分数(%)
氮	28.01	78.09	臭氧	48.00	0.00006
氧	32.00	20.95	氢	2.02	0.00005
氩	39.94	0.93	氪	83.70	微量

成分	相对分子质量	体积分数（％）	成分	相对分子质量	体积分数（％）
二氧化碳	44.01	0.03	氙	131.30	微量
氖	20.18	0.0018	甲烷	16.04	微量
氦	4.00	0.0005	一氧化二氮	44.01	微量

3.3.3　全球碳循环

地球上的碳循环主要表现为自然生态系统的绿色植物从空气中吸收二氧化碳，经光合作用转化为碳水化合物并释放出氧气，同时又通过生物地球化学循环过程及人类活动将二氧化碳释放到大气中，原理如图 11 所示。

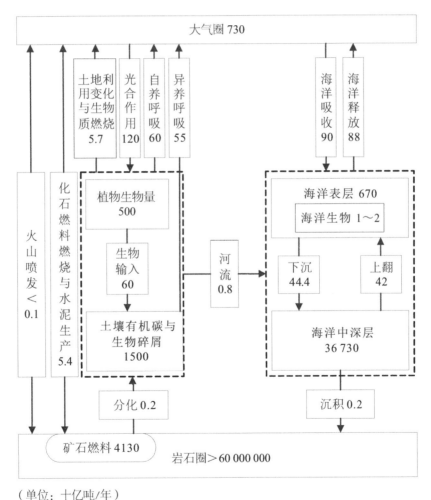

（单位：十亿吨/年）

图 11　全球碳循环示意图

自然生态系统的绿色植物将吸收的二氧化碳通过光合作用转化为植物体的碳水化合物，并经过食物链的传递转化为动物体的碳水化合物，而植物和动物的呼吸作用又把摄入体内的一部分碳转化为二氧化碳释放入大气，另一部分则构成了生物的有机体，自身贮存下来；在动、植物死亡之后，大部分动、植物的残体通过微生物的分解作用又最终以二氧化碳的形式排放到大气中，小部分在被微生物分解之前被沉积物掩埋，经过漫长的时间转化为化石燃料（煤、石油、天然气等），当这些化石燃料风化或作为燃料燃烧时，其中的碳又转化为二氧化碳排放到大气中。

大气和海洋、陆地之间也存在着碳循环，二氧化碳可由大气进入海水，也可由海水进入大气，这种碳交换发生在大气和海水的交界处；大气中的二氧化碳也可以溶解在雨水和地下水中成为碳酸，并通过径流被河流输送到海洋中，这些碳酸盐通过沉积过程又形成石灰岩、白云石和碳质页岩等；在化学和物理作用下，这些岩石风化后所含的碳又以二氧化碳的形式排放到大气中。人类活动通过化石燃料燃烧向大气中释放了大量的二氧化碳，所释放的这些二氧化碳大约有 57% 被自然生态系统所吸收，约 43% 留在了大气中。留在大气中的这部分二氧化碳使全球大气中二氧化碳浓度由工业化前的 280 ppm（parts per million，相当于微摩尔每摩尔）增加到 2019 年的 410 ppm，导致全球气候系统变暖。

3.4　大气污染

3.4.1　大气污染的分类

大气污染通常是指人类活动或自然过程引起某些物质进入大气中，呈现出足够的浓度，达到足够时间，因此危害了人体的舒适、健康和福利或造成了环境污染的现象。

大气污染按其影响所及的范围可分为四类：局部性污染、地区性污染、广域性污染、全球性污染。这种分类方法所涉及的范围只能是相对的，没有具体的标准。

根据燃料性质以及污染物组成和反应，一般将大气污染划分为四种类型：煤炭型污染、石油型污染、混合型污染、特殊型污染。煤炭型污染多发生在以燃煤为主要能源的国家和地区，一次污染物是烟气、粉尘和二氧化硫；二次污染物是硫酸以及其盐类所形成的气溶胶。石油型污染也称排气型或联合企业型污染，多发生在油田及石油化工企业和汽车较多的大城市，一次污染物是烯烃、二氧化硫以及烷、醇、羟基化合物等；二次污染物是臭氧、氢氧基、过氧氢基等自由基以及醛、酮和过氧乙酰硝酸酯。混合型污染是上述两种类型污染的混合。特殊型污染是指某些工矿企业排放的特殊气体所造成的污染，如氯气、金属蒸气或硫化氢、氟化氢等气体。

根据污染物的化学性质及其存在的大气环境状况，可分为还原型污染和氧化型污染。还原型污染通常发生在以使用煤炭为主同时使用石油的地区，主要污染物是二氧化硫、一氧化碳和颗粒物。氧化型污染多发生在以使用石油燃料为主的地区，污染物的主要来源是汽车尾气、燃料锅炉以及石化企业，主要的一次污染物是一氧化碳、氮氧化物、碳氢化合物等，这类污染物在阳光的照射下会引起光化学反应，生成二次污染物，如臭氧、醛类、过氧乙酰硝酸酯等具有氧化性的物质。

3.4.2 大气污染源

大气污染源从总体看可分为自然源和人为源。自然源造成的污染多为暂时的、局部的；人为源造成的污染通常延续时间长、范围广。与自然源相比，人类的生产和生活活动是大气污染物的主要来源，通常所说的大气污染即指人为源。随着人类经济活动和生产迅速发展，大量消耗能源的同时也将大量的废气、烟尘物质排入大气，严重影响了大气的质量，特别是在人口稠密的城市和工业区域，当前面临的大气污染多与人为活动有关，称为人为污染源，即人为源。

按照空间分布，大气污染源可以分为点源、线源污染源和面源污染源。点源污染源是集中在一点的小范围排放源，如工厂烟囱；线源污染源如交通干线两侧汽车的尾气；面源污染源是指在相当大面积范围内的多个污染排放源的总称，如一个大城市内的许多污染排放源。

按照污染产生来源，大气污染源可以分为燃料燃烧排放、工业生产排放、交通运输排放和农业生产活动排放。燃料燃烧排放是燃料（煤、石油、天然气等）燃烧过程向大气的排放。工业生产排放是工艺生产过程中排放的废气以及生产过程中排放的各类金属和非金属粉尘。交通运输排放是由行驶中的汽车、火车、船舶和飞机等交通工具，排出含有一氧化碳、碳氢化合物、铅等污染物的尾气。农业生产活动排放是指在农业生产过程中，如使用农药和化肥以及焚烧秸秆等过程中向大气排放的有害气体。

3.4.3 大气污染物

大气污染物（atmosphere pollutant）是指由于人类活动或自然过程排入大气的并对人或环境产生有害影响的物质。按其物理状态可分为气溶胶态污染物和气态污染物。

（1）气溶胶态污染物

气溶胶态污染物是指悬浮于气态介质中的固体或液体粒子所形成的空气分散系

统，这类污染物包括粉尘、烟、飞灰、黑烟和雾，如表 23 所示。

表 23　气溶胶态污染物的分类

名称	特性
粉尘	固态粒子的分散性气溶胶，如黏土粉尘、煤粉、水泥粉尘、各种金属粉尘等，粒径一般为 $1\sim200\mu m$
烟	固态粒子的凝聚性气溶胶，如有色金属冶炼过程中产生的氧化铝烟、氧化锌烟等，粒径一般为 $0.01\sim1\mu m$
飞灰	燃料燃烧产生的烟气排出的分散得较细的灰分，如垃圾焚烧过程产生的飞灰等
黑烟	燃料燃烧产生的能见气溶胶，如含碳燃料不完全燃烧产生的黑烟等
雾	液态粒子的凝聚性气溶胶，如酸雾、碱雾、油雾等

从大气污染角度看，气溶胶态污染物根据粒径的大小可分为总悬浮颗粒物和可吸入颗粒物。总悬浮颗粒物（total suspended particles，TSP）是指能悬浮在空气中，空气动力学当量直径小于等于 $100\ \mu m$ 的颗粒物，是分散在大气中的各种粒子的总称。在总悬浮颗粒物中，空气动力学当量直径大于 $10\ \mu m$ 的颗粒物几乎都可以被鼻腔和咽喉所捕集，而小于 $10\ \mu m$ 的颗粒物更容易进入肺泡而造成伤害。这部分粒径小于 $10\ \mu m$ 的颗粒物被称为可吸入颗粒物（inhalable prticles，IP），简写为 PM_{10}；粒径小于 $2.5\ \mu m$ 的称为 $PM_{2.5}$，也称细颗粒物、细颗粒、细粒。

（2）气态污染物

气态污染物是指以分子状态存在的污染物，按照其形成原理，又可以分为一次污染物和二次污染物，如表 24 所示。一次污染物又称原发性污染物，是直接由污染源排放的污染物，其物理性质和化学性质尚未发生变化。一次污染物又可分为反应性污染物和非反应性污染物两类。反应性污染物的性质不稳定，在大气中常与某些其他物质发生化学反应，或作为催化剂促进其他污染物发生化学反应，如二氧化硫等。非反应性污染物性质较为稳定，不发生化学反应或者反应速度很缓慢，如二氧化碳等。二次污染物也称续发性污染物，是不稳定的一次污染物之间或者与大气中原有物质发生化学反应而生成的新的污染物质，如硫酸烟雾（sulfurous smog）和光化学烟雾（photochemical smog）。

表 24　气态污染物分类

气态污染物	一次污染物	二次污染物
碳氧化合物	CO、CO_2	无
含硫化合物	SO_2、H_2S	SO_3、H_2SO_4、MSO_4

气态污染物	一次污染物	二次污染物
含氮化合物	NO、NH_3	NO_2、HNO_3、MNO_3
有机化合物	$C_1 \sim C_{10}$化合物	醛、酮、过氧乙酰硝酸酯等
含卤素化合物	HF、HCL	无

3.5 环境问题

3.5.1 大气环境问题

当代主要大气环境问题有如下几类。

1. 煤炭型污染

煤炭型污染（coal smoke pollution）是指煤炭在燃烧过程中排放烟气、粉尘、二氧化硫等一次污染物，以及一次污染物在大气中发生化学反应而生成硫酸、硫酸盐类气溶胶等二次污染物。

2. 光化学烟雾

光化学烟雾（photochemical smog）是指汽车、工厂等污染源排入大气的碳氢化物和氮氧化物等一次污染物，在阳光的作用下发生化学反应，生成臭氧、醛、酮、过氧乙酰硝酸酯等二次污染物，由参与光化学反应的一次污染物和二次污染物的混合物所形成的烟雾污染现象。

光化学烟雾的成分非常复杂，具有强氧化性，刺激人的眼睛和呼吸道黏膜，伤害植物叶片，加速橡胶老化，并使大气能见度降低。对人类、动植物和材料有害的主要是臭氧、过氧乙酰硝酸酯和丙烯醛、甲醛等二次污染物。氧、过氧乙酰硝酸酯等还能造成橡胶制品的老化、脆裂，使染料褪色，并损害油漆涂料、纺织纤维和塑料制品等。

3. 温室效应

温室效应（greenhouse effect）是指由于大气中的温室气体的含量增加而使全球气温升高，引起全球变暖和气候变化的现象。

在过去的一万年间，大气中的二氧化碳含量基本保持恒定，约为280 ppm；19 世纪初，二氧化碳浓度开始不断地上升；到1988 年，已上升到350 ppm；目前已超过400 ppm。造成二氧化碳浓度升高的主要原因一是人口剧增和工业化发展，人类消耗的煤炭、石油、天然气等燃料急剧增加，燃烧产生了大量的二氧化碳进入空气，使得二氧化碳浓度增加；二是森林破坏，使得植物吸收利用二氧化碳的量减少，造成二氧化碳被消耗的速度降低，浓度升高。

温室效应引起全球变暖，对全球生态系统和社会经济产生重大影响。

4. 酸雨

酸雨（acid rain）是指 pH 小于 5.6 的雨、雪或其他方式形成的大气降水。由于大气中二氧化碳的存在，即使是清洁的雨、雪等降水，也会因二氧化碳融入其中而略带酸性。饱和雨水的 pH 为 5.6，故以 pH 小于 5.6 为酸雨指标。

酸雨会破坏森林生态系统，改变土壤性质与结构，破坏水生生态系统，腐蚀建筑物和损害人体的呼吸系统和皮肤。

5. 臭氧层损耗

臭氧层损耗是指大气中的化学物质在平流层破坏臭氧，使得臭氧层变薄，甚至出现臭氧空洞现象。

平流层中臭氧层的臭氧含量虽然极其微小，但却能够强烈地吸收太阳紫外线，特别是吸收了 99% 来自太阳紫外线的对生物有害的部分，保护了人类和生物免遭紫外线辐射的伤害。

3.5.2 水环境问题

3.5.2.1 水资源

水资源（water resources）是指地球水圈中多个环节、多种形态的水，即水圈中所有的水体（包括海洋、河流、湖泊、沼泽、冰川、地下水及大气中的水分）。广义的水资源是指能够直接或间接使用的各种水和水中资源。但目前人类重点调查、评价、开发利用和保护的水资源通常指参与自然界水循环、通过陆海间水分交换、陆地上逐年可得到更新的淡水资源。狭义的水资源是指在一定经济技术条件下，人类可以直接利用的淡水。

地球上水储存总量为 1.386×10^{15} 立方米。如表 25 所示。地球上 97.44% 的水是咸水，淡水仅占 2.5%。淡水中绝大部分为极地冰川水和地下水，比较容易开发利用。与人类生活生产关系最为密切的湖泊、河流和浅层地下水等淡水资源，只占淡水总储量的 0.34%。

表 25　自然界水的分布表

水的分布	估计数量 / 立方米	在总储量中的比例
海洋	1.35×10^{15}	97.41%
河流	1.7×10^{9}	0.0001%

水的分布	估计数量/立方米	在总储量中的比例
淡水湖泊	1.0×10^{11}	0.007%
咸水湖和内海	1.05×10^{11}	0.008%
地下水	8.2×10^{12}	0.592%
冰川和高山积雪	2.75×10^{13}	1.984%
大气	1.3×10^{10}	0.001%
生物体	1.1×10^{9}	0.0001%
土壤水分	6.9×10^{10}	0.005%

工业革命以来，人类对水循环的干预作用越来越大，建立了农业灌溉、工业用水和居民生活用水3个用水系统。这些用水系统通过取水系统和排水系统相互连接成一个复杂的网络系统。在该系统中大量的水被应用，同时大量的含有高浓度有机物和无机物的水被排放到自然水体，远远超过了水体自然循环中太阳能和生物能所能带走的负荷，造成大量物质在水体中积累，也增加了人类的利用成本。水体循环系统原有的平衡被打破。

3.5.2.2 水污染

1. 水污染的概念

《中国人民共和国水污染防治法》（2017版）指出，水污染（water pollution）是指水体因某种物质的介入，而导致其化学、物理、生物或者放射性等方面特性的改变，从而影响水的有效利用，危害人体健康或者破坏生态环境，造成水质恶化的现象。

2. 天然水的化学组成

在自然界，不存在完全纯净的水，天然水在循环过程中不断地与环境中各种物质相接触，并且或多或少地溶解它们，所以天然水实际上是一种组成复杂的溶液，其中的组分可以是固态、液态或气态的，并多以分子、离子及胶体微粒的状态存在于水中。通过分析显示，天然水中含有的物质包括了地壳中的大部分元素，主要可分为以下几类。

（1）主要离子，天然水中最常见的离子是 K^+、Na^+、Ca^{2+}、Mg^{2+}、Cl^-、HCO_3^-、NO_3^-、SO_4^{2-}，这8种离子占天然水中离子总量的95%～99%。

（2）生源物质，主要有 NH_4^+、NO_2^-、NO_3^-、HPO_4^{2-}、PO_4^{3-} 等。

（3）微量元素，包括 Br、I、Fe、Cu、Ni、Ti、Pb、Zn、Mn 等。

（4）胶体，包括无机胶体 $SiO_2 \cdot nH_2O$、$Fe(OH)_2 \cdot nH_2O$、$Al_2O_3 \cdot nH_2O$，以及

有机胶体腐殖质等。

（5）悬浮物质，包括细菌、藻类、原生动物、沙粒、黏土和铝硅酸盐等。

（6）溶解性气体，包括主要气体 N_2、O_2、CO_2、H_2S 以及微量气体 CH_4、H_2、He 等。

天然水体在受到人类活动影响后，其中所含的物质种类、数量、结构都有所变化，可通过这些变化判断人类活动对水体的影响程度。

3. 水体污染源

向水体排放污染物的场所、设备、装置和途径统称为水体污染源。按照人类活动方式，水体污染源可分为工业污染源、农业污染源和生活污染源。按照污染物空间分布方式，水体污染源可分为点源污染源和面源污染源。生活污水和工业废水通过下水道、排水管或沟渠等特定部位排放污染物，称为点源污染源。一般来说，点源污染源较易监测与管理，可将这些污水改变流向并在进入环境前对其进行处理。而农业废水分散排放污染物，没有特定的入水排污位置，称为非点源污染源或面源污染源，其监测、调控和处理远比点源污染源困难。

4. 水污染物

水污染物，是指直接或者间接向水体排放的，能导致水体受污染的物质。通常按照水污染物的物质类型分为悬浮物、耗氧有机物、植物性营养物、重金属、难降解有机物、石油类、酸碱、病原体、热污染和放射性污染。

有毒污染物，是指那些直接或者间接被生物摄入体内后，可能导致该生物或者其后代发病、行为反常、遗传异变、生理机能失常、机体变形或者死亡的污染物。按照水污染物的毒性可分为无机无毒物质、无机有毒物质、有机无毒物质和有机有毒物质。

3.5.2.3　水环境容量

水体（water body）是海洋、湖泊、河流、沼泽、水库、地下水的总称，不仅包括水，而且包括水中悬浮物、底泥和水中生物等。

水体自净（self-purification water body）是指水体本身具有一定的净化能力，即经过水体的物理、化学与生物的作用，使排入水体的污染物浓度逐渐降低，经过一段时间后恢复到受污染前的状态。水体自净包括沉淀、稀释、混合等物理过程，氧化还原、分解化合、吸附凝聚等化学和物理化学过程以及生物化学过程。各种过程同时发生、相互影响，并相互交织进行。

反映水体自净能力的指标是水环境容量（water environmental capacity）。水环境容量是指某水体在特定的环境目标下所能容纳的污染物的量。水环境容量一般包括两部分，即差值容量与同化容量。水体稀释作用属差值容量，生物化学作用称同化容量。水环境容量既反映了满足特定功能条件下水体对污染物的承受能力，也反映了污染物在水环境中的迁移、转化、降解、消亡规律。当水质目标确定后，水环境容量的大小就取决于水体对污染物的自净能力。

3.5.3　固体废物

固体废物（solid waste）是指人类在生产建设、日常生活和其他活动中产生的污染环境的固态、半固态废弃物质。

按照化学性质，固体废物可分为有机固体废物和无机固体废物，按照危害状况可分为有害废物和一般废物。我国的《固体废物污染环境防治法》按照来源可划分为工业固体废物和城市生活垃圾两类。

工业固体废物是指在工业、交通等生产活动中产生的固体废物，主要来自于冶金工业、矿业、石油化工、轻工业、机械电子行业、建筑业以及其他工业部门。煤矸石、粉煤灰、炉渣、矿渣、金属、塑料、橡胶、陶瓷、沥青等都是典型的工业固体废物。

城市生活垃圾又称为城市固体废物，是指在城市居民日常生活或者为城市日常生活提供服务的活动中产生的固体废物，主要包括厨余物、废纸、废塑料、废织物、废金属、废玻璃、废陶瓷片、砖瓦渣土、粪便以及废家用电器、庭院垃圾等。

危险废物是指被列入国家危险废物名录或者根据国家规定的危险废物鉴别标准和鉴别方法认定的具有危险特性的废物。危险废物有急性毒性、易燃性、反应性、腐蚀性、浸出性和疾病传染性等，针对危险废物，我国制定了《国家危险废物名录》和《危险废物鉴别标准》。

固体废物处理是指将固体废物转变成适于运输、利用、贮存或最终处置的过程，应遵循无害化、减量化和资源化的"三化"原则。

3.5.4　物理性污染

有别于大气污染、水污染和固体废物污染等化学污染，物理性污染主要包括噪声污染、放射性污染、电磁波污染、光污染、热污染和恶臭污染等由物理因素引起的污染。

1. 噪声污染

噪声污染源一般分为交通运输污染源、工业污染源、建筑施工污染源和社会生活污染源。与其他污染相比，噪声污染具有暂时性、局限性、分散性等特点。

2. 电磁污染

当电磁辐射强度超过人体所能承受的或仪器设备所能容许的限度时，即产生电磁污染。21 世纪电磁污染将代替噪声污染成为影响最严重的物理污染。联合国人类环境会议已将治理电磁污染列为环境保护项目之一。

电磁辐射来源可分为天然辐射源和人为辐射源两种。天然电磁辐射源是由大气中的某些自然现象引起的，如大气中由于电荷的积累而产生的放电现象，也可以是来自太阳辐射和宇宙的电磁场源。这种电磁污染除对人体、财产等产生直接的破坏外，还会在广大范围内产生严重的电磁干扰，尤其是对短波通信的干扰最为严重。

人为电磁辐射源是指人工制造的各种系统、电气和电子设备产生的电磁辐射。人为源按频率的不同可分为工频场源和射频场源。

3. 放射性污染

在自然界和人工生产的元素中，有一些能自动发生衰变，并放射出肉眼看不见的射线。这些元素统称为放射性元素或放射性物质。天然放射性物质在自然界中分布很广，存在于宇宙射线、矿石、土壤、天然水、大气及动植物的所有组织中。

放射性辐射的来源主要有：核武器试验的沉降物，核燃料循环的"三废"排放，核工业、人工放射性核素的应用，居室的氡气污染。

放射性物质一旦产生和扩散到环境中，就不断对周围发出放射线，其半衰期（减少一半所需的时间）从几分钟到几千年不等。阳光、温度无法改变放射性核同位素的放射性活度，人们也无法用任何化学或物理手段使放射性核同位素失去放射性。放射性污染对人类的作用有累积性。

4. 光污染

光污染是指过量光辐射对生活、生产环境以及人体健康产生不良影响。根据国际上的定义，一般光污染可分成三类，即白亮污染、人工白昼污染和彩光污染。

5. 热污染

热污染是指日益现代化的工业生产和现代化生活中排放出的大量废热所造成的环境污染。热污染主要来自能源消费。发电、冶金、化工和其他的工业生产，通过燃料燃烧和化学反应等过程产生的热量，一部分转化为产品形式，一部分以废热形式直接排放到环境中。转化为产品形式的热量，最终也通过不同的途径释放到环境中。常见的热污染有大气热污染和水体热污染。

6.恶臭污染

恶臭污染（odor pollution）是通过空气的传播扩散而造成的一种物理污染。人的嗅觉能感受到物质气味有上万种。从物质的分子结构来说，一些物质具有"发臭团"，所以才产生了恶臭气味。

3.5.5 环境规制

环境规制是社会性规制的一项重要内容，以保护环境为目的，对造成公共环境污染的行为进行惩罚。环境规制的领域有水污染、大气污染、有害废物处理、有毒物质使用和噪声污染等，主要划分为经济型环境规制、命令型环境规制和自愿型环境规制。实行规制就是要将这些污染环境的负外部行为产生的由整个社会共同承担的成本转变为污染制造者自身承担的私人成本。环境规制的实施有利于推动企业进行绿色创新，也有利于政府将其作为可供使用的环境政策工具。

在实际应用中，环境规制可分为命令控制型、市场激励型、公众参与型和自愿行动型四类，如图12所示。

表26　环境规制的分类和特点

类型	基本定义	假说效应	对企业绿色发展的影响
命令控制型	作为硬性的合法性要求，发挥着引导企业环境行为的功能	"激励效应"假说：环境规制的实施将推动企业进行环保技术创新，提高企业绿色生产效率，带来的经济效益将抵消企业遵守环境规制的额外成本 "成本效应"假说：环境规制的实施将增加企业的生产成本，挤压企业其他投资机会，进而抑制重污染企业的发展	命令控制型环境规制对企业的绿色环保行为一方面存在"激励效应"，有助于企业进行绿色创新，获得企业绿色竞争优势，增强企业的绿色竞争力；但另一方面也存在"成本效应"，可能增加企业的生产成本，挤占企业的其他投资机会。因此，命令控制型环境规制与企业绿色发展之间并非简单的线性关系

类型	基本定义	假说效应	对企业绿色发展的影响
经济激励型	对企业绿色发展的影响具有双重效应，分别是正向激励效应和负向挤出效应	根据环境资金投入是否形成固定资产将环境规制划分为费用型和投资型两种。费用型环境规制相当于企业付费购买排污权，是企业的一种额外成本负担，间接增加企业产品价格，转由消费者承担该成本费用。投资型环境规制是环保投资的一种形式，同时具有经济效益、环境效益和社会效益，其作为企业的一种长期投资策略，更易产生"激励效应"。研究发现，经济激励型环境规制手段对企业经济绩效具有抑制作用。在企业资金总量一定的情况下，将部分资金用于购买排污权，势必会挤占本可用于环保投资的资金，进而对企业绿色发展造成"挤出效应"。同时，排污费征收作为一项政策制度，存在政策设计不合理及执行不当等失灵问题，导致其执行效果与预期相反。企业的绿色发展战略需要投入企业大量的人力、物力、财力，重污染企业的管理者权衡其中利益后可能会导致发展绿色企业的意愿并不强烈	经济激励型环境规制的不同手段对企业绿色发展的影响效果也不完全相同：费用型规制手段对于企业绿色发展存在负的"挤出效应"；而投资型环境规制手段对于企业绿色发展存在正的"激励效应"
公众参与型	其影响环境保护事业的路径包括与污染企业谈判，环境信访、投诉，抵制污染企业产品，法律诉讼等形式	普通民众对环境污染的关注度不断提升、新闻媒体对环境破坏的披露不断升级，无形中给政府和重污染企业带来了巨大的压力，并演变成一种"非正式性"环境规制。发达国家的经验表明，环保事业的最初推动力来自于公众。公众参与型环境规制实际上是环保意识的集中体现	随着社会公众的环境意识和环境参与度的不断提高，公众参与型环境规制正在发展成为一种重要的规制手段，发挥着不可忽视的重要作用

在政策实施机制方面，环境规制分为正式环境规制和非正式环境规制，其中正式环境规制又分为命令控制型和经济激励型。命令控制型环境规制主要包括制定污染物的排放标准、环境标准以及技术标准等；经济激励型环境规制主要包括建立排污收费或征税制度、排污权交易制度等。在资源环境约束的情况下，通过设计环境规制政策工具来倒逼企业实施绿色发展战略具有重要意义。环境规制的分类和特点见表26。

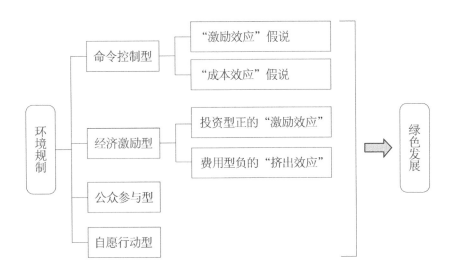

图 12   环境规制分类图

3.6 气候变化

3.6.1 温室气体

3.6.1.1 温室气体类型

温室气体（greenhouse gas，GHG）是指大气层中自然存在的和由人类活动所产生的，能够吸收并重新反射由地球表面、大气和云层所反射的以及波长在红外光谱范围内的辐射的气态成分。

温室气体的作用是指能使地球表面变得更暖，类似于温室截留太阳辐射，并加热温室内空气的作用。这种温室气体使地球变得更温暖的影响称为"温室效应"。

温室气体基本上可以分为两大类，一类是地球大气中所固有的、但是工业化（约1750年）以来由于人类活动排放而明显增多的温室气体，包括二氧化碳、甲烷、氧化亚氮、臭氧等；另一类是完全由人类生产活动产生的（即人造温室气体），如氯氟烃、氟化物、溴化物、氯化物等。例如，氯氟烃（如CFC-11和CFC-12）曾被广泛用于制冷机和其他的工业生产中，人类活动排放的氯氟烃导致了地球平流层臭氧的破坏。20世纪80年代以来，由于制定了保护臭氧层的国际公约，氯氟烃等人造温室气体的排放量正逐步减少。

由于二氧化碳含量在温室气体中占比最高，且温室效应最显著，减排一般指减少二氧化碳排放，碳达峰即二氧化碳排放达峰。

我们常说的碳减排、碳核查、低碳等术语中的碳，是二氧化碳的简称，实际上指的是温室气体。因为温室气体种类很多，各种温室气体对气候变化的影响不同，为统一度量各类温室气体的温室效应，同时考虑到温室气体总升温效应中 CO_2 贡献最大，故规定二氧化碳当量（CO_2e）为度量温室效应的基本单位。各类常见温室气体辐射效率及其在给定时间范围内的全球变暖潜能值（GWP）见表 27。因此，这些概念中的碳即指温室气体。

表 27 常见温室气体辐射效率及相对于 CO_2 的 GWP

温室气体	化学分子式	辐射效率[W/（m²·kg）]	给定时间范围内的 GWP		
			20 年	100 年	500 年
二氧化碳	CO_2	1.40×10^{-5}	1	1	1
甲烷	CH_4	3.70×10^{-4}	72	25	7.6
氧化亚氮	N_2O	3.03×10^{-3}	289	298	153
哈龙 −1301	$CBrF_3$	0.32	8 480	7 140	2 760
哈龙 −1211	$CBrClF_2$	0.30	4 750	1 890	575
哈龙 −1201	$CHBrF_2$	0.14	1 380	404	123
哈龙 −2402	$CBrF_2CBrF_2$	0.33	3 680	1 640	503
四氯化碳	CCl_4	0.13	2 700	1 400	435
甲基氯仿	CH_3CCl_3	0.06	506	146	45
六氟化硫	SF_6	0.52	16 300	22 800	32 600
三氟化氮	NF_3	0.21	12 300	17 200	20 700
三氟甲基五氟化硫	SF_5CF_3	0.57	13 200	17 700	21 200

《京都议定书》规定的温室气体包括二氧化碳（CO_2）、甲烷（CH_4）、氧化亚氮（N_2O）、氢氟碳化物（HFCs）、全氟化碳（PFCs）和六氟化硫（SF_6），总共 6 种。《巴黎协定》规定的温室气体包括二氧化碳（CO_2）、甲烷（CH_4）、氧化亚氮（N_2O）、氢氟碳化物（HFCs）、全氟化碳（PFCs）、六氟化硫（SF_6）和三氟化氮（NF_3），总共 7 种。

联合国政府间气候变化专门委员会（IPCC）2006 年发布的《2006 年 IPCC 国家温室气体清单指南》中包括的温室气体有：二氧化碳、甲烷、氧化亚氮、氢氟碳化物、全氟碳化物、六氟化硫、三氟化氮（NF_3）、五氟化硫（SF_5）、三氟化碳（CF_3）、卤化醚（如 $C_4F_9OC_2H_5$、$CHF_2OCF_2OC_2F_4OCHF_2$、$CHF_2OCF_2OCHF_2$）。

中国国家质量监督检验检疫总局、中国国家标准化管理委员会发布的国家标准《工业企业温室气体排放核算和报告通则》（GB/T 32150—2015）中，列入的温室气体包括二氧化碳、甲烷、氧化亚氮、氢氟碳化物、全氟碳化物、六氟化硫和三氟化氮。因此，一般情况下，我国工业企业进行温室气体核算时，只需对这七类温室气体进行核算。

3.6.1.2 温室气体测量

二氧化碳（CO_2）、甲烷（CH_4）和一氧化二氮（N_2O）是最重要的三种温室气体，一氧化碳（CO）作为间接温室气体在大气化学中也对温室效应有重要影响，因此，在温室气体测量中，通常主要测量 CO_2、CH_4、N_2O 和 CO 这四种气体的浓度。目前对大气中温室气体的测量主要是通过现场采样，然后将样品送到实验室进行分析来完成。

为了反映出地球大气中温室气体浓度的本底变化，通常选择在受人类活动影响较少的地点建立观测点进行测量。全球温室气体浓度的数据通常来自世界气象组织全球大气观测网（global atmosphere watch，GAW），其包括 31 个全球大气本底站、400 余个区域大气本底站和 100 多个志愿观测站。

20 世纪 90 年代初，我国在青海省瓦里关设立了温室气体浓度全球本底观测站，后来在北京上甸子、黑龙江龙凤山、浙江临安等地建立了区域本底观测站。由于监测二氧化碳浓度分布的地面观测点数量有限，且分布不均匀，卫星监测较好地弥补了这一缺陷，通过全球卫星监测数据与地面数据和模型的结合，可以更加精确地监测二氧化碳和温室气体的浓度分布。

3.6.1.3 温室气体与地球温升

人类排放的温室气体和地球温升之间的关系非常复杂，特别是温室气体排放量、温室气体浓度和温升之间并不存在一一对应的同步变化关系；全球气候变暖的幅度与全球二氧化碳的累积排放量之间存在着近似线性的相关关系，全球二氧化碳的累积排放量越大，全球气候变暖幅度就越高。

IPCC 第五次气候变化评估报告指出，如果将工业化以来全球温室气体的累积排放量控制在 1 万亿吨碳，那么人类有三分之二的可能性能够把全球升温幅度控制在 2℃ 以内（与 1861—1880 年相比）；如果把累积排放量放宽到 1.6 万亿吨碳，那么只有三分之一的概率能实现 2℃ 的温控目标。

需要指出的是，地球大气中本身就含有一定浓度的二氧化碳，地球上许多不同的自然生态系统过程也都吸收和释放二氧化碳，因此大气中的二氧化碳浓度本身就存在时间和空间上的自然变率。当二氧化碳（不管是自然释放的还是人为排放的）进入大气中时会被风混合，并随着时间的推移而分布到全球各地。这种混合过程在北半球或南半球的尺度上需要一到两个月的时间，在全球尺度上则需要一年多的时间，因为北半球和南半球之间混合的速度很慢（主要是因为地球大气运动主要以纬向为主）。

气候变化的持续加剧将会对未来的淡水资源、生态系统、农业、海岸带系统和低洼地区以及人类健康等造成严重影响。表28给出了21世纪全球出现不同升温幅度（1~5℃）对各种系统可能造成的影响。

表28　不同升温幅度对各种系统可能造成的影响

影响对象	在1～5℃范围的影响
水	2℃开始，在热带潮湿地区和高纬地区，可用水增加； 3℃开始，在中纬地区和半干旱低纬地区，可用水减少，干旱次数增加； 2℃开始，上亿人口面临更为严重的水短缺问题
生态系统	2℃开始，高达30%的物种全球范围内灭绝风险增大，5℃开始，在全球范围内物种显著[a]灭绝； 1℃开始，珊瑚白化增加，至2℃多数珊瑚白化，至3℃大范围珊瑚死亡； 2℃开始，15%的陆地生态系统受到影响，3℃开始，40%的陆地生态系统受到影响； 1℃开始，物种迁移和野火风险增大，1℃开始，经向翻转环流减弱引起生态系统变化
粮食	3℃开始，小业主、农民和渔民受到复杂的、局地的不利影响； 2℃开始，低纬地区谷类产量趋于降低，3℃开始，低谷类产量降低； 2℃开始，中高纬地区某些谷类产量趋于增长，3℃开始，某些地区谷类产量下降
海岸带	1℃开始，洪水和风暴灾害造成的损失增大； 3.5℃开始，全球约30%海岸带湿地消失[b]； 3℃开始，每年有数百万人可能遭遇海岸带洪水
健康	2.5℃开始，营养不良、腹泻、心肺疾病和传染病概率上升 2.5℃开始，热浪、洪水和干旱导致发病率和死亡率上升 2℃开始，某些疾病媒介的地域分布发生变化； 3.5℃开始，卫生机构负担加重

注：相对于1980—1999年全球平均年温度变化（℃）；a.这里的"显著"定义为＞40%；b.基于2000—2080年海平面上升速率4.2mm/a的假设。

3.6.2　气候变化趋势

在地球运动的漫长历史中，气候总在不断变化，引起变化的原因可概括为自然的气候波动和人为因素两大类。

气候变化是指气候平均值和气候离差值出现了统计意义上的显著变化，如平均气温、平均降水量、最高气温、最低气温，以及极端天气事件等的变化。人们常说的全球变暖就是气候变化的重要表现之一。

《联合国气候变化框架公约》将"气候变化"定义为："经过相当一段时间的观

察，在自然气候变化之外由人类活动直接或间接地改变全球大气组成所导致的气候改变。"这就将因人类活动而改变大气组成的"气候变化"与归因于自然原因的"气候变率"区分开来。

科学研究认为，太阳辐射的变化、地球轨道的变化、火山活动、大气与海洋环流的变化等是造成全球气候变化的自然因素。而人类活动，特别是工业革命以来的人类活动，是造成目前以全球变暖为主要特征的气候变化的主要原因，其中包括人类生产、生活所造成的二氧化碳等温室气体的排放、对土地的利用、城市化等。

气候变化是一个与时间尺度相关的概念，在不同时间尺度下，气候变化的内容、表现形式和主要驱动因子均不相同，一般分为地质时期的气候变化、历史时期的气候变化和现代气候变化。万年以上尺度的气候变化为地质时期的气候变化，如冰期和间冰期循环；人类文明产生以来（一万年以内）的气候变化可纳入历史时期气候变化的范畴；1850年有全球器测气候变化记录以来的气候变化一般被视为现代气候变化。

自工业革命以来，人类活动已使大气二氧化碳含量上升约100 ppm，带来全球变暖、海洋酸化等环境问题。如何准确可靠地预测未来气候变化，已成为人类迫切需要解决的一个气候和政治问题。

自1980年开始，观测到的全球气温一路飙升，全球变暖成了一个不争的事实，与温室气体排放相联系的化石能源使用被认为是导致全球变暖的主要原因。

1998—2012年的观测记录显示全球气温并没有像科学家预期的那样与全球二氧化碳变化同步增加，而是出现了一个增长趋势上的"停滞"，即没有继续随着全球大气二氧化碳的不断增长出现线性增长，而是维持在已有的状态。丁仲礼院士戏称为"算命先生手里的水晶球"的计算机数值模拟发挥了作用，从海洋吸热的角度"完美地"解释了温度没有进一步增加的原因。

3.6.3　气候变化减缓

1992年，联合国气候变化框架等决定引入两个不同的战略以应对气候变化：减缓和适应。

气候变化减缓是指减少人类活动带来的温室气体排放。气候变化适应是基于已发生的气候变化，需要增强能力来适应这一变化，从而降低气候变化对生命、财产以及健康造成的各种损失和影响。

减缓是指通过经济、技术、生物等各种政策、措施和手段，控制温室气体的排放、增加温室气体汇。为保证气候变化在一定时间段内不威胁生态系统、粮食生产、经济社会的可持续发展，将大气中温室气体的浓度稳定在防止气候系统受到危险的人为干扰的水平上，必须通过减缓气候变化的政策和措施来控制或减少温室气体的排放。

控制温室气体排放的途径主要是改变能源结构，控制化石燃料使用量，增加可再生能源使用比例；提高发电和其他能源转换部门的效率；提高工业生产部门的能源使用效率，降低单位产品能耗；提高建筑采暖等民用能源效率；提高交通部门的能源效率；减少森林植被的破坏，控制水田和垃圾填埋场排放甲烷等，由此来控制和减少二氧化碳等温室气体的排放量。

增加温室气体吸收的途径主要有植树造林和采用固碳技术，其中固碳技术指把燃烧排放气体中的二氧化碳分离、回收，然后采取深海弃置和地下弃置的方式处理，或者通过化学、物理以及生物方法固定。从各国政府可能采取的政策手段来看，可以实行直接控制，包括限制化石燃料的使用和温室气体的排放，限制砍伐森林；也可以应用经济手段，包括征收污染税费，实施排污权交易（包括各国之间的联合履约），提供补助资金和开发援助；还可鼓励公众参与，包括向公众提供信息，致力于开发各种先进发电技术及其他面向碳中和目标的远景能源技术；等等。

3.6.4　气候变化适应

适应是自然或人类系统在实际或预期的气候变化刺激下做出的一种调整反应，这种调整能够使气候变化的不利影响得到减缓，或能够充分利用气候变化带来的各种有利条件。适应气候变化有多种方式，包括制度措施、技术措施、工程措施等，如建设应对气候变化的基础设施、建立极端天气和气候事件的监测预警系统、加强对气候灾害风险的管理等。在农业适应气候变化方面，为应对干旱发展新型抗旱品种、采取间作方式、作物残茬保留、杂草治理、发展灌溉和水培农业等；为应对洪涝采取圩田和改进的排水方法、开发和推广可替代作物、调整种植和收割时间等；为应对热浪发展新型耐热品种、改变耕种时间、对作物虫害进行监控等。

气候变化适应的本质属于风险管理，有效的适应活动包括三个阶段：第一个是降低对气候变化的脆弱性和暴露性阶段，通过与其他目标形成共赢，在改善健康、生存环境、社会经济福利和环境质量的同时提高适应能力；第二个是制定适应规划和实施方案阶段，即在各个层面上开展适应规划和实施方案，充分考虑多样性的利益诉求、环境、社会文化背景和预期；第三个是实现气候恢复力路径和转型阶段，走适应和减缓结合起来减缓气候变化影响的可持续发展之路。

联合国政府间气候变化专门委员会（IPCC）第六次评估报告（AR6）指出，将人类活动造成的全球升温控制在一个特定的水平需要限制累积的二氧化碳排放，即至少实现净零二氧化碳排放，同时大力减少其他温室气体排放。另外，IPCC 还评估了其他两种方法：一种是二氧化碳移除，即通过人为的方式增加海洋或陆地碳汇，或直接从大气中捕捉二氧化碳并封存；另一种是太阳辐射干预，即通过人为的方法减少到达地 – 气系统的太阳辐射，或增加逃逸到太空的长波辐射。

大气二氧化碳的变化取决于人为二氧化碳排放率、二氧化碳移除率，以及陆地与海洋对二氧化碳的吸收率。二氧化碳移除率和人为二氧化碳排放率之间的差值为净二氧化碳排放率。当海洋和陆地对二氧化碳的吸收率超过净二氧化碳排放率时，大气二氧化碳浓度开始下降。如果二氧化碳移除率超过二氧化碳排放率，将出现净负二氧化碳排放，进而降低大气二氧化碳浓度，扭转海表酸化的趋势。

AR6 对不同的二氧化碳移除方法包括植树造林、生物碳等，从碳移除潜力、地球系统反馈等方面进行评估后指出，二氧化碳移除方法会对生物化学循环和气候产生深远影响。这些影响可能会减弱或加强二氧化碳移除所具有的去除大气二氧化碳和降温的潜力，影响水资源、食物生产和生物多样性。

从地球气候系统响应的角度来看，通过二氧化碳移除从大气中去除的二氧化碳，抵消部分被陆地和海洋释放的二氧化碳。

如果净负二氧化碳排放实现并且持续，二氧化碳增加引起的全球温度升高趋势将会逐渐扭转，但是其他的气候变化将会持续几十年，甚至上千年。

多模式模拟结果显示，从大气中一次性移除 1 000 亿吨二氧化碳的 100 年后，移除的二氧化碳中分别约 49% 和 29% 被陆地和海洋释放的二氧化碳所抵消，仅有 23%"真正"从大气中被移除。其原因是，大气二氧化碳浓度下降以后，陆地和海洋有可能由碳汇变成碳源，从而抵消部分从大气中移除的二氧化碳。

模拟结果还表明，大气二氧化碳浓度下降后，地表温度和北极海冰融化的变化趋势逐渐扭转，全球平均降水将会先短暂上升再下降；在净负二氧化碳排放实现后的至少几个世纪内，全球海平面升高仍将持续。从中可以看出，气候系统对二氧化碳移除的响应有明显的滞后性。

3.7 低碳发展

3.7.1 低碳概念

为了积极应对全球气候变化，在控制温室气体排放背景下，"低碳"概念指的是较低的二氧化碳或温室气体排放。

由于各个国家的发展阶段和国情等不同，当前国际社会对"低碳"有不同的解释，主要分为三种：一种是不排放任何二氧化碳，即"零碳"；二是"减碳"，即二氧化碳排放量的绝对减少；三是"降碳"，即降低二氧化碳的排放量。低碳既能反映状态，又是衡量一个国家或地区发展水平的一种指标，也是人类遵循从降碳到减碳并实现脱碳的演进过程。

3.7.2　低碳经济

1. 概念

低碳经济是指在可持续发展理念下通过创新低碳技术和开发清洁能源等，实现温室气体的排放量下降和煤炭石油等高碳能源消耗减少，实现碳中和目标，以达到经济社会与生态环境双赢的一种经济发展形态。

低碳经济概念最早出现于2003年的英国能源白皮书《我们能源的未来：创建低碳经济》，其中提到低碳经济是以减少温室气体排放为目标，构筑以低碳排放和低污染为基础的经济发展体系。

低碳技术、低碳能源系统、低碳产业体系是低碳经济的三大产业体系。低碳技术主要包括节能技术、能效技术、清洁煤技术、二氧化碳捕捉及储存技术等；低碳能源系统是指通过使用清洁能源和可再生能源，包括太阳能、风能、地热能等代替煤、石油等化石能源；低碳产业体系包括火电减排、新能源汽车、节能建筑、工业节能与减排、循环经济、资源回收、环保设备、节能材料等等。

低碳经济以核算碳排放量为起点。碳排放量主要领域有电力、工业过程、交通和建筑。化石能源燃烧产生的温室气体最主要的来源是火电的碳排放，约占碳排放量的41%；汽车尾气的碳排放增长最快，约占碳排放的25%。随着我国汽车销售量增加，其碳排放也将增加；建筑碳排放随着房屋数量的增加也将增加，约占碳排放的27%。

目前，内涵低碳经济的概念，是指在可持续发展理念的指导下，通过理念转变、技术创新、新能源开发利用等手段，提高清洁能源和可再生能源的生产和利用的比例，另外同时寻求探索碳封存技术的研发，降低大气中二氧化碳的浓度增长速度，最终要实现碳中和，达到经济社会发展与生态环境双赢的一种经济发展模式。总而言之，内涵低碳经济是一种在生产、流通、消费和废物利用这一系列的经济社会活动中实现低碳化发展的经济模式。

低碳发展是一种全新的经济社会发展模式，通过碳排放量核算，以相对较低的二氧化碳排放为优选方案。在可持续发展理念指导下，通过制度创新、清洁能源和可再生能源开发、节能和高效技术研发、低碳生产工艺技术研发、绿色循环低碳的消费方式转变等多种手段，有效控制二氧化碳排放，实现碳中和。对低碳发展模式的探索，就是对未来可手续发展道路的探索，是破解能源资源短缺和温室气体排放约束的世纪性难题的关键。

2. 发展阶段

低碳经济的发展主要分为三个阶段：

（1）产生阶段

低碳经济的来源最早可以追溯到 1896 年，诺贝尔化学奖得主 Svante Arrhenius 对化石能源燃烧产生的结果进行预测，认为其导致了二氧化碳排放的增加，进一步引起全球变暖，"温室效应"概念因此正式提出。1992 年，联合国政府间谈判委员会针对全球气候变暖提出《联合国气候变化框架公约》。2003 年，英国政府的《能源白皮书》提出"低碳经济"的概念。1997 年，《京都议定书》提出并在 2005 年强制生效。2006 年，《斯特恩报告》发表，呼吁全球向低碳经济转型。同年，我国国家环保总局、气象局等六个部门联合发布《气候变化国家评估报告》。

（2）发展阶段

2007 年，我国、美国、英国、德国、日本等国家相继出台了关于气候或低碳经济的法律或政策。2007 年 6 月，我国发布《中国应对气候变化国家方案》，同年在亚太经合第 15 次领导人会议上提出：要建立适应可持续发展要求的生产和消费方式，推进优化能源结构和产业升级，发展低碳经济，努力建设资源节约和环境友好型社会。同年，我国发展与改革委员会同有关部门在气候变化国家方案的基础上制定《节能减排综合性工作方案》。除了我国，英国通过了世界上第一部应对气候变化的法案《气候变化草案》，美国提出了《低碳经济法案》，日本内阁会议制定了"21 世纪环境立国战略"等。

（3）成熟阶段

2008 年，世界环境日的主题是"转变传统观念，推行低碳经济"。2009 年，联合国气候变化峰会召开，中国清华大学、英国剑桥大学和美国麻省理工学院三校成立了低碳能源大学联盟。2010 年，我国发布了《国务院关于进一步加大工作力度确保实现"十一五"节能减排目标的通知》。2015 年，《巴黎协定》在巴黎气候大会上通过，我国于 2016 年批准加入成为第 23 个完成批准协定的缔约方。2018 年国际低碳（镇江）大会在我国江苏镇江举办。

2020 年 9 月联合国大会期间，我国提出，将提高国家自主贡献力度，二氧化碳排放力争于 2030 年达到峰值，努力争取 2060 年前实现碳中和。为了实现这项目标，我国需要抓住产业变革和新一轮科技革命的发展窗口期和历史性机遇期，牢固树立新发展理念，推动疫情后世界经济"绿色复苏"，汇聚各方力量推动经济社会发展转型。

3.7.3 绿色发展

目前，绿色发展在学术界的定义还没有统一的概念，反而出现了很多相似的概念，如绿色经济、循环经济、低碳经济、绿色增长等。有学者认为这些名称与绿色发展只是概念表述上有所不同，无本质上的差异，但也有人认为它们各有侧重点，但都是绿色化的一些具体的实践。绿色发展的理念框架主要包括绿色经济、循环经济、低碳经济、可持续发展及生态文明。

"绿色经济"的概念，是英国环境经济学家皮尔斯在其 1989 年发表的著作《绿色经济的蓝图》中首次提出，但当时并没有对其做出明确定义。依据绿色经济的概念对象范围，其发展历程可分为三个阶段。

第一阶段是以生态系统为导向的绿色经济，将绿色发展看成一种环境政策的战略，更加注重与污染治理的经济手段。

第二阶段是以经济—生态系统为目标导向的绿色经济，以经济、环境共同发展为目标，特征是经济整体以及产业的绿色化。与可持续发展不同，绿色发展是根本性决裂于传统工业化模式的"第四次工业革命"。

第三阶段是以经济—生态—社会系统目标导向的绿色经济，将绿色经济的目标在第二阶段的基础上扩大到社会系统，强调目标多元化发展，提出了经济高效、规模有度、社会包容等"包容性绿色增长"的概念。

绿色发展的概念也是对存在问题的历史发展模式的革命和颠覆。传统的工业模式下，以牺牲生态环境为代价的发展被称为"黑色发展"。这种不可持续的发展模式，引出了关注改进资源利用方式，进而实现人与自然和谐发展的绿色发展概念。

狭义的绿色发展，指的是人与自然的和谐发展；广义的绿色发展，指的是以实现人与自然和谐和人的全面发展为最终目标，通过转变经济发展方式、改变生产方式、更新消费观念，促进资源的有效利用，保护环境，实现经济、社会长久的可持续发展。绿色发展具有三大特征：强调经济、社会与自然在发展上的共生、目标上的多元；以绿色经济增长模式为基础；全球绿色治理。

2012 年，在党的十八大报告中，绿色发展、循环发展、低碳发展是建设生态文明、美丽中国的重要内容。2015年发布的文件《关于加快推进生态文明建设的意见》中，"绿色化"概念被首次提出。2016年我国的"十三五"规划纲要中，明确提出五大发展理念"创新、协调、绿色、开放、共享"，绿色发展成为今后更长时期内我国发展的重要方向和着力点。

绿色发展观是最新颖的理论成果，是对"两山论"的理论升华，具有绿色发展模式、绿色消费范式、绿色科技范式、新型生态经济伦理、绿色文化观、政治经济学等多维度的价值考量。资源节约和环境友好是绿色发展的主要特征，绿色经济、绿色社会、绿色政治、绿色文化是绿色发展的主要组成部分。

绿色发展理念协调了发展与生态之间的对立，目标是实现经济社会与生态文明建设的一体化发展，最终形成经济社会可持续发展路径，克服和摒弃"先污染后治理"的传统发展路径。其地位如图13所示。

图13　我国绿色发展的核心问题

3.7.4　循环发展

1.循环经济

循环经济是符合可持续发展理念的经济增长模式，其主要原则是减量化、再利用、资源化，基本特征是低消耗、低排放和高效率，核心是资源的高效利用和循环利用。这种经济模式是对大量生产和大量废弃的直线型传统增长模式的根本变革。循环经济的关键在于资源的循环利用。简单地说，就是将每一个生产步骤中的废弃物、排放物变废为宝，转化为另一个生产步骤的原料。

世界上最早的相关法律是德国于1996年出台的《循环经济与废弃物管理法》，其中规定了产品交易者和企业生产者对循环经济承担主要责任。循环经济也称为物质闭环流动型经济。中国循环经济促进法对循环经济提出了三大基本原则（又称"3R"原则）：减量化（reducing）、再利用（reusing）和再循环（recycling）。其中，减量化原则是减少进入生产和消费过程的物质总量；再利用原则是延长产品服务的时间，通过多次利用减少对产品的存量需求；再循环原则是把废弃物变成二次资源重新利用，减少填埋、焚烧等低效率的末端处理。

根据循环经济适用的范围大小，循环经济可以分成三个层次：第一个层次是推动工厂、农场、企业的清洁生产；第二个层次是推动循环工业园区和生态农村建设；第三个层次是建设循环型社会。在第一个层次中，主要目标是预防污染，最大限度地减少原料和能源消耗，降低生产和服务成本，提高资源和能源利用率。在第二个层次中，要仿照自然系统中的生态关系网络，在不同生产过程中互通物料、互通信息、优化配置，在工业园区和农村生态系统中实现各成员间产生的副产品和废物能够有效协调利用，实现能量、水及其他资源的逐级利用。在第三个层次中，侧重于强调实现产品的循环利用和废弃物的有效回收。

20世纪90年代开始，循环经济首先从西方发达国家兴起，随后在中国作为绿色经济新模式得到政府和社会各界大力推动。循环经济在我国的发展历程见表29。

表29 我国循环经济发展历程

序号	阶段	内容
1	1998—2000年	学者从发展模式角度研究循环经济的理论问题，强调经济模式转型，实现经济社会发展与资源环境消耗的脱钩或者减物质化
2	2001—2005年	环保部门行使管理作为环境管理的行政和法律手段推进循环经济，重点是发展清洁生产与生态产业园区
3	2006年至今	循环经济提升为新型经济模式和国家战略问题，具有经济、社会、环境整合职能意义的国家发改委开始总揽循环经济工作，从制定循环经济促进法、产品再制造、循环经济试点和循环经济指标和评价等方面开展工作

我国的循环经济试点做法，首先通过开展循环经济试点，然后尝试从试点推广到全国。试点包括微观、中观和宏观三个层面。微观上主要是实现高消耗、高排放企业的清洁生产与发展再生利用产业；中观上是发展废弃物一体化利用的生态产业园区；宏观上则是实现城市层面的循环经济，主要是消费后废弃物的处理系统等。过去的试点具有垃圾经济特点，2011年以来加强了产品再制造与产品服务系统的发展。

我国发展循环经济的目标是实现经济增长与资源环境的脱钩，但未区分相对脱钩和绝对脱钩。研究人员期望到2030年前后我国能够达到水、地、能、材方面的总量消耗峰值，为此需要设定人均消耗指标和总量控制指标，而不只是资源生产率指标。

2.循环经济特征

人们对于循环经济有两种不同的理解。一种是传统的垃圾经济，即从末端治理的环境管理角度循环利用废弃物；另一种是从产品服务系统的全生命周期角度出发，即提高经济增长的资源生产率的绿色化。

从末端治理的垃圾经济到高阶段的产品服务系统，经历了四个阶段：末端治理导向的废弃物填埋和焚烧，对废弃物循环再利用的垃圾经济（强调回收再生），以产品和部件再制造、再使用为特征的再用经济（强调再用），到不卖产品卖服务的产品服务系统（强调减量，即从根本上预防废弃物的产生）。

循环经济与线形经济的区别体现在"减量化、再利用、资源化"这三个原则上。循环经济把经济活动组织成一个"自然资源—产品和服务—再生资源"的反馈式循环的流程。在这个不断运行的经济循环中，所有物质和能源要能够得到最优化的利用，从而最大程度降低经济增长对环境和资源方面的不利影响。

进一步细化循环经济模式，需要使"3R"原则应用与物质流的各个接口联通，强调资源管理、资产管理、污染管理，以保证实现"最小化输入、最大化利用、最小化排放"目标的实现（图14）。

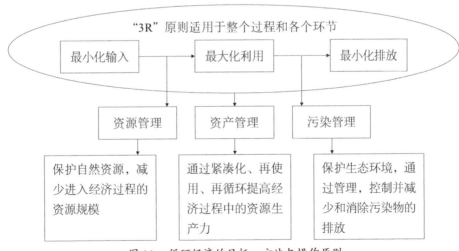

图14　循环经济的目标、方法与操作原则

在生态效率与减物质化水平提高过程方面来看，循环经济是在演进变化的（见图15）。20世纪60年代，主要表现为线性经济和末端治理。20世纪80年代，主要表现为废物循环，对生产和消费后的固体废弃物循环再利用。20世纪90年代，主要表现为产品循环，循环经济升级为产品层面上的循环再利用。进入21世纪以来，主要表现为服务循环，出现了将产品视为资产进行管理的循环再利用。

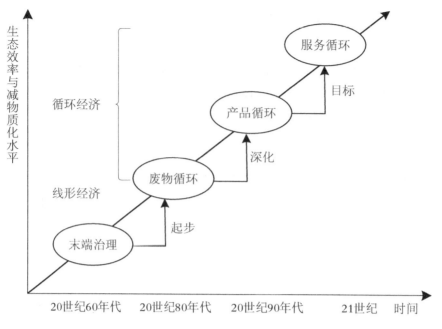

图 15　循环经济内涵的演变历程

废物循环主要体现在对生产消费中的废弃物进行资源化处理，而产品循环则是通过延长产品寿命、预防废弃产生、降低物质流动速度等以达到规模控制的目的。在经济形式、管理形式、产品特征、生态经济与社会经济的层面上，两种模式之间有一定的差异（见表30）。从发展过程来说，产品循环是对废物循环模式的进一步深化，也是对循环经济中的 "3R" 原则中的"再利用"的深化。

表30　废物循环与产品循环的比较

角度	废物循环	产品循环
经济形式	垃圾经济（不改变经济模式）： 低价格产品的生产与短暂消费	功能经济（要改变经济模式）： 高价格产品的精益生产与持续性服务
管理形式	废物管理（资源化）	资产管理（再利用）
产品特征	一次性、低质量、非共享	耐用性、可拆卸、可共享
生态意义	运输距离长	运输距离短
经济意义	利用废物	避免生成废物
社会意义	成本最小化（废物管理）： 提供处理性的就业岗位	收益最大化（财富管理）： 提供维护性的就业岗位
实例	销售洗衣机或汽车	销售洗衣服务、汽车共享系统

产品循环在产品的使用过程中，表现为延长产品使用寿命，通过维修使用、旧物再用以及拆卸再制造的途径，尽可能重复利用以及以多种方式的使用代替过去的一次性或少次使用。尽管各个类型的产品循环在产品寿命、产品产权、循环特征和产品特

征之间有所差异，但它们一致的目标都是使最后填埋时的废弃物排放降低到最少甚至趋近于零（表31）。

表31 产品循环的三种类型

表现类型	维修使用	旧货再用	拆卸再造
产品特征	功能故障	功能完好	废弃产品
产权关系	用户所有	交换产权	制造商所有
循环特征	修复失效部分	对产品进行清洗维护后再利用	回收利用产品有效部分，生成再制造的新产品
产品寿命	延长原有的使用周期	延长原有的使用周期或开始第二个使用周期	开始第二个使用周期
目标	避免重新购买新的产品增加支出，同时降低物质消耗		

从产品经济到服务经济发展，服务经济又被视为服务化的工业形式。我国当前正由工业化时代向后工业化时代的服务经济时代过渡，产品经济与服务经济之间的差异对比如图16所示。与这个时期相对应的，是分享经济或产品服务系统的发展，即资产循环模式。资产循环是实现产品经济向服务经济转变的重要推动手段，是"3R"原则中的减量化原则的深化，具有源头预防意义。

图16　产品经济与服务经济的区别

资产循环，是在产品服务系统建立的基础上，企业将制造出来的产品视为自己的资产对其进行经营、管理，实现从销售产品到提供服务的理念转变。

使用价值是产品的真正价值，为消费者带来效用，为生产者带来收益。线形经济下，交换产品以交换价值为中心；在循环经济下，以使用价值为中心。纯粹的产品、产品服务和纯粹的服务，是产品与服务的组合的三种类型。纯粹的服务少不了基于服务的产品，纯粹的产品带有一些基于产品的服务。只有产品与服务组成最合理组合才能构建产品服务系统。

从目前的实践结果来看，主要是通过维修服务、租赁服务、功能服务来实现企业的经济利益、消费者的需求满足和较低的环境影响这三大目标（见表32）。

表32　产品服务主要类型

	维修服务	租赁服务	功能服务
用品	洗衣机维修、地毯维护	洗衣机租用、地毯出租	社区洗衣房、地板清洁服务
出行	私人汽车维修	汽车租赁	公共出租车
住房	私人住房维护	住房租赁	居住服务
循环特征	失效部分的修复	对产品进行维护后再利用	再制造的新产品

总之，生产和消费是发展服务经济的着力点。在生产上，要进行从产品到服务的变革，通过减少物质化生产，降低对人造资本和自然资本的消耗。在消费上，实行从产品拥有到产品和服务共享的变革，通过扩大非物质文化消费的比例从而提高单位人造资本获得的服务量。发展循环经济，需要在产品的制造、使用和处理过程中纳入废物、产品及资产这三个层面的循环，这是与线性经济相比最显著的区别。循环经济的废物循环是废弃物的资源化利用，不同于过去末端处理的简单做法，而是强调产品生命周期结束的再生，另外倡导从销售产品转化为提供服务（见图17）。

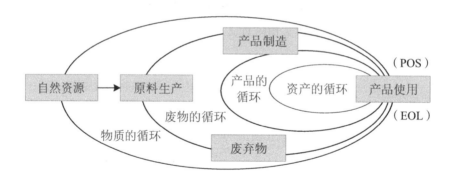

图17　基于循环经济的物质流

3.7.5　基本特征

3.7.5.1　低碳经济的相关理论

1. "脱钩" 理论

"脱钩" 最早用于描述环境压力和经济发展，后拓展到能源及循环经济领域。在低碳经济领域，该理论主要用于分析资源消耗与经济发展之间关系的研究。在工业发展起步阶段，资源消耗与经济总量成正比。但发展到一定程度之后，资源消耗与经济总量不存在正向相关关系，呈现倒 "U" 形的非线性关系，即 "脱钩" 理论。从该理论来看，低碳经济的发展阶段就是用较少的消耗与排放换取经济发展的后半阶段。

2. 库兹涅茨曲线

库兹涅茨曲线（Kuznets curve），又称倒 U 曲线（inverted U curve），由美国经济学家库兹涅茨于 1955 年提出，是发展经济学的重要概念，用来表示收入分配随经济发展变化的曲线。在工业化过程中，环境污染严重程度随着人均 GDP 增加呈现先升后降的趋势。世界经济发展的必经之路是由高碳经济到低碳经济的转型轨迹，倒"U"形曲线无法改变，但是我们可以通过技术进步等缩短高碳经济阶段，即缩短或降低倒"U"形曲线的上升阶段，尽早实现低碳经济。当前，从我国环境污染统计资料来看，污染排放量一直在增加，仍处于库兹涅茨曲线的前半阶段，离拐点还有一段距离。

3. 环境承载理论

环境承载力不是一个确定的值，而是随着经济社会、技术水平的发展变化而变化发展，是在一定区域、特定时期和环境下，环境对人类社会经济活动支持的能力的最大值。人类之所以要改造环境，就是要提高环境承载力，容纳更多社会经济活动的发展，但人类在生产活动中对环境的破坏、对资源的消耗，又会降低环境承载力。多向性、多层次性，是环境承载力的显著特征。随着人类社会经济活动的变化，环境承载力也表现出不同的层次和发展形式。通过适当的资金、技术和政策方面的投入，区域环境承载力可能会有所提高。

4. 增长的极限理论

1972 年，以美国麻省理工学院的教授麦多斯为代表的罗马俱乐部未来学派提出了增长的极限理论。该理论认为：人口增长、可耕地面积有限，且城市、道路等建设消耗了许多可耕地，人类社会迟早会遭遇粮食危机；不可再生的自然资源被大量消耗，未来这些资源将会枯竭。除此之外，随着工业化的发展，空气、水源等受污染程度严重，自然环境会被加速破坏。这些因素不仅会反过来影响粮食的生产，甚至还会威胁到人类自身的生存。因此，这一理论又被称为"零经济增长理论"，它激起了人类对传统生产模式的反思，激发人们对新生产模式的探索。

5. 可持续发展理论

可持续发展是一个综合概念，涵盖经济、社会、资源、环境等领域，是面向未来的一种战略性思想，在保证经济发展、保护生态环境、满足当前需要的同时，又不减弱子孙后代满足其需要的能力的发展。在以保护资源和环境作为前提下贯彻这一理论，需要全程协调好人口、经济、社会、环境、资源、发展之间的关系，是经济社会与自然关系的变革；它要求人们转变原有思想观念，树立环保意识和生态观念，提倡节约、反对浪费，克服片面追求经济增长的思想。

3.7.5.2 碳排放的特征

绿色经济确立了环境与经济正面关系和积极作用的一般性原理与方法，低碳经济和循环经济就是绿色经济的具体形式和实现路径。低碳经济和循环经济具有不同的物质作用对象和重点。循环经济是用绿色经济的理论和方法解决经济社会发展中的物质流和废物流问题，而低碳经济是用绿色经济理论与方法解决经济社会发展中的能源流和各种碳排放问题。

低碳经济是指在保持一定的经济增长和维持社会发展现状的情况下降低碳排放，当实现碳达峰后，经济社会发展与碳排放趋于脱钩，也就是经济的发展不与能源消耗和碳排放直接相关。从生态文明和绿色经济的角度看，低碳经济既不是"无低碳、有经济"的传统的褐色经济，也不是"有低碳、无经济"的节能减排，而是通过投资于碳生产率和新能源促进经济增长与能源资源的脱钩发展。

在不同经济社会发展水平上，碳脱钩表现主要分为绝对碳脱钩和相对碳脱钩。绝对碳脱钩是指碳排放总量随经济增长表现为负增长，如当前发达国家的低碳经济就需要实现碳排放总量意义上的脱钩。碳排放依然正增长，但增长的速度低于经济增长，或不需要采用政策措施的基准情景的是相对碳脱钩的低碳经济。例如我国，首先通过采用清洁能源和低碳化生产，降低单位 GDP 的能源强度和碳排放强度，实现单位经济碳排放强度的脱钩，然后通过低碳化的消费，完成人均碳脱钩的目标。

从能源流的全过程来分析，首先是在经济过程中的输入环节，用可再生能源代替化石能源，从能源结构上减少碳排放。进入经济过程中的转换环节，要降低碳基能源消耗，采用节能高效技术、低碳化过程技术，利用环境保护手段，发展绿色生态空间，保护吸收二氧化碳的林木，提高对二氧化碳的捕获能力和碳汇能力。

我国目前处于发展阶段，相对于发达国家的奢侈排放，我国的碳排放仍是生存性排放。我国的经济增长对于改善福利是十分必要的，这符合《联合国气候变化框架公约》倡导的"共同但有区别的责任"原则。我国不同发展模式下的碳排放特征及其可能造成的结果见表33。

表33　我国不同发展模式的碳排放的特征及可能性结果

发展模式	特征	结果
A 模式	沿袭传统发展模式但没有考虑本国应有的责任	影响国民人生活质量，受国际社会谴责

发展模式	特征	结果
B模式	承担过度责任而影响正当发展	没有给予国家必要的发展空间，没有考虑国家必需的生存性排放与发达国家的奢侈排放的本质差异
C模式	走即考虑发展权益又承担大国责任的发展路径，符合《联合国气候变化框架公约》倡导的"共同但有区别的责任"原则	能源结构和能源效率提升，逐渐赶上2030年碳达峰、2060年实现碳中和的目标

3.7.5.3　低碳经济的中国实践

2006年，国家科技部等六部委发布《气候变化国家评估报告》，低碳经济的概念逐渐进入我国。

2007年是我国低碳转型的关键一年。4月，低碳经济和中国能源与环境政策研讨会在北京成功举办，标志着我国正式将低碳经济的发展规划提上议事日程；5月，国务院印发《节能减排综合性工作方案》；8月，国家发改委发布《可再生能源中长期发展规划》；10月，《中华人民共和国节约能源法》进行了修订；11月，中国"可再生能源与新能源国际科技合作计划"启动；12月，《中国的能源状况与政策》白皮书发表。

2008年1月，上海和保定被国家发改委与世界自然基金会共同选作低碳城市发展项目试点区，清华大学成立低碳经济研究院。2009年5月，政府文件《落实巴厘路线图——中国政府关于哥本哈根气候变化会议的立场》体现了中国的意愿和决心。自从《京都议定书》确定了清洁发展机制之后，该机制被认为是一项"双赢"的机制。截至2011年，我国超3 100个清洁发展机制项目获批，云南省有331个，全国第一；其次是四川省，有292个。已获批项目年减排量约6.88亿吨二氧化碳当量，已签发的有10.58亿吨，清洁发展机制项目成为应对气候变化的重要手段之一。

2010年，《关于开展低碳省区和低碳城市试点工作的通知》由国家发改委发布，确定首先在广东等五省和重庆等八市开展低碳试点工作。2012年第二批低碳试点区有29个省市（或地区）。

2010年10月，我国首次在天津承办联合框架下的气候谈判。会议期间科技部公布《中国2010年发展中的清洁能源科技》报告，系统阐述了我国近年来的清洁技术进展和前景展望。

2011年10月，《关于开展碳排放权交易试点工作的通知》印发，在广东等七省市开展碳交易试点工作；12月，国务院首次发布专门针对温室气体排放及低碳发展促进方面的重大文件——《"十二五"控制温室气体排放工作方案》。2012年，深圳首先启动碳排放交易市场，完成了制度设计、配额分配、数据核查等工作。随后，其他省市也陆续在当年上半年启动了交易。

2013年4月，国家发改委下发文件，要求各个地区和部门利用、封存示范项目和基地建设。2014年12月，《碳排放权交易管理暂行办法》发布，详细规定了排放交易、核查与配额清缴、配额管理、监督管理以及法律责任，并规定国家发改委是国务院碳排放交易主部门。截至2017年11月，我国累计碳配额已超2亿吨二氧化碳当量，成交额超过46亿元人民币。尽管政府已宣布启动全国性的碳排放交易市场，但目前我国碳排放交易市场仍存在许多问题，如市场活跃度不足、交易规则不够精确等，制度和支撑系统仍需要完善。

2018年国际低碳（镇江）大会暨江苏省生态环境高质量主题论坛在镇江举办，体现了我国高度重视应对气候变化，努力走符合中国国情的绿色、循环、低碳发展的道路，采取一系列政策措施，取得积极成效。

在2020年9月第75届联合国大会期间，我国提出国家自主贡献方案，力争于2030年前将实现碳达峰、2060年前将实现碳中和。要实现这个承诺，我国要抓住产业变革和新一轮科技革命的窗口期和历史性机遇期，牢固树立创新、协调、绿色、开放、共享等新发展理念，推动疫情后世界经济"绿色复苏"，广泛汇聚各方力量推动经济社会发展转型。

3.7.5.4 中国低碳发展的重点考虑问题

我国低碳发展首要考虑的问题是能源替代战略和可再生能源的贡献问题。全球二氧化碳排放从20世纪90年代开始就已经超越了地球极限。为了控制2050年地球升温不超过2℃，国际社会呼吁要控制传统化石能源消耗以便有效降低二氧化碳排放。中国在未来20年，要双管齐下，既要开发新能源又要提升传统型能源的使用效率，前者是战略性的长线问题，后者则是需要长期且大规模去做的事。

其次要考虑能源效率战略和生产减排或生活减排谁为主的问题。通过提高能源效率减少二氧化碳排放有三个主要的领域，即工业能效、交通能效和建筑能效。前者是生产性减碳，后两者更多地属于生活性减碳。2010年工国的城市化是50%，到2030年将达到70%。考虑到未来城市化在建筑和交通方面的必要需求，工国低碳经济发展的目标，是在倡导低碳工业、低碳交通、低碳建筑的同时，要考虑在二氧化碳排放总量不变、人均二氧化碳不超过发达国家水平的情况下，将部分工业排放指标腾出来给不断增长的交通和建筑需求，实现能源消耗和二氧化碳排放的结构性转变。

再次要考虑经济规模控制与低碳发展的非技术路径。尽管我国的节能减排技术在不断改进，但由于数量拓展，总碳排放量仍在上升。强度指标并不能作为低碳经济发展的终极指标，只有人均碳排放才是目标性的。发达国家已经满足了物质上的基本需求，GDP 相对稳定，反弹效应较小。而中国的基本需求尚未得到满足，技术改进仍然有许多空间，反弹效应应该更大。因此，中国的低碳经济不仅要提高微观上的技术效率，还应适时开始控制更加本质的能源消耗总量和二氧化碳排放总量的宏观规模。

3.8 生态文明

3.8.1 概念定义

1. "文明"与"生态"

"文明"这一概念用得非常普遍，基本上有两种用法。第一种是在日常语言中，特别是日常口语中，"文明"指的是进步、开化、美好的人类行为或社会状态，与野蛮、丑恶等相对，例如"文明行为"和"不文明行为"。另外，在意识形态中也用这一层含义，例如我国意识形态中的社会主义核心价值观、"生态文明""政治文明"中的"文明"也是这层意思。第二种是历史学家所使用的"文明"，这种用法除了蕴含当代日常语言中的含义以外，还有人类所特有的生产、生活方式、社会形态或社会整体的意思，是人类相对于非人动物所创造的一切。

1866 年，"生态学"概念由德国学者海克尔提出，成为研究生物有机体和无机环境之间相互关系的自然科学。到了 20 世纪 30—40 年代，生态学的基础理论得到了空前的发展，"生态系统"的概念提出，出现了营养动力学及量化的研究方法。生态学提倡的是一种真正兼顾综合的新的科学思维方法。我国生态学家李文华院士曾提出，随着地球生态环境问题的日渐尖锐，生态学研究的对象正从二元关系链（生物与环境）转向三元关系环（生物—环境—人）和多维关系网（环境—经济—政治—文化—社会）。人类对自然的认识过程，基本经历了崇拜自然、破坏自然、保护自然到顺应自然的阶段，经历了从盲目、醒悟到感悟的过程，生态学的研究方法也在逐渐发展从单学科到多学科的综合。生态组分之间不再是以前的单一因果关系，而是变成多因多果的网状联系。

生态学方法可归类于非线性科学或系统科学。目前，以牛顿物理学为范例的分析性科学和分析哲学居于主导地位，非线性科学、生态哲学仍无法成为主导型科学和主导性哲学，但非线性科学的兴起说明西方人的思维方式开始向中国的"综合尽理精神"靠近。

生态文明是我国倡导的理念，以最新发展的生态学、非线性科学、生态哲学作为基本指南，倡导方向是人类与地球生物圈协同进化的文明，是广泛应用生态学知识、宏观系统方法和生态智慧等最新前沿成果指导人类生产和生活。生态文明的基本指南是生态学、生态哲学、非线性科学，倡导人类与生物圈协同进化的文明是自觉运用生态学知识、生态智慧及宏观系统方法指导人类生产生活的文明。

在生态文明的基本指引下，我们会发现，企业按照物理科学规律（包括物理学、生物学、化学等）进行生产，高效运转所带来的整体效应是环境污染和资源破坏，即使用了大量的化石能源，产生了大量的温室气体，致使气候发生变化、生态遭到破坏甚至退化；依据传统的主流经济学、政治学进行管理的企业，实现了高效运行后，却以污染和破坏环境为代价获利。这实际上就是人类只看到了企业的高收益，却忽略了一切的企业组织甚至个人都是生态系统子系统的事实，只顾及了短期的高收益而忽视了人类文明的可持续性。只有进行工业文明所有维度的联动变革，才能摆脱工业文明带来的危机。

2. 生态文明的内涵

21 世纪初，尽管工业文明发展到了信息化和智能化的"工业 4.0"阶段，但是工业的发展却带来了全球性环境污染、生态退化和破坏等空前深重的生态危机，加上核武器和现代高新科技军事应用的危险，人类的持续发展出现空前的威胁。

有些人认为，能源和技术问题是现阶段工业文明不可持续的根本原因，清洁能源、生产技术的出现能这些问题；但有些人认为，环境污染根本上是企业外部性的问题，是经济问题，有了污染权交易市场就能解决这样的问题；而西方提出最有远见的解救方法只停留在伦理学、哲学层面。

工业文明的危机不能仅仅从能源、技术、哲学等单一层面解决问题，文明必须被视为"有机整体"。对整体的文明进行全面且有条理的分析，才能发现问题的根本所在。要想解决人类文明的危机，必须通过社会文明整体各维度的联动变革。

纵观历史长河，东西方的思维方式存在显著的不同。东方的思维往往偏向综合考虑，而西方的思维偏向单向分析。西方一直固守物理范式的科学思维和哲学思维，起初必然会认为"生态文明"概念含糊不清。随着西方科学与哲学的发展变化，非线性科学和生态哲学也正力图用整体论、系统论思想补充分析性思维的不足。

3.8.2　发展历程

随着我国经济社会发展的规律，结合全球范围的环境问题认识深入，我国生态文明的发展历程可划分为四个阶段。

1.环保意识觉醒时期（20世纪70年代—20世纪90年代初）

这一时期的主要事件有：1972年我国出席联合国召开的首届人类环境会议、1973年我国召开第一次全国环境保护会议、1978年十一届三中全会召开和1989年我国第一部环境保护基本法《中华人民共和国环境保护法》通过实施。

1972年，我国出席联合国召开的首届人类环境会议上，世界对环境问题认识达成基本共识，人类开始在全球范围内共同探讨保护环境和发展战略协调的话题。1973年我国紧跟世界环境保护大潮，在第一次召开的全国环境保护会议上通过了《关于保护和改善环境的若干规定》确定我国首个关于环境保护的战略方针为"全面规划、综合利用、合理布局、化害为利"。1978年党的十一届三中全会将各项与环境保护相关的法律的制定提上了日程。1989年我国第一部环境保护基本法《中华人民共和国环境保护法》通过并实施，标志着我国正式迈入正常的环境保护法制化轨道。以该法为基础，先后有一百多部环境保护实体法律出台。

2.基本形成时期（20世纪90年代—21世纪初期）

1992年6月，联合国环境与发展大会上提出了"可持续发展"概念，我国在会后不久发布了《中国环境与发展十大对策》，明确提出可持续发展原则。同年10月，党的十四大召开，将加强环境保护列为改革开放和现代化建设的任务之一，强调可持续发展对于我国发展的重要性。1994年，国务院批准《中国21世纪议程》和《中国环境保护行动计划》，确立了21世纪的总体战略框架和各个领域的主要目标及行动方案。1996年，全国人大八届四次会议明确将转变经济增长方式、实施可持续发展作为现代化建设的一项重要战略。这一时期的主要事件有：1992年联合国环境与发展大会、1994年《中国21世纪议程》和《中国环境保护行动计划》、1997年第四次全国环境保护会议、2000年《全国生态环境保护纲要》、2002年《全国生态环境保护"十五"计划》。

随着可持续发展战略的提出和实施，以及各种相关的环境保护原则及具体措施的落实，标志着中国特色社会主义生态文明建设思想的基本形成，是我国生态文明建设启动的标志。

3. 走向成熟时期（2002 年党的十六大 — 2012 年党的十八大）

这一时期的主要事件是提出了科学发展观和建设资源节约型、环境友好型的"两型"社会的战略任务。

进入 21 世纪，随着我国在经济发展上取得了举世瞩目的成就，我国的社会发展出现一些新特征，同时也出现了一些问题，如阻碍发展的一些体制机制，粗放的经济增长方式、长期的结构性矛盾等，尤其在资源环境的问题上，这些逐渐成为影响经济社会发展的瓶颈。

2003 年，党的十六届三中全会中首次明确提出了科学发展观这一重大战略思想，提出要以人为本，树立全面协调可持续的发展观，促进经济社会和人的全面发展；推进各项事业的改革和发展，统筹城乡、区域、经济社会发展、人与自然和谐发展、统筹国内发展和对外开放的要求。2005 年，"十一五"规划明确提出了要以科学发展观始终统领经济社会发展全局，坚持以人为本，创新发展模式，转变经济发展观念，提高发展质量，落实"五个统筹"，将经济社会发展切实转入全面协调可持续发展的轨道。2006 年，党的十六届六中全会指出要坚持科学发展的原则构建社会主义和谐社会，按"民主法治、公平正义、诚信友爱、充满活力、安定有序、人与自然和谐相处"的总要求，将资源利用效率提高、环境明显改善作为构建和谐社会的目标和主要任务之一。2007 年，党的十七大报告深刻阐述了科学发展观的时代背景、科学内涵、精神实质和根本要求。

2005 年，提出"建立资源节约型、环境友好型社会"。同年 10 月，党的十六届五中全会提出，要将建设资源节约型、环境友好型社会确定为国民经济和社会发展中长期规划的一项战略任务。2006 年，全国人大十届四次会议进一步强调，要落实节约资源和保护环境的基本国策，建设低投入、高产出、低消耗、少排放、能循环、可持续的国民经济体系和资源节约型、环境友好型社会。2006 年，党的十六届六中全会要求，将重点放在解决危害群众健康和影响可持续发展的环境问题，加快建设资源节约型、环境友好型社会。2007 年，党的十七大报告首次提出了"建设生态文明"的重要命题，将生态文明列入全面建设小康社会奋斗目标的新要求。2010 年，党的十七届五中全会通过的"十二五"规划建议明确提出，要树立绿色、低碳发展理念，以节能减排为重点，健全激励和约束机制，加快建设资源节约型、环境友好型社会，提高生态文明水平。

4. 不断发展完善时期（2012 年至今）

这一时期主要是围绕生态文明逐步推进和完善。2012 年，党的十八大将生态文明提高到战略高度，生态文明与经济建设、政治建设、社会建设和文化建设共同形成"五位一体"的总体布局。2013 年围绕"建设美丽中国"的目标深化生态文明体制改革。2016 年，"十三五"规划纲要通过，提出要将生态领域突出问题作为突出重点来解决，加快改善生态环境问题单篇编制，加大环境保护力度，共同推进国家富强、人民富裕。2017 年，党的十九大报告中列出了生态文明建设的详细相关举措，如提高污染标准、强化排污责任，健全信用评价等制度；完成永久基本农田、生态保护红线、城镇开发边界三条控制线的划定等。2020 年，党中央提出"十四五"规划建议，要统筹推进"五位一体"的总体布局，坚定不移地贯彻创新、协调、绿色、开放、共享的新发展理念。

生态文明建设取得新进步，是"十四五"时期经济社会发展的主要目标之一。"十四五"规划提出，要优化国土空间格局，生产生活方式转型取得显著成效，使生态环境和城乡人民居住环境能持续得到改善，构建更牢固的生态安全屏障。

此外，"十四五"规划还提出要尊重自然、顺应自然、保护自然，坚持节约优先、保护优先、自然恢复为主等观念，守住自然生态安全边界。要加快深入实施可持续发展战略，构建生态文明领域的统筹机制和成熟的生态文明体系，促进经济社会发展的全面绿色转型，建设人与自然和谐的现代化社会。还要设置好对生态保护、基本农田、城镇开发等的空间管控边界，降低人类活动占用自然空间的范围。要发展绿色金融，对绿色发展的法律和政策不断进行强化以提供保障；发展环保产业，对推进重点行业发展的重点领域进行绿色改造等。要开展绿色生活创建活动，降低碳排放量，支持有条件的地方先达到碳排放峰值，制定 2030 年前相关的碳排放、碳达峰的行动方案。

"十四五"规划在持续改善环境质量方面，还提出要增强社会生态保护意识，打好污染防治攻坚战。要继续开展好污染防治的行动，建立起地上地下、陆海统筹的治理制度，对区域的治理加强协调，强化对污染物的协同治理，基本消除重污染的天气。在某些领域，臭氧的超标天数接近甚至超过 $PM_{2.5}$。因此，"十四五"规划还将对臭氧及 $PM_{2.5}$ 进行控制并将其作为工作重点之一，这对改善天气及对天气的污染防治都有着积极的意义。

"十四五"规划在治理城乡生活环境方面，提出要推进城镇污水管网全覆盖，基本消除城市黑臭水体。要加强对白色污染以及化肥农药等带来的土壤污染等问题进行治理，同时也要重视新污染物的治理，全面实行排污许可制；完善中央对生态环境的保护督察制度，积极参与生态环保国际合作；加强危险废物和医疗废物收集处理；完成重点地区危险化学品生产企业搬迁改造。

"十四五"规划提出要坚持山水林田湖草系统治理，提高生态系统质量和稳定性，创建以国家公园为主体的自然保护地体系。要强化河湖长制，对重要的河湖等及其实地生态都要加大保护力度，坚持十年长江禁渔的工作；实施林长制，进行大规模国土绿化行动，用科学的方式推进荒漠化、石漠化、水土流失综合治理；对我国承受力弱的地区，要加强全球气候变暖的观测，完善保护制度，开展生态系统保护成效检测评估。

"十四五"规划还提到要全方位提高资源利用效率。要建立健全自然资源的资产产权制度及完善法律法规，要加强对自然资源的评价检测和确权登记，实施生态产品价值实现机制，完善多样化、市场化的生态补偿，推动资源总量的科学管理和配置，全面提高节约水平，促进循环利用；实施国家节水行动，建设水资源刚性约束制度，提高对矿产、海洋资源的开发保护；对资源价格形成机制进行完善，加快构建废旧物资循环利用体系。

3.8.3 基本特征

生态文明是人类遵循人、自然、社会和谐发展这一客观规律而取得的物质与精神成果的总和。按照历史逻辑，生态文明是工业文明之后的文明形态，是以人与自然、人与人、人与社会和谐共生、良性循环、全面发展、持续繁荣为基本宗旨的社会形态。

生态文明是人类发展到一定阶段所取得的，反映了一个社会文明进步的状态，是人类为保护和建设美好生态环境而取得的物质和精神成果的总和，特别是制度成果，贯穿于政治、经济、文化、社会建设的各个方面和全部过程。

1.生态文明的发展模式

中华民族生态文明发展模式是实现中国梦的一部分。要以全球化为背景，从中华民族的历史、现实、文化、生态等基本情况出发，以提升人格尊严、生态文明、产业发展为方向，提升公民的环保意识和生态文明水平；通过民主政治的发展、经济社会结构及体制机制的优化，通过现实的民主，来反映公民的切实社会需求，建设相应的伦理精神法治程序，让社会各阶层充分拥有自由的表达权以真实地表达意愿。

2.生态文明的核心要素

公正、和谐、高效和人文发展是生态文明的四大核心要素。公正就是要保障人的合法权益，重点是尊重自然权益，目标是实现社会与生态文明的公正；和谐指的是人与人、人与自然、人与社会之间的公平和谐，是生产及消费、经济及社会、城乡和地区之间的协调发展，重点是自然及相互关系的综合考虑；高效指的是在生态平衡中生产力的生态效率、在经济生产中有低投入高产出的经济效率，人类社会体系制度规范完善、运行平稳，这里所指的高效是综合协调高效；人文发展，指的是崇尚健康、有尊严、有品质的人格，最终回归到人类发展，是生态文明的最终目的。

3.生态文明的理论基础

生态文明是人类文化发展到一定阶段的重要成果，理论基础以生态哲学、生态伦理学、生态经济学、生态现代化理论为主，其范围不断地在扩大。

生态哲学是用生态系统的观点进行研究，探究人与自然之间的普遍规律和相互关系，是哲学在生态领域最新发展的分支。最早起源于马克思主义生态哲学的当代主客观一体化生态哲学，强调的是人与自然相互依存的辩证统一。

生态伦理学是以生态伦理和生态道德作为研究对象的应用伦理学。以可持续发展为关注焦点，它要求当代人不能为了自己的发展而去打破其子孙发展需要的条件，要将道德关怀从社会衍生至自然存在物或环境之中。

生态经济学则是专门针对生态系统及经济系统的复合系统结构、功能及规律进行研究。它与生态系统的区别在于其认为经济规模的增大会给地区自然施加更多的压力，并提出必须以生态园林建设的框架为基础，将污染物的费用加入产品成本中等观点。

生态现代化理论研究重视利用生态优势推动现代化进程，要在实现经济发展的同时做好生态环境保护工作。要综合考虑经济增长与环境保护，建设生态现代化，走可持续发展的道路，不能以牺牲永久代价来换取片刻的发展。

3.9 可持续发展

3.9.1 概念定义

可持续发展的概念正式提出于 1980 年。有关可持续发展的定义非常多，见表34。其中最被广泛接受的依然是布伦特兰夫人等人发表的报告中的定义——可持续发展是能满足当代人的需要，又不对后代人满足其需要的能力构成危害的发展。

表34 全球具有较大影响的几类可持续发展概念定义

序号	类型	基本特征
1	着重于从自然属性定义可持续发展	提倡生态持续性，旨在说明自然资源及其开发利用程度间的平衡
2	着重于从社会属性定义可持续发展	认为可持续发展的最终落脚点是人类社会，即改善人类的生活质量，创造美好的生活环境

序号	类型	基本特征
3	着重于从经济属性定义可持续发展	认为可持续发展的核心是经济发展
4	着重于从科技属性定义可持续发展	认为可持续发展就是转向更清洁、更有效的技术，尽可能接近"零排放"或"密闭式"工艺方法，尽可能减少对能源和其他自然资源的消耗；可持续发展就是建立极少产生废料和污染物的工艺或技术系统
5	被国际社会普遍接受的布氏定义的可持续发展	提出可持续发展是指既满足当代人的需要，又不损害后代人满足需要的能力的发展

在这个定义中，"需要"指的是满足世界各国人民特别是贫困人民的基本需要，具有优先考虑地位；对于"需要"的限制，则是对社会组织对满足眼前和将来所需要的能力和技术状况要加以限制、对未来环境需要的能力构成危害的限制。

这一概念包含的关键性因素是：

①收入再分配以保证不会为了短期生存需要而被迫耗尽自然资源；

②降低人们尤其是贫困人民遭受自然灾害和农产品价格暴跌等损害的脆弱性；

③普遍提供可持续生存的基本条件，如卫生、教育、水和新鲜空气，保护和满足社会最脆弱人群的基本需要，为全体人民，特别是为贫困人民提供发展的平等机会和选择的自由。

3.9.2 发展历程

按照时间顺序，可持续发展的重要会议和事项如下。

1.1972 年，联合国人类环境会议

1960 年，《寂静的春天》由美国海洋生物学家雷切尔卡逊发表。

1972 年，《增长的极限》由罗马俱乐部发表。同年，国际会议联合国人类环境会议举行，第一次以会议形式探讨保护全球环境战略及当代环境问题，会议通过《行动计划》和《人类环境宣言》，引导和鼓励全世界人民保护和改善人类环境，是人类环境保护史上的第一座里程碑。

1982 年，联合国环境管理理事会议在内罗毕召开，前日本环境厅长原文兵卫提出要设立世界环境与发展委员会（World Commission on Environment and Development，WCED）的建议得到各国代表们的支持。

以上仅是这一时期的标注性事件。

2.1987 年,《我们共同的未来》

1987 年关于人类未来的报告《我们共同的未来》经过第八次世界环境与发展委员会通过,后又经第 42 届联大辩论通过,并于 1987 年 4 月正式出版。这是一部具有里程碑式意义的报告,共同的关切、共同的挑战、共同的努力是该报告的三个部分,并且超前性地明确提出了三个鲜明的观点:环境危机、能源危机和发展危机不能分割;必须为当代人和后代人的利益改变发展模式;地球的资源和能源远不能满足人类发展的需要。另外该报告也深刻指出:过去人们关心的是经济发展对生态的影响,现在我们正迫切地感到生态的压力对经济发展所带来的重大影响。报告在最后提出:我们人类要走出一条一直到遥远的未来都能支持全球人类进步的可持续新发展道路。该报告提出了"可持续发展"的概念,关注点紧紧围绕人口、物种和遗传、资源、能源、工业和人类居住等方面。这一创新鲜明、革命深远的科学观点,将人类的考虑范围从环境保护拓展到人类发展与环境保护结合的高度,实现了人类有关环境与发展思想的最重要飞跃。

3.1992 年,联合国环境与发展会议

1992 年 6 月,联合国环境与发展会议(又称里约会议或首脑会议)在巴西里约热内卢召开,这是一场具有里程碑的式意义会议。世界上的大部分国家和元首参加这次会议,国家代表团有 183 个、国家元首或政府首脑有 102 位,这次大会是继瑞典联合国人类环境会议后,在环境和发展领域中级别最高的一次大型会议。会议通过了《21 世纪议程》《关于森林问题的原则声明》《关于环境与发展的里约热内卢宣言》三项文件。这些会议文件是人类在环境保护与持续发展进程上迈出的重要一步,对保护全球环境、照顾发展中国家的情况都有着积极的意义。

会后建立了可持续发展委员会、可持续发展机构间委员会和可持续发展高级别咨询委员会机制。这次会议鼓励人们要更加深入全面地去思考环境和发展问题,鼓舞着各国政府要朝着可持续发展的方向继续努力。

4.联合国千年发展目标

联合国千年发展目标(Millennium Development Goals,MDGS)就是 189 个国家在 2000 年联合国首脑会议中签署的《联合国千年宣言》中通过的一项计划,开始一共八项目标,称为千年发展目标。从极端贫穷人口比例减半、遏制病毒蔓延,到小学教育的普及,所有目标完成时限为 2015 年。这些国家和机构通过此目标,为的是满足全世界贫困人民的需求,展现了实现可持续发展所构建的蓝图。

2012 年在巴西里约热内卢召开的联合国可持续发展大会上,围绕"绿色经济在可持续发展和消除贫困方面的作用"和"可持续发展的体制框架"的两大主题，"重拾各国对可持续发展的承诺""找出目前我们在实现可持续发展过程中取得的成就与面临的不足"和"继续面对不断出现的各类挑战"三大目标作出讨论，并形成成果文件《我们希望的未来》。这项标志性的成果文件对千年发展目标发挥的作用进行了肯定，提出在目标临近尾声之际，要制定全球可持续发展目标的重要举措。

5.2013 年以来的联合国环境大会

2013 年，环境规划署理事会升格为各成员国代表参加的联合国环境大会。2014 年 6 月 23 日，第一届联合国环境大会在内罗毕联合国环境规划署总部举办，各国政府代表、主要团体和利益攸关方代表等 1 200 多人出席会议，共同讨论 2015 年后的环境保护和发展、非法野生动植物贸易等议题。2021 年 2 月 23 日，第五届联合国环境大会在肯尼亚首都内罗毕召开，与会代表呼吁各国政府采纳专家建议，以防止全球失去更多野生动物、损失更多自然资源。

3.9.3 基本特征

1.基本理论

可持续发展的基础理论一般认为应包括以下内容：增长的极限理论和知识经济理论；人口承载力理论；可持续发展的生态学理论；人地系统理论。核心理论尚未成熟，仍在发展，目前大致分为资源永续利用理论、外部性理论、财富代际公平分配理论三种。

2.基本思想

可持续发展是指同社会进步协调，相适应地提高人类生活质量。单纯追求产值的增长，在没有考虑约束的条件下，不能体现发展的内涵。可持续发展与环境承载能力相协调，环境承载能力是可持续发展的约束条件。以自然资源为基础，追求人与自然和谐共处，这是约束条件的要求，可用适当的经济手段结合政府干预和技术措施实现可持续发展。它并不是对经济增长的否定，而是在约束条件下发展经济，是人类文明进步到一定阶段，特别是科技发展和生产力提高，需要社会发展与环境资源保护步伐一致。自然环境的价值是可持续发展的特征，这种价值体现在资源环境对经济系统和生命系统的支撑和服务上，认为生产中资源环境的投入应当被计入生产成本和产品价格中，国民经济核算体系应体现这部分内容，即"绿色 GDP"。

保护环境、治理污染、限制乱采滥伐和浪费资源是可持续发展的必然要求，在某种程度上这也是对经济发展的一种制约和限制。但实际上，可持续发展理念限制的大多是效益低、质量差的产业，对那些效率高、质量好，具备合理、持续健康发展条件的绿色产业、节能产业等，可持续发展理念不仅不是限制因素，还给予其发展的良机。因此，可持续发展有利于培养新的经济增长点。

3. 基本特征

可持续发展可分为在经济、社会和生态（环境）方面的可持续发展（见表35）。经济可持续发展强调了经济增长的必要性，是重要基础。发展不仅仅是经济问题，单纯追求产值的经济增长不能体现发展的内涵，社会可持续发展才是可持续发展的目标。可持续发展离不开对资源的永续利用和建设良好的生态环境，这既是条件，又是标志。

表35 可持续发展的分类特征

序号	分类	特征
1	经济可持续发展	在通过经济增长增强国家实力与财富的同时，还要注重经济增长的质量。要通过提升科学技术来提高经济活动中的效益与质量
2	社会可持续发展	世界各国可以处于不同的发展阶段和不同的发展目标，但发展要创造一个保障人们平等、自由、教育公平和免受暴力的社会环境
3	生态（环境）可持续发展	在保护环境和资源永续利用的条件下，保证以可持续的方式使用自然资源和环境，进行经济建设，使人类的发展控制在地球的承载力之内。这就要求必须使可再生资源的消耗速率低于可再生资源的再生速率，且不可再生资源的利用能够得到替代性资源的补充

4. 联合国2030年可持续发展议程

联合国193个成员国于2015年9月25日在联合国发展峰会上正式通过指导2015—2030年期间的全球发展的17项联合国可持续发展目标（Sustainable Development Goals，SDGs）。

这17项可持续发展目标旨在转向可持续发展道路，解决社会、经济和环境三个维度的发展问题，包括消除贫困，消除饥饿，良好健康与福祉，促进目标实现的伙伴关系等。

联合国下属的可持续发展指标体系研究跨部门专家团队（Inter-agency Expert Group on SDG Indicators，IAEG-SDGs）于2017年发布了用于评价全球范围内的可持续发展进程的232个指标体系，可以作为232项全球指标的补充。截至2018年5月11日，93项指标已有明确概念定义、国际公认的统计方法和标准，且至少有50%的国家和地区定期生成指标相关数据（Ⅰ类）；72项指标有明确的概念定义和标准的统计方法，但缺乏定期生成的相应统计数据（Ⅱ类）；62项指标缺乏统一的标准和方法，数据也难以获取（Ⅲ类）；另有5项指标同时具有多类的特征，因而根据指标组成部分的不同被分到不同的类别中。

3.10 碳达峰与碳中和

3.10.1 碳锁定与碳解锁理论

"碳锁定"（carbon lock-in）的最早提出者西班牙学者格利高里·乌恩鲁认为：自工业革命以来，对化石能源系统高度依赖的技术，成为主导技术盛行于世，政治经济、社会与其结成一个"技术－制度综合体"（techno-institutional complex，TIC），并不断为这种技术寻找正当性，为其广泛商业化应用铺设道路，结果形成了一种共生的系统内在惯性，导致技术锁定和路径依赖，阻碍替代性技术（零碳或低碳技术）的发展。其结果势必引发一种共生的系统内在惯性，导致技术锁定和路径依赖，阻碍低碳或零碳技术等替代性技术推广，即产生所谓的"碳锁定效应"（carbon lock-in effect）。

从理论上看，"碳解锁"（carbon unlock-in）有三种途径：一是不改变现有系统，只处理排放（即末端治理，end-of-pipe treatment）；二是改造一定的部件或流程，而维持整体系统构架不变（即连续性方法，continuity approach）；三是替换整个技术系统（即断绝性方法，discontinuity approach）。显然，只关注末端治理，最终会趋于无法带来增量的改变。断绝性方法又会伴随极大的心理和财务障碍。所以，我们选择了连续性方法，即在现有能源系统的构架下，逐渐创新，推动低碳发展，最终实现技术系统的替代，摆脱高度"碳锁定"。

3.10.2 碳脱钩理论

库兹涅茨曲线是美国经济学家库兹涅茨于1955年所提出的收入分配状况随经济发展过程而变化的曲线，是发展经济学中重要的概念。库兹涅茨曲线表明在经济发展过程开始的时候，尤其是在国民人均收入从最低上升到中等水平时，收入分配状况先趋于恶化，继而随着经济发展逐步改善，最后达到比较公平的收入分配状况，曲线呈倒"U"形状。

环境库兹涅茨曲线（environmental Kuznets curve）：当一个国家的经济发展水平较低的时候，环境污染的程度较轻，但是随着人均收入的增加，环境污染由低趋高，环境恶化程度随经济的增长而加剧；当经济发展达到一定水平后，也就是说，到达某个临界点或称"拐点"以后，随着人均收入的进一步增加，环境污染又由高趋低，其环境污染的程度逐渐减缓，环境质量逐渐得到改善，这种现象被称为环境库兹涅茨曲线。

经济收敛假说（convergence hypothesis）原为数学概念，指数列或函数趋于某值或向某点靠近。收敛思想在经济增长中的应用可以追溯到 Veblen（1915）对德国经济发展的思考，其认为德国作为工业革命后发国家可以取得比英国和美国更快的经济增长速度。Ger-schenkron（1962）提出了"后发优势"理论，指工业化程度较低的国家比工业化程度较高的国家在工业化进程中更具有优势。Abramovitz（1986）提出了"追赶假说"，指落后国家经济增长速度更快，呈追赶先进国家的趋势。

脱钩理论（Decoupling Theory）源自于物理学概念，表示两个或两个以上物理量之间的相互关系所呈现的不同变化趋势。经济合作与发展组织（Organization for Economic Cooperation and Development，OECD）首先引入该词用来描述切断环境污染与经济增长之间的密切关系。脱钩是一个过程，应该从时间序列角度进行动态研究。经济增长与碳排放的脱钩关系研究方法主要有三种：OECD 提出的脱钩指数法、Tapio 弹性分析法以及基于 IPAT 方程的脱钩评价方法。

经济增长与碳排放脱钩定义为，在一定时期内，当环境压力（环境污染）增长率低于经济驱力（GDP）增长率时，则认为二者呈脱钩状态。OECD 脱钩指数可表示为：

$$DI = 1 - (EP_t / DF_t) / (EP_0 / DF_0)$$

式中，

DI（decoupling index）——脱钩指数；

EP（environmental presure）——环境压力，一般用资源消耗或环境污染物增长率表示；

DF（driving factors）——经济增长；

t——表示报；

0——基期。

该指标优点在于，所需数据较少，形式简单直观，因此应用较为广泛。不足之处在于，只能识别脱钩、未脱钩和弱脱钩三种状态关系。

Tapio（2005）在研究欧盟十五国交通运输行业脱钩现象时，在 OECD 脱钩指数的基础上，引入交通运输量为中间变量，提出了脱钩弹性系数方法。经济增长与二氧化碳排放脱钩弹性系数可表示为：

$$DI = \Delta CO_2 / \Delta GDP$$

式中,

DI——经济增长与碳排放脱钩弹性系数;

ΔCO_2——一定时期内二氧化碳排放量的变化率;

ΔGDP——一定时期内 GDP 总量的变化率。

根据 ΔCO_2 和 ΔGDP 的正负符号和脱钩弹性系数的大小,相对于 OECD 脱钩指数而言,可以对脱钩状态进行更为详细的分类和有效的识别,因而得到了广泛的应用。根据公式中两变量的符号和弹性系数大小可以分为脱钩、负脱钩、连接三种类型和相对脱钩、绝对脱钩、衰退脱钩、扩张负脱钩、强负脱钩、弱负脱钩、增长连结和衰退连结 8 种状态。

OECD 脱钩指数和 Tapio 脱钩弹性系数都是根据两变量或因素变化率的角度度量两者的脱钩状态,即从资源消耗或环境污染物排放变化速度与经济增长速度之间关系的角度量化考量脱钩状态,描述经济增长与污染排放的变化速度,即"速度脱钩",却忽视了二者的绝对变化量。经济增长与碳排放(环境污染)脱钩的本质含义是指在碳排放量或污染物排放量保持不变或逐年减少的情况下,经济保持持续增长,比较的是两者绝对量的变化,即"数量脱钩"。

基于当前全球在节能减排等环境问题上的巨大压力,随着技术进步与产业结构调整,评价经济增长能否真正同环境脱钩,应进行环境污染绝对数量比较:只有在经济总量上升,而环境污染量持平或下降时,才可以认为呈脱钩状态。

从碳排放测算方向来分,碳排放测算大致可分自上而下法和自下而上法。自上而下测算方法体系可参考《2006 年 IPCC 国家温室气体清单指南》推荐的方法,在我国研究中可参考 2011 年《省级温室气体清单编制指南(试行)》(下文简称省级指南)(如推荐了实测法、物料平衡法和排放因子法)。自下而上测算方法也称为碳足迹法,主要是针对某产品测算其生命周期过程中的碳排放。自上而下测算方法体系主要是从宏观角度,对某个区域进行层层分解来测算碳排放量,适用于区域或地区的碳排放测算和核算;从微观角度,对某个产品、项目等根据其生产、消费(使用)以及废弃回收的整个生命周期过程进行碳排放测算和核算,适用于企业。

从碳排放测算使用的方法来分,碳排放测算大致可分为系统测算法和非系统测算法。其中,系统测算法主要包括生命周期法、投入产出法和模型法;非系统测算法主要包括实测法、物料平衡法和排放因子法。各种方法各有所长,互为补充,但各种方法测算的碳排放量稍有差异。

3.10.3 环境高山理论

西方发达国家近百年来的实践经验表明，以经济增长为横轴，以资源环境消耗数量（或水平）为纵轴，二者的关系一般会呈现出一条先向上弯曲后又向下弯曲的曲线，这便是所谓的"环境高山"（见图18）。从曲线峰值点 A 向横轴画一条垂线，可以将"环境高山"划分为两个区间：在直线左侧，资源环境消耗数量（或水平）随经济的增长而越来越多，我们称之为"两难区间"，因为在其中资源环境改善与经济增长此消彼长、难以兼顾；在直线右侧，资源环境消耗数量（或水平）随经济的增长而越来越少，我们称之为"双赢区间"，因为在其中我们可以兼顾资源环境改善与经济增长，或者至少没有一方受损。

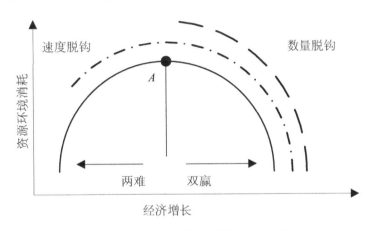

图 18 "环境高山"与脱钩关系示意图

在不同的区间，资源环境的管控策略也会有所差异。 在"两难区间"，由于难以兼顾资源环境改善与经济增长，资源环境管控通常是一种摇摆于宽松与严格之间的适度管控，目的是在资源环境和经济增长之间权衡取舍，维持二者的动态均衡。这一过程较为艰难，而且权衡取舍、相互掣肘的结果往往是二者都无法实现效益的最大化。

在"双赢区间"，由于能够兼顾资源环境改善与经济增长，可以对资源环境实施较为严格的管控，在保护资源环境的同时收获经济效益，并最终实现二者的共赢。

"脱钩"意味着资源环境消耗与经济增长的关系开始发生背离，资源环境少消耗甚至不消耗，经济也可以正常增长，这无疑为兼顾资源环境改善与经济增长提供了可能性。因此，可以将发生"脱钩"视为从"两难"到"双赢"的拐点，即图18中的点 A：如果脱钩发生了，说明我们已经步入"双赢区间"，可以通过严格管控来寻求共赢；如果脱钩还未发生，说明我们还在"两难区间"，只能继续通过适度管控来权衡取舍。可见，脱钩测度的意义不仅仅是回答"脱钩与否"的问题，更重要的是告诉我们"双赢区间"是否已经到来，是否该变"适度管控"为"严格管控"。因此，选择合适的测度方法准确地体现资源环境与经济增长从"两难"到"双赢"，是当前脱钩研究应该关注的重要问题。

3.10.4 碳源、碳汇、碳达峰与碳中和理论

1. 碳源与碳汇

碳源（carbon source）既来自自然界，也来自人类生产和生活过程，是产生温室气体之源。向大气排放二氧化碳、甲烷等含碳化合物类温室气体，以及气溶胶或温室气体前体的任何自然界活动或人类生产生活，都是形成碳源的过程或活动。燃烧化石燃料、森林火灾、动物呼吸和植物降解等都是常见的碳源示例。

碳汇（carbon sink）一词源于1997年联合国气候变化框架公约《京都议定书》，一般是指从空气中清除温室气体的过程、活动、机制。绿色植物进行光合作用，能吸收二氧化碳，被称为"绿色碳汇"，如森林碳汇、草地碳汇、耕地碳汇、土壤碳汇和海洋碳汇。

碳库（carbon reservoir）是指气候系统内存储二氧化碳、甲烷等含碳化合物类温室气体或其前体的一个或多个组成部分。碳在地球上有四大储层体，即生物圈、岩石圈、水圈和大气圈。

碳封存（carbon sequestration）也称固碳，指捕获和储存大气中二氧化碳的过程或方式。碳封存可细分为三种类型：①生物封存：指在植被、土壤、树木和水生生态系统中储存大气中二氧化碳的过程或方式；②地质封存：指二氧化碳被储存在地质构造中的过程，如化石燃料的形成、提高石油采收率；③技术封存：指将二氧化碳捕获并储存起来的人工过程，如碳捕获及储存，碳捕获、利用及储存（CCUS），直接空气捕集及储存（Direct Air Capture and Storage，DACS），带碳捕获及储存功能的生物能（Bio-energy with Carbon Capture Storage，BECCS）等。

碳源与碳汇是两个相对的概念，即碳源是指自然界中向大气释放碳的母体，碳汇是指自然界中碳的寄存体。减少碳源一般通过二氧化碳减排来实现，增加碳汇则主要采用固碳技术。

CCUS（Carbon Capture，Utilization and Storage，即碳捕获、利用与封存）是在CCS的基础上发展的新技术。CCS是通过碳捕获技术，将工业和有关能源产业所生产的二氧化碳分离出来，将其输送并封存到海底或地下，使其与大气隔绝，以保护大气环境。

2. 碳达峰

碳达峰是指地区或行业年度二氧化碳排放量达到历史最高值，然后经历平台期进入持续下降阶段的过程，是二氧化碳排放量由增转降的历史拐点，标志着碳排放与经济发展实现脱钩，达峰目标包括达峰年份和峰值。

碳达峰是指在人类经济活动所产生的二氧化碳排放量增长至峰值然后逐渐降低的状态，达到峰值之后可能出现波动，但总体趋于平稳并逐渐回落。

碳达峰目前可分为自然性碳达峰和波动性碳达峰两种类型。

德国、俄罗斯、法国等国的碳达峰峰值出现在《联合国气候变化框架公约》实施之前，且一直保持稳定下降状态，并未受到减排政策影响。这些国家的碳达峰属于自然性碳达峰。

在经济危机之后，如日本、美国、韩国等，出现了不同程度的经济增长速度减缓或经济衰退，之后出现碳达峰，通常在实现碳达峰后存在二氧化碳排放值波动的情况，甚至再一次出现碳排放值较高的情形。这些国家的碳达峰被认为是外力下的波动性碳达峰。

美国在碳达峰时具备较高的工业生产技术水平与经济发展水平；日本在碳达峰时达到较高的城市化率和产业结构水平。

2020年，我国规模以上工业企业利润比上年增长4.1%，除采矿业以外，制造业电力、热力、燃气等仍处于较高增速水平，工业、制造业正处于增长时期，对能源的消费需求处于上升时期，且产业结构、城市化率与人均GDP水平低于大部分实现碳达峰的国家。根据OECD官方所公布的温室气体排放指标，2016年之后我国碳排放量占全球总排放量的比例始终高于28%，处于增长状态，尚未出现碳达峰拐点。

3. 碳中和

碳中和是指地区、企业、团体或个人在一定时间内直接或间接产生的温室气体的排放总量，通常以吨二氧化碳当量（$t\ CO_2e$）为单位，即利用植树造林、节能减排、新型工业化等多种主动降低温室气体排放量的方法，抵消所产生的温室气体的排放量，实现人类活动产生温室气体的"零排放"。二者之间循序渐进，其最终目标在于实现温室气体的"净零排放"。术语"气候中性"（climate neutrality）、"净零CO_2排放量"（net-zero CO_2 emissions）、"净零碳排放"（net-zero carbon emission）、净零碳足迹（net-zero carbon footprint）与"碳中和"（carbon neutrality）的定义一致。

碳中和概念可分为狭义和广义。狭义的碳中和是指：①在规定的时间段和规定的区域内（如某个国家、地区或组织内），人为向大气环境中释放的二氧化碳的排放量与人为的二氧化碳去除量相平衡，即做到二氧化碳"源"与"汇"的平衡；②从规定的时间起，在规定的区域内，直接完全消除人为二氧化碳排放，即二氧化碳净零排放。广义碳中和是指不仅二氧化碳要达到净零排放，其他主要温室气体（如 CH_4、 N_2O、SF_6 等）也要达到净零排放。碳中和关键技术如表 36 所示，碳中和产业经济形态如表 37 所示。

表36　碳中和关键技术

技术类型	技术名称
零碳能源技术	可再生能源电力
	储能技术
	智能电网技术
	核电技术
	氢能技术
	零碳非氢燃料技术
	供暖技术
过程减排技术	电气化应用技术
	节能降碳技术
	工艺/流程再造技术
	废弃物回收与循环利用技术
负碳技术	CCUS 技术
	其他负排放技术
其他技术	产业协同技术
	管理支撑技术

表37　碳中和产业经济形态

类型	产业	产品/服务形态
核心支撑产业	低碳能源方案供应商	开发可再生能源、替代性含碳能源技术及衍生品，辅助能源转型
	绿色装备、材料提供商	开发并提供绿色材料解决方案
	传统行业低碳发展服务商	服务传统行业低碳转型
	资源回收方案服务商	提供资源回收解决方案
	碳处理技术企业	碳捕获、封存、消除等技术开发
	碳足迹管理与碳咨询企业	企业碳足迹计算、路径规划、减排项目开发等
	碳金融企业	融资服务
	其他新产业	其他新的产品和服务

类型	产业	产品/服务形态
外围支撑产业	互联网企业、数字技术企业、应用软件/系统企业、计算机及配件产业、信息与通信设备产业、声/光学设备企业	为各类碳中和技术开发和应用活动提供数字化、网络化、智能化服务
	其他新产业	其他新的产品和服务

  2018 年，IPCC 发布的《全球升温 1.5℃ 特别报告》指出，相比于将全球气温涨幅控制在 2℃ 以内，如果将涨幅进一步收缩为 1.5℃ 以内，就有可能在 2050 年实现二氧化碳排放"净零"。我国作为世界碳排放量最大的国家，2020 年 9 月，习近平总书记在第七十五届联合国大会上首次提出，我国"二氧化碳排放力争于 2030 年前达到峰值，努力争取 2050 年前实现碳中和的'绝对减排'"。

4 碳足迹和碳标签

4.1 足迹的概念

4.1.1 足迹的定义和类型

随着局部性、单一性的环境问题逐渐向全球性、复合性转变，气候变暖、水资源短缺和生态破坏等事件在大尺度范围内频发，严重威胁着自然生态系统的功能与稳定性。截至 2010 年，人类的资源占用和废弃物排放强度已经超出地球自身可承载能力的约 50%；预计到 2050 年时，至少需要 2.6 个地球才能持续支撑全球人口的资源消费量。

对人类活动现状的客观评估是实现可持续发展的第一步。足迹正是这样一类评估指标，其概念最早源自生态足迹分析法。在生态足迹概念创立至今的 30 年间，能源足迹、碳足迹、水足迹、化学足迹、氮足迹、生物多样性足迹等一系列新的足迹类型被相继提出。如图 19 所示为足迹研究发展的四个阶段。

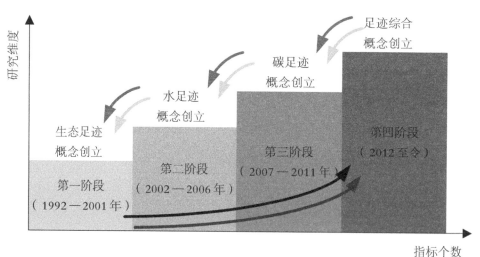

图 19　足迹研究的四个发展阶段

在环境领域，所涉及的环境影响来源一般包括资源消费（如生态足迹、绿水和蓝水足迹）和废弃物排放（如碳足迹、氮足迹、硫足迹、灰水足迹）两大类，足迹是一类评估人类资源消费和废弃物排放等活动的环境影响的指标。一般足迹类型如表 38 所示。

表 38　足迹划分类型

序号	划分原则	足迹分类
1	按环境影响类型划分	生态足迹、碳足迹、水足迹、能源足迹、化学足迹、氮足迹和生物多样性足迹等
2	按研究尺度划分	产品足迹、个人足迹、家庭足迹、部门足迹、区域足迹、国家足迹、全球足迹等
3	按研究方法或模型划分	能值足迹、放射能足迹、三维足迹等

表 39　常见足迹的定义和基本内容对比表

足迹类型	定义	基本内容
生态足迹（ecological footprint）	在现有技术和资源管理水平下，人类活动对生物圈需求的度量（对应的生物承载力被定义为：为人类提供生态系统服务消费的生物生产性土地和海洋面积的度量）	以投入产出分析（input-output analysis, IOA）、生命周期评价（LCA）、新千年生态系统评估（MEA）、净初级生产力（NPP）、土地利用与土地覆被变化（LUCC）、能值分析、放射能分析、情景分析、非线性科学理论、生态补偿等方法或技术，发展成较为规范的方法学体系
碳足迹（carbon footprint）	人类活动过程中直接和间接生成的温室气体的排放量	LCA是应用最广的碳足迹分析方法，尤其适用于产品、部门等中小尺度的研究，其优势在于破除"有烟囱才有污染"的观念，变末端静态评估为生命周期动态评估，真正实现"从摇篮到坟墓"的过程全覆盖
水足迹（water footprint）	一定区域内所有产品和服务所需要消费的累计虚拟水含量，包括蓝水足迹、绿水足迹、灰水足迹等	自下而上的LCA和自上而下的IOA都是常见的计算方法，水足迹不仅计算水资源消费的数量，还要追踪其来源
能源足迹（energy footprint）	在全球林地平均碳吸收速率下，消纳化石燃料消费和电力生产所排放的温室气体需要占用的林地面积	能源足迹（又称碳吸收地足迹）是由生态足迹直接衍生出来的概念，旨在量化人类能源碳排放的环境影响
化学足迹（chemical footprint）	产品由于其化学成分而对人类和生态可能造成的潜在风险危害	化学足迹的概念最早见于大气环境领域研究，被用于测度城市大气化学成分的不成比例程度。后来化学足迹评估消费者或生产者的化学制品使用情况及其环境特征。化学足迹的研究范围取决于所定义的系统边界，最广可延伸至整个生命周期，从而为全面评估产品和服务的可持续性与社会责任提供依据

续上表

足迹类型	定义	特征
氮足迹（nitrogen footprint）	某种产品或服务在其生产、运输、储存以及消费过程中直接和间接排放的活性氮（如 NOx、N_2O、NO_3^-、NH_3）总和	氮足迹是为了定量评价人类活动对活性氮排放的影响而提出的特别是在。个人食物和能源消费所造成的活性氮的环境损失
生物多样性足迹（biodiversity footprint）	测度由 LUCC、自然资源开采及外来物种入侵等过程引发的生物多样性损失，通常采用受胁迫的物种数量表征，也有的用受影响的土地面积或生物形态来表征	例如英国的现状、压力和响应指标体系，欧盟的现状、持续利用、威胁、生态系统完整性、遗传资源获取和惠益分享指标体系

4.1.2　足迹的综合框架模型

从足迹类指标的一般运算流程出发，可以将足迹的综合框架模型分为三部分：输入端、处理系统、输出端。其中，输入端负责原始数据的输入；输出端负责评估结果的输出；处理系统是足迹综合发挥作用的核心部分，从目标和手段两个角度出发，可分为三个部分：影响类型、分析方法、指标体系。足迹的综合框架模型如图 20 所示。

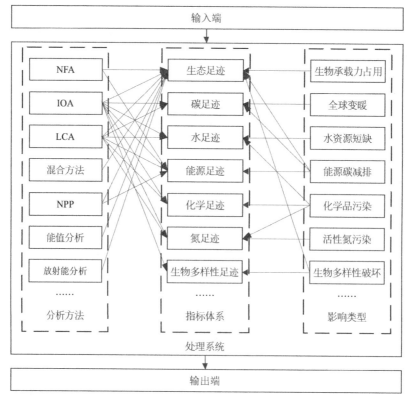

图 20　足迹的综合框架模型

118

4.1.2.1 影响类型

足迹所涉及的人类活动大体可分为两类。第一类是资源消费，如生态足迹以占用土地的大小来反映生物资源和化石燃料消费的环境影响，水足迹以水资源消费量来反映产品或服务的环境影响，生物多样性足迹以受胁迫物种的数量变化来反映特定产品消费的环境影响；第二类是废弃物排放，如碳足迹、氮足迹和硫足迹分别以含碳、含氮和含硫气体的排放量来反映产品或服务的环境影响。

4.1.2.2 分析方法

足迹类指标的量化方法主要如下：国家生态足迹账户（national footprint accounts，NFA），是适用性最广的生态足迹经典方法；全球生态足迹网络（global footprint network，GFN），用于定期评估全球各国的生态足迹，并对计算方法进行修正；投入产出分析（input-output analysis，IOA），近年来应用日趋广泛，由其衍生的多区域投入产出（multi-regional input output，MRIO）模型更成为足迹类研究的重要技术手段；生命周期评价（life cycle assessment，LCA），普遍运用于产品和部门尺度的各类足迹研究，特别是碳足迹研究；混合方法，兼具 LCA 和 IOA 的优势，对中小尺度的碳足迹计算十分有效；能值分析，现已成为生态足迹计算的一项重要方法；放射能分析，尤其适用于测算贸易过程中的隐性生态足迹；净初级生产力（net primary productivity，NPP），应用于生态足迹和能源足迹的模型改进，被认为是有望重构生物生产力计算的潜在方法；新千年生态系统评估（millennium ecosystem assessment，MEA），结合生态足迹以刻画土地利用与土地覆盖变化（land use and land cover change，LUCC）下的自然资本供需变化。

4.1.2.3 指标体系

足迹类指标的特性主要由其影响类型与分析方法共同决定，多数足迹类指标在本质上还具有一定的共性，主要表现为：①转化考量：多数环境影响难以直接表征，因而足迹类指标大多通过生物物理当量的转化而达到量化环境影响的目的，如碳足迹将产品的温室效应通过全球暖化潜势转化为二氧化碳当量；②商除计算：简而言之，足迹等于代表某类环境影响的指标总量除以该类指标的单位强度，如生态足迹的定义中，用人类消费的生物资源量除以单位面积的生物产量，就可得到相应的土地面积当量；③虚拟性质：正是由于前面两点因素，足迹计算结果往往具有一些虚拟性，不同于通过实测得到的物理量。

4.2　生态足迹

生态足迹是指不断地生产人们所消费的资源和不断地吸纳人们所产生的废物所需要的生产性陆地和水域的总面积。生态足迹理论最早由加拿大生态经济学家 Rees 于 1992 年提出，后来由 Wack-Emage 于 1996 年进行了完善，用来衡量人类对自然资源的利用程度以及自然界为人类提供的生命支持服务功能。该理论提出后在短时期内就在不同地域、不同空间尺度以及不同社会领域得到广泛应用和实践，其理论基础、方法和计算模型也得到迅速的发展和完善。

4.2.1　生态足迹分析法

生态生产性土地（ecologically productive area）是指具有生态生产能力的土地或水体。生态生产也称生物生产。

全球生态标杆（global ecological benchmark）是指全球人均总生态承载力，衡量的是人均全球总生态容量。

生态容量与生态承栽力（ecologically capacity）是指在不损害有关生态系统的生产力和保持功能完整的前提下，可无限持续的最大资源利用和废物产生率。

人类负荷（human load）是指人类对环境的影响规模，它由人口自身规模和人均对环境的影响规模共同决定。

生态足迹分析法的所有指标都是基于生态生产性土地这一概念而定义的。根据生产力大小的差异，地球表面的生态生产性土地可分为六大类：化石燃料土地、可耕地、林地、草场、建筑用地和水域。

生态足迹（ecologically footprint）分析法用生态足迹来衡量人类负荷。它的设计思路是：人类要维持生存必须消费各种产品、资源和服务，人类的每一项最终消费的量都可追溯到提供生产该消费所需的原始物质与能量的生态生产性土地的面积。所以，人类的所有消费在理论上都可以折算成相应的生态生产性土地的面积。在一定技术条件下，要维持某一物质消费水平下的某一当量水平人口的持续生存必需的生态生产性土地的面积即为生态足迹。它既是现有技术条件和消费水平下特定人口对环境的影响规模，又代表现有技术条件和消费水平下特定的人口持续生存下去而对环境提出的需求。

当一个地区的生态承载力小于生态足迹时，会出现生态赤字（ecologically deficit），其大小等于生态承载力减去生态足迹所得差数；当生态承载力大于生态足迹时，则产生生态盈余（ecologically remainder），其大小等于生态承载力减去生态足迹所得差数。

生态赤字表明该地区的人类负荷超过了其生态容量。要满足其人口在现有生活水平下的消费需求，该地区要么从地区外进口欠缺的资源以平衡生态足迹，要么通过消耗自然资本来弥补收入供给流量的不足。这说明地区发展模式处于相对不可持续状态，其不可持续的程度用生态赤字来衡量。相反，生态盈余表明该地区的生态容量足以支持其人类负荷，地区内自然资本的收入流大于人口消费的需求流，地区自然资本总量有可能得到增加，地区的生态容量有望扩大，消费模式具相对可持续性，可持续程度用生态盈余来衡量。

假定地球上人人具有同等的利用资源的权利，那么各地区可利用的生态容量就可以定义为其人口与全球生态标杆的乘积。因此，如果一个地区人均生态足迹高于全球生态标杆，即该地区对环境的影响规模超过其按照公平原则所分摊的可利用的生态容量，因而产生赤字。这种赤字称为该地区的全球生态赤字（global ecologically deficit）。相反，如果人均生态足迹低于全球生态标杆，即该地区对环境的影响规模低于其按照公平原则所分摊的可利用的生态容量，因而产生盈余。这种盈余称为全球生态盈余（global ecologically remainder）。全球生态赤字用于测度地区发展不可持续程度，而全球生态盈余用于衡量地区发展可持续程度。

4.2.2 生态足迹计算方法

生态足迹的计算主要基于以下两个事实：人类能够估计自身消费的大多数资源、能源及其所产生的废弃物数量；这些资源和废弃物流能折算成生产和消纳这些资源和废弃物流的生态生产性面积。

因此，任何特定人口（从单一个人到一个城市甚至一个国家的人口）的生态足迹，就是其占用的用于生产所消费的资源与服务以及利用现有技术同其所产生的废弃物的生态生产性土地的总面积。

根据上述理论和概念，其重要的计算步骤如下：首先，划分消费项目，计算各主要消费项目的消费量；然后利用平均产量数据，将各消费量折算为生物生产性土地面积；其次，通过当量因子把各类生物生产性土地面积转换为等价生产力的土地面积；然后，将其汇总、加和计算出生态足迹的大小；最后，通过产量因子计算生态承载力，并与生态足迹比较，分析可持续发展的程度。具体计算公式如下：

$$EF = Nef = N\sum_{i=1}^{n} aa_i = N\sum_{i=1}^{n} C_i / P_i$$

式中：

i 为消费商品和投入的类型；

n 为消费项目数；

P_i 为 i 种消费商品的平均生产能力；

C_i 为 i 种商品的人均消费量；

aa_i 为 i 种交易商品折算的生物生产面积；

N 为人口数；

ef 为人均生态足迹；

EF 为总的生态足迹。

在生态足迹指标计算中，把人类使用的各种资源和能源消费项目折算为前面六种类型的生态生产性土地面积，然后再分别乘以相应的均衡因子，就可以得到某类生态生产性土地面积，然后再加总计算生态足迹和生态承载力。

4.2.3 生态足迹的应用

生态足迹评价方法已应用于各种规模的人口数量，从全球到国家、地区到城市、社区到家庭、商业企业到个人出行活动等各级水平。此外，还用来进行技术比较，如应用到从养鱼到种植西红柿等各个方面。

最初的生态足迹分析方法是一种基于静态指标的分析方法，在计算生态足迹时，它假定人口、技术、物质消费水平都是不变的，因此，得出的结论也只是瞬时性的，无法反映未来的趋势。而近两年来的研究则试图通过计算各指标的时间序列值来追踪各个时点的可持续程度，从而弥补了指标静态性的缺陷。

而且最近的研究逐渐引入了"均衡因子""产量因子"对不同生态生产力地区和不同类型的生态生产性土地类别进行修正；引入"废弃因子"对净进口产品所耗原材料的生态空间占用分量进行计算；在进行干旱区生态足迹计算时，考虑到淡水是一种举足轻重的生态资源，所以，在分析中也逐渐将水资源纳入了生态足迹的计算当中；另外还有一些研究考虑了污染（酸雨、工业废水等）这一生态因素对生态足迹的影响。

4.3 区域碳足迹核算方法

4.3.1 区域碳足迹核算方法的分类

根据核算对象的范围和特点可将碳核算分为四个类别：区域级、项目级、组织级和产品级。其中区域级碳核算的对象为国家、省、市、区等，该类核算是对一定区域内人类活动排放和吸收的各种温室气体信息进行全面汇总，通常又被称为温室气体清单编制。根据清单估算的是区域内的生产排放还是消费排放等，可将温室气体清单编制方法划分为三大类，分别为生产者责任方法、消费者责任方法和生产者 – 消费者共同分担责任方法，表40给出了三类方法的综合比较。

表40　温室气体清单编制方法比较

主要方法	清单范围	主要特点	产生影响的范围	附件一国家排放核算结果
生产者责任方法	行政区域或GDP边界内的实际排放	成熟、易操作，数据易获取、误差小，不确定性低，目前各国普遍采用	核算区域内的减排行动	小
消费者责任方法	区域内生产排放＋进口产品排放－出口产量排放	较复杂，数据难获取、误差较大，不确定性较高，主要用于研究	核算区域内的减排行动＋进口产品所在区域的减排行动	大
生产－消费者共同分担责任方法	部分区域内生产排放＋部分进口产品排放	复杂，数据难获取、误差大，不确定性高，用于研究	核算区域内的减排行动＋进出口产品所在区域的减排行动	较大

根据计算方法特点，碳足迹的计算方法大致可分为以下三种：投入产出法（IOA），生命周期分析法（LCA），IPCC方法。

投入产出法是一种自上到下的计算方法，利用投入产出表进行计算，建立平衡方程，计算初始投入、中间投入、中间产品、最终产品之间的关系，较适用于宏观层面的计算，且数据量大、不易获取，计算结果不精确。

LCA法是一种自下到上的计算方法，是对产品及其原材料"从摇篮到坟墓"的过程有关的环境问题进行后续评价的方法，计算过程比较详细准确，适用于微观层面应用。

IPCC方法是联合国气候变化委员会编写的温室气体清单指南，将研究区域分为能源部门、工业部门和产品使用部门、农林和土地利用变化部门等，计算过程全面考虑了温室气体的排放。

4.3.2　生产者责任方法

生产者责任方法主要依据"污染者付费原则"，排放发生在哪里排放量就计入哪里，即无论生产出的产品由谁使用，生产过程产生的温室气体排放都计入排放发生地。根据生产者责任方法，温室气体清单包括区域内生产过程和终端使用过程的直接排放。

依据不同的边界界定原则，生产者责任方法又进一步划分为国土边界和 GDP 边界两种方法。

国土边界指清单范围为所辖行政区域，其定义下的国家温室气体清单为一国领土及该国拥有管辖权的近海区域内的温室气体排放和吸收量，《IPCC 国家温室气体清单指南》就是最为典型的国土边界清单编制方法。该方法目前应用最广，现各国向联合国递交的国家温室气体清单即是根据国土边界方法编制的。

但由于国土边界仅适用于领土范围内的排放，应用这一方法估算时会导致占全球总排放量 3% 的国际交通排放无法分解到具体国家，不利于相关领域开展温室气体减排行动。而按 GDP 边界界定温室气体排放归属地，这种方法与国民经济核算类似，可将温室气体排放计入产生温室气体排放或吸收的常住机构单位所属的区域。

如某一由我国飞往欧盟的国际航班属于我国的某一航空公司，则该航班飞行过程中的所有排放都计入中国，由此可有效地解决按国土边界计算存在的缺陷。

使用生产者责任方法估算温室气体清单的优点有：估算方法简单、易于理解和操作；容易获取温室气体清单编制的基础数据；相比较而言清单估算结果误差小；更多地关注国内或区域内的生产和消费活动，并可与其法律或减排政策相衔接；体现出生产者在增加税收、促进就业等方面的相应收益等。但同时也存在一些问题，其中最大的问题是容易导致"碳泄漏"。在《京都议定书》框架下，发达国家具有绝对量化的减排目标，而发展中国家则没有强制性的减排义务。按生产者责任方法估算各国排放量时，发达国家会减少其国内碳排放强度高的产品产量，转而通过国际贸易来获得相关产品，从而在不影响国内消费需求的同时实现国家减排目标。而发达国家减少的这部分产品生产将被转移到生产技术相对落后的发展中国家；一般来说，在这些发展中国家生产同样的产品，其温室气体排放量要高于发达国家，最终造成全球总排放量的上升，该现象被称为"碳泄漏"。另外，用生产者责任方法估算会使一些经济外向型国家，尤其像我国这样出口在经济增长中占有重要地位的新兴经济体，为发达国家背负大量的碳排放责任，在国际上还要受排放量增长快的指责以及承担减排义务的压力。生产者责任方法应用于省市级区域时类似问题也十分突出，由于资源禀赋和区位优势等特点不同，我国各区域间物质生产和消费分布极不均衡。

以广东省为例，2019 年广东省发电量是 4 726 亿千瓦时，用电量是 6 696 亿千瓦时，自给率 70%，全国倒数第一。缺口 1 970 亿千瓦时电力需从其他省份调入，完全使用生产端方法估算时容易造成广东省电力部门排放量低的表象，不利于从电力消费端开展减排行动。

需要说明的是，生产者责任方法提供了温室气体排放的最基础数据，其他方法仅是将生产者责任方法估算的排放量按不同原则重新分配到不同国家或地区。

4.3.3 消费者责任方法

为解决生产者责任方法产生的"碳泄漏"等问题以及更有效地开展减排行动，消费者责任方法被提出。消费者责任方法基于"生产来自于消费，消费是产生温室气体排放的最终根源"的思想，为此从实际消费的产品和服务角度估算温室气体排放量。

该方法的清单范围为某地消费的所有产品和服务在其生产和消费过程中的排放，而不考虑该排放的实际发生地是否在消费地。用公式表示为：

$$E_c = E_p + E_{im} - E_{ex}$$

式中：

E_c——基于消费者责任方法估算的温室气体排放量；

E_p——基于生产者责任方法估算的温室气体排放量；

E_{im}——外国生产用于本国消费的排放量；

E_{ex}——本国生产用于国外消费的排放量。

消费者责任方法与生产者责任方法最大的不同在于，需要估算进出口产品亦即国际贸易过程中伴随的碳流入 E_{im} 和流出 E_{ex}，因此消费者责任方法的相关研究很多是以国际贸易为视角的。

4.3.4 生产−消费者共同分担责任方法

实际上，生产地收入增加和消费地生活水平提高都是人为引起温室气体排放上升的重要驱动因素，将排放全部归于生产地或消费地是两种极端的分配方法，在生产者和消费者之间分担排放责任较为合理。

生产−消费者共同分担责任的清单估算方法如下：

$$E_s = \Phi \times E_c + （1 - \Phi） \times E_p$$

式中：

E_s——基于生产−消费者共同分担责任方法估算的温室气体排放量；

E_p——基于生产者责任方法估算的温室气体排放量；

E_c——基于消费者责任方法估算的温室气体排放量；

Φ——责任分担率，取值范围在 $0\sim1$ 之间，$\Phi=1$ 意味着一国的排放量完全由消费者责任方法确定，$\Phi=0$ 意味着一国的排放量完全由生产者责任方法确定。

应用生产 - 消费者共同分担责任方法时，关键是确定生产者责任方法和消费者责任方法的清单范围以及责任分担率 Φ。

4.3.5　国家温室气体清单编制指南

在国家温室气体清单编制层面，《联合国气候变化框架公约》（UNFCCC）指定各国统一采用《IPCC国家温室气体清单指南》方法估算和报告。IPCC 先后编制出版了《1996年国家温室气体清单指南》（修订版）、《2000 年国家温室气体清单优良做法和不确定性管理指南》《2000年土地利用、土地利用变化和林业优良做法指南》《2006年IPCC国家温室气体清单指南》和《IPCC 2006 年国家温室气体清单指南2019修订版》。如图21所示。

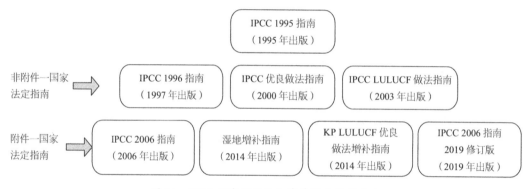

图 21　IPCC 国家温室气体清单指南系列产品

国际上较为权威且公开的清单方法学除了 IPCC 方法学指南之外，还有欧盟开发的大气污染物和温室气体排放清单指导手册的 EMEP/EEA，美国环境署（EPA）的EMEP/EEA 方法。澳大利亚联邦温室气体署（AGO）也编制了一系列温室气体排放工作手册，并以此评估澳大利亚年排放量。

国家温室气体清单指南覆盖五个领域：能源活动、工业生产过程、农业、土地利用变化和林业、废弃物处理。如表41所示。

表 41　IPCC 国家温室气体清单核算部门

温室气体排放部门	分类别排放		
能源活动	化石燃料燃烧	静止排放源	能源工业
			制造业和建筑业
		移动排放源	公路运输
			铁路运输

温室气体排放部门	分类别排放		
能源活动	化石燃料燃烧	移动排放源	航空
			航海
能源活动	燃料的逃逸排放		煤炭
			石油和天然气
工业生产过程	建材产业		
	化工产业		
	金属产业		
	燃料燃烧和溶剂使用产生的非能源产品		
	电子产业		
	臭氧消耗物质的含氟替代物		
	其他产品生产和使用		
农业	畜牧业		动物肠道发酵
			动物粪便管理
	种植业		稻田
			其他农用地
土地利用变化和林业	林业碳汇		
	土地利用变化		
废弃物处理	固体废弃物处置		
	废水处理		

其方法学的一般结构为：选择方法（包括决策树和方法层级定义）、选择排放因子、选择活动数据、完整性、建立一致性时间序列。如表 42 所示。

表 42　温室气体清单编制方法学结构

序号	方法学结构	思路与特点
1	覆盖领域	能源活动、工业生产过程、农业、土地利用变化和林业、废弃物处理
2	核算气体	CO_2、CH_4、N_2O、$HCFs$、$PFCs$、SF_6、NF_3
3	方法体系	自上而下（top-down 参考方法）或者自下而上（bottom-up 部门方法）
4	编制原则	透明性、连续性、可比性、全面性、精确性（重点研究关键排放源、数据源优先级）
5	编制模式	生产模式、消费模式（电力部门）
6	边界影响	以地理分界线为依据，也可以是一个开放的系统

该方法学提供的清单编制思路有两种：一种是自上而下的，通常运用于国家层面的核算，需要收集整个研究区域的排放强度和排放源活动水平，继而分解到更小的地

区或部门。它是基于表观消费量的参考方法，碳排放量基于各种化石燃料的表观消费量，与各种燃料品种的单位发热量、含碳量，以及燃烧各种燃料的主要设备的平均氧化率，并扣除化石燃料非能源用途的固碳量等参数综合计算得到。

另一种是自下而上的，通常运用于区域层面的核算，将研究区划分为网格或行政单元，从对应的网格或行政单元收集活动水平数据和计算温室气体排放量。它是基于国民经济各门类的部门方法，碳排放量基于分部门、分燃料品种、分设备的燃料消费量等活动水平数据以及相应的排放因子等参数，通过逐层累加综合计算得到。

另外，为了满足计算精度的需要，IPCC 在部门方法中创造了层级的概念，不同层级表示不同的排放因子获取方法，从层级 1 到层级 3，方法复杂性和精确性都逐级提高。基于表观消费量的参考方法的优点在于易获取数据、计算方法能够保证清单的完整性与可比性等，缺陷主要在于难以确定排放主体的减排责任。与之相反，基于国民经济各门类的部门方法能够明确部门减排责任，却存在时间消耗长、工作量大、难以保证可比性等不足之处。

根据公约缔约方大会决议要求，目前发达国家须每年提交国家温室气体清单，包括国家温室气体清单报告和一般报告格式表格（CRF），报告和表格均有固定格式，保证了各国间清单报告信息的可比性。发展中国家报告编写和清单编制的资金来源通常为全球环境基金（GEF），由于资金申请、批复以及到账的时间周期较长，外加基础能力相对薄弱，发展中国家报告频率较低，一般约为 5 年以上报告一次。我国作为公约非附件一缔约方，已分别于 2004 年、2013 年和 2018 年提交了《中华人民共和国气候变化初始国家信息通报》《中华人民共和国气候变化第二次国家信息通报》和《中华人民共和国气候变化第三次国家信息通报》，分别包括 1994 年、2005 年和2010 年我国编制的温室气体清单。

4.3.6 我国省级温室气体清单编制指南

2011 年，国家发改委组织专家编写了《省级温室气体清单编制指南（试行）》。在此指南的指导下，各省、市、自治区陆续开始组织实施当地的温室气体清单编制。2014 年 8 月，国家发改委印发了《关于地区及行业碳强度降低的目标责任考核评估办法》，明确把碳强度降低指标纳入各地区及行业经济社会发展综合评价体系和干部政绩考核体系。

省级温室气体清单编制总体遵循《IPCC 国家温室气体清单指南》的基本方法，借鉴 1994 年和 2005 年国家温室气体清单编制经验，基于地区实际情况参照《省级温室气体清单编制指南（试行）》开展。

2010 年 7 月及 2012 年 11 月，国家发改委发布《关于开展低碳省区和低碳城市试点工作的通知》（发改气候〔2010〕1587 号）及《关于开展第二批低碳省区和低碳城市试点工作的通知》（发改气候〔2012〕3760 号），要求低碳试点建立温室气体排放数据统计和管理体系。目前，第一批"五省八市"及第二批 29 个省区和城市的低碳试点均建立了统计管理体系、编制完成了省市级温室气体清单。

2020 年 6 月 16 日，广东省生态环境厅关于印发《广东省市县（区）温室气体清单编制指南（试行）》的通知，完善了县（区）温室气体排放统计核算制度。

4.4 企业碳足迹核算方法

4.4.1 边界设定

4.4.1.1 组织边界

组织边界是指组织拥有或控制的业务单元的边界，组织边界应该以恰当的方式展现，例如组织架构图、平面图或文字说明。

确定组织边界的方法一般分为股权比例法和控制权法，按照确定控制权的角度不同，控制权法分为财务控制权和运行控制权。

在采用股权比例法确定组织边界时，组织应根据其在具体业务中所占的股权比例确定其在该业务中所占的排放量。选择股权比例作为确定组织边界的依据是，股权比例反映了经济利益的实质，与组织在盈利和风险分担上的权利和义务相一致。通常情况下，组织的股权比例和所有权比例是一致的，但也有相背离的情形。

在使用控制权法确定组织边界时，组织只核算其拥有控制权业务所产生的温室气体排放，那些拥有所有权但不控制的业务，不应出现在组织确定的组织边界中。

选择控制权作为确定组织边界的原因是，对于某些业务，组织可对其财务或运行策略做出决策，并从中获得收益，则应对这些业务带来的排放风险承担责任。

一般来说，组织的财务控制和运行控制是一致的，采用运行控制权法和财务控制权法确定的组织边界不会有太大的变化，但少数情况下两者会出现不一致的情形，譬如对于一些业务单元，组织享有部分财务控制权但不享有运行控制权。

不同类型的组织在使用股权比例法或控制权法确定组织边界时会获得不同的效果，例如：集团公司旗下的母公司和子公司，如按照股权比例法确定组织边界，则其母公司和子公司的温室气体排放需按照股权比例进行分割。如按照控制权法确定组织边界，因母公司能够直接对子公司的财务与运行策略做出决定，并从中获得经济利益，则子公司的排放量应全部纳入母公司的组织边界内。

组织边界应覆盖组织产生温室气体排放的区域的地理边界，可以从组织平面图、组织架构图、财务关系等文件来确定。

在确定组织边界时，不同企业间选择相同的组织边界确定方法可避免重复计算。两家有合营业务单元的组织在确定组织边界时若使用了不同的组织边界确定方法，可能会导致这些合营业务的排放量出现重复计算。

4.4.1.2 运行边界

确定组织边界之后，需要进一步识别该地理范围内各排放源所属的运行边界。组织边界内的所有排放源，应当清楚地界定运行边界，简而言之，就是将不同的排放源分为直接温室气体排放、能源间接温室气体排放和其他间接温室气体排放。

通过运行边界的区分，可以协助组织识别温室气体减排的机会，管控在排放权交易体系下经营的风险。组织在识别组织边界后，应关注确定的运行边界之内是否存在重复计算、遗漏或者重大偏差的问题。

为了简化说明运行边界中各排放源的区分，通用的国际核算准则引入了"范围"的概念，针对温室气体量化设定了三个范围。

（1）直接温室气体排放（范围1）：组织拥有或控制的排放源所产生的温室气体排放，如锅炉化石燃料的燃烧、车辆汽柴油的燃烧、灭火器的逸散、制程过程的排放等。对于组织边界内的生物质或生物燃料燃烧产生的温室气体排放应予以识别，并尽可能量化，但该排放量不计入直接温室气体排放或组织排放总量。

（2）能源间接温室气体排放（范围2）：指由外购电力、蒸汽、热力或冷产生的温室气体排放，此部分的排放并非直接发生在组织边界中，但应予以量化。

（3）其他间接温室气体排放（范围3）：除了能源间接温室气体排放之外的产生于组织边界内的间接温室气体排放，其排放源并非组织所有或控制。例如上游原材料的制造、差旅等造成的温室气体排放，由于委外运输、通勤等活动产生的排放。

图22为组织运行边界示意图。在该示意图中，识别了三个范围的温室气体排放。

其中，直接温室气体排放包括固定设施（如锅炉）和移动设施（如公司所有车辆）的化石燃料燃烧；能源间接温室气体排放包括公司自用的采购电力；其他间接温室气体排放量包括了供应链上的各类排放，如雇员的公务旅行、委外对废弃物的处理、承包商所有车辆化石燃料的消耗、其他外包的活动、采购的原材料生产过程及产品的最终使用。

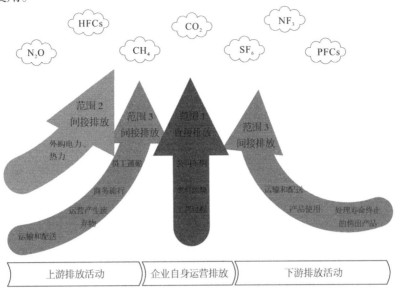

图 22　组织运行边界示意图

4.4.1.3　基准年

基准年是用来将不同时期的温室气体排放或其他与温室气体排放相关的信息进行参照比较的特定历史时段，组织在初次量化与报告组织层次温室气体排放时应确定基准年。

组织基准年可以基于一个特定时期（例如一年）内的值，也可以基于若干个时期（例如若干个年份）的平均值。采用何种方式确定基准年，须获得目标用户的确认，以便使得量化和报告的温室气体排放信息满足其要求。

建立基准年的目的在于可以对同一组织在不同时间段的排放量进行有意义的比较，以判别该组织的温室气体排放是否完成了既定的减排目标。在核算后续年份（非基准年）温室气体排放时，应该在时间周期、边界确定、量化方法选择、活动数据收集和排放因子确定等方面与历史年份保持一致。

如果发生如下情况，应重新编制温室气体排放清单：①运行边界发生变化；②温室气体排放源的控制权（所有权）进入或移出组织边界；③温室气体排放的量化方法学发生重大变化。

当这些情况发生时，应评估对基准年排放量带来的影响。在确定是否需要对基准年的排放清单重新编制时，应根据重要限度进行判断。若因量化方法变更等因素造成的排放量变化达到或超过重要限度，则应按照现有的组织边界、运行边界和方法学对基准年温室气体排放清单重新进行编制。

4.4.2 排放源识别

组织的温室气体排放是由各个不同的排放源产生的，而对于不同的排放源量化的方法有较大的差异，所以有必要对排放源逐一进行鉴别并分成不同的类型。这一阶段的主要工作是识别产生温室气体排放的物理单元或过程，一般主要识别能产生《巴黎协定》规定的七类温室气体的排放源。

直接温室气体排放源分为以下四类：

（1）固定燃烧排放：制造电力、热、蒸汽或其他能源的固定设施（如锅炉、蒸汽轮机、焚化炉、加热炉、发电机等）燃料燃烧产生的温室气体排放；

（2）移动燃烧排放：组织拥有或控制的原料、产品、固体废弃物与员工通勤等运输过程产生的温室气体排放，可能涉及的设施包括汽车、火车、飞机和轮船等；

（3）制程排放：生产过程中由生物、物理或化学过程产生的温室气体排放，如制造产品中使用的乙炔焊、炼油过程中的催化裂解、半导体制造中的蚀刻过程等；

（4）逸散排放：有意或无意的排放，包括设备接合处的泄漏、制冷设备冷媒的逸散、污水处理厂厌氧过程中温室气体的逸散等。

首先，组织应当完整识别上述四类直接温室气体排放源。值得注意的是，有些未重视的排放源往往会产生大量的排放，例如挥发性有机物的燃烧所产生的排放。制程排放一般只出现在部分行业的生产过程中（例如煤电的碳酸盐脱硫过程、水泥生料烧制成熟料的过程、铝的生产过程中白云石的煅烧等）。

其次，组织还需要确认由于外购电力、热力、冷和蒸汽消耗带来的能源间接温室气体排放。组织的生产一般都离不开外购电力，几乎所有的组织都会产生能源间接温室气体排放。

在量化组织层次温室气体排放时还可识别关键排放源，即对组织温室气体排放信息有重要影响的排放源，确定关键的排放源有助于组织了解自身的排放情况及减排重点。如何确定组织的关键排放源可参考 IPCC 建议的关键排放源，以及我国 2004 年发布的《中华人民共和国气候变化初始国家信息通报》及 2013 年发布的《中华人民共和国气候变化第二次国家信息通报》等有关的内容。

4.4.3 排放量计算

组织应对直接温室气体排放（范围 1）和能源间接温室气体排放（范围 2）进行量化报告，并形成有关文件。温室气体排放量的量化可分为以下步骤：选择量化方法、收集温室气体活动数据、确定温室气体排放因子和计算温室气体排放量。

4.4.3.1 量化方法

温室气体排放的量化方法包括测量法、计算法以及测量和计算相结合法三种。测量法是指，通过相关仪器设备对排放设施中温室气体的浓度及体积等进行测量获得温室气体排放量的方法；计算法是指，通过活动数据和相关排放因子之间的计算、物料平衡（基于物质输入输出的一种计算方法）、使用模型或设备特定的关联等方式获得温室气体排放量的方法；测量和计算相结合法是指计算排放量的某些因子时，通过采用测量数据来计算获得排放量的方法。

温室气体排放的量化方法中，优先级依次递减的排序依次是：测量法、测量和计算相结合法、计算法。通过计算法获得温室气体排放量的方法包括排放因子法、物料平衡法、使用模型以及利用设备特定的关联推算四种。

在选取量化方法时，宜考虑经济性的原则，即选择核算方法时应使精确度的提高与其额外费用的增加相平衡。在技术可行且成本合理的情况下，应提高量化结果和报告的准确度。对计量系统较为健全的组织，应采用优先级较高的量化方法对排放量进行计算，除非目标用户对量化方法有特殊要求。对于计量方式不健全的组织，也可通过多种方式获得所需的数据。目前普遍使用的温室气体量化方法是基于排放因子的计算法。以下对各量化方法进行介绍。

1.测量法

对温室气体排放进行监测的测量可分为连续进行的和间歇进行的。通常是由仪器直接测量获得温室气体的浓度，再根据流量计获得的气体流量来计算温室气体排放量。例如，连续排放监测系统即是一种通过监测密度和流速直接测定温室气体排放量的方法。如果组织已有仪器对温室气体排放进行直接监测，应优先选取此类数据。为了增加此类数据的可信性，组织宜同时提供相关监测设备的计量校准和（或）检定证书。组织如采用测量的方法量化温室气体排放，宜同时采用基于计算法对其结果进行交叉验证。

2.计算法

（1）排放因子法：

利用活动数据（例如原料和燃料的使用量等）乘以排放因子获得某种温室气体的排放量。其计算原理如下式所示：

$$温室气体排放量＝活动数据×排放因子数据×全球增温潜势$$

下面以二氧化碳的直接燃烧排放和能源间接排放为例，讨论排放因子法在组织温室气体排放量化中的使用。

①固定或移动燃烧排放：

固定或移动燃烧排放虽是不同的排放源，但其使用排放因子法计算的原理相同，主要基于各燃料种类的消耗量、热值、单位热值含碳量及碳氧化率计算获得，具体按下式计算：

$$排放量 = \sum_i \left[燃料年消耗量_i \times \left(热值_i \times 单位热值含碳量_i \times 碳氧化率_i \times \frac{44}{12} \right) \right]$$

式中：

i——不同燃料类型；

燃料年消耗量$_i$——燃料$_i$的年消耗量，单位为吨（t）或立方米（m^3）；

热值$_i$——燃料$_i$的热值，单位为十亿千焦每吨（TJ/t）或十亿千焦每立方米（TJ/m^3）；

单位热值含碳量$_i$——燃料$_i$的单位热值含碳量，单位为吨碳每十亿千焦（tC/TJ）；

碳氧化率$_i$——燃料$_i$在固定或移动设施中燃烧的碳氧化率，单位为%。

②能源间接排放：组织电力、热力和蒸汽排放的量代中，活动水平数据指电力、热力（包括冷）和蒸汽的实际消耗量。计算的原理如下式所示：

$$排放量 = \sum_k \left(活动数据_k \times 排放因子_k \right)$$

式中：k——电力、热力（包括冷）和蒸汽等的种类；

活动数据k——电力、热力（包括冷）和蒸汽$_k$的消耗量，单位为兆瓦时（MW·h）或百万千焦（GJ）；

排放因子$_k$——电力、热力（包括冷）和蒸汽k的排放因子，单位为吨二氧化碳每兆瓦时［tCO_2/（MW·h）］或吨二氧化碳每百万千焦（tCO_2/GJ）。

（2）物料平衡法：一些化学或物理的过程中涉及不同物质之间的转化，可以利用物料平衡的方法来计算这些排放源的温室气体排放量。

常见的物料平衡的方法为根据化学反应方程式计算，例如某些制程过程中涉及的石灰石的煅烧，其主要物质的化学反应式如下：

$$CaCO_3 = CaO + CO_2 \uparrow$$

依据化学反应式，每燃烧 1 mol $CaCO_3$（相对分子质量为 100）会产生 1 mol CO_2（相对分子质量为 44），由此得出：假设反应率为 100%，1 t $CaCO_3$ 的煅烧会产生 0.44 t CO_2 的排放。

对于某些特殊的生产过程，可依据质量守恒定律，根据下式进行计算：

$$排放量＝[\Sigma(投入物料量_i×投入物料的含碳量_i)-$$
$$\Sigma(输出物料量_j×输出物料的含碳量_j)]×44/12$$

式中：

排放量——单位为吨二氧化碳当量（tCO_2e）；

投入物料量$_i$——投入物料i的物料量，单位为吨（t）；

投入物料的含碳量$_i$——投入的物料$_i$的碳含量，单位为吨碳每吨（tC/t）；

输出物料量$_j$——输出物料$_j$的物料量，单位为吨（t）；

输出物料的含碳量$_j$——输出的物料$_j$的碳含量，单位为吨碳每吨（tC/t）；

i——投入的物质；

j——输出的物质。

（3）使用模型及利用设备特定的关联推算：

在某些特定的情况下，组织可采用模型对某些温室气体排放源的排放量进行模拟，也可通过同类设备或设施之间的关联关系进行推算。

3.测量和计算相结合。在使用计算的方法对排放量进行量化时，计算过程中的某些参数可以是测量的结果。例如在利用排放因子法计算的过程中，固定或移动燃烧的排放因子通常按下式计算：

$$排放因子（tCO_2/t）＝单位热值含碳量（tC/TJ）×热值（kJ/kg）×碳氧化率（％）×44/12×10^{-6}$$

适宜时，组织应通过燃料特性计算二氧化碳排放因子，这个过程涉及燃料单位热值含碳量、热值以及碳氧化率三个参数。这些参数可以通过对燃料的分析与测试，或者根据供应商对燃料的测量数据来获得。燃料的测量过程（包括取样频率和方法、检测的方法和条件、检测结果的分析与汇总等）应满足国家、行业标准或目标用户的要求。

4.4.3.2 活动数据

确定了排放源所采用的量化方法后，应对组织边界中的相关排放源的活动数据进行收集。活动数据指的是产生温室气体排放活动的定量数据，如能源、燃料或电力的消耗量、物质的产生量、提供服务的数量或受影响的土地面积。这些活动数据应与选定的量化方法要求一致。活动数据通常保存在组织的各个相关部门，需要逐一收集并填写在相应的表单中。采用测量法的活动数据为仪器测量值，而采用物料平衡法及排放因子法的活动数据则须根据各种凭证记录折算整理获得。按照排放源类别，下面给出了一些常见的排放源活动数据及其来源。

1. 直接温室气体排放（范围1）：

（1）固定燃烧排放：用于固定设施的燃料消耗量。例如：煤的使用量可以通过组织内部的进销存记录等途径查询；天然气或燃料油的使用量可以通过组织测量记录、发票或结算单等获得。燃料的消耗量数据也可通过报告期内存储量的变化获取，计算方法见下式：

$$消耗量＝购买量＋（期初存储量－期末存储量）－其他用量$$

（2）移动燃烧排放：用于移动设施的燃料消耗量、车辆行驶里程数。例如：车辆汽油、柴油的使用量可以通过加油卡记录、发票、结算单、组织内部记录的耗油量或行驶里程信息等获得。

（3）制程排放：原材料的采购量等，可以通过组织对于产品或半成品的进销存记录或领料记录等获得。产品产出量数据可通过存储量的变化获取，具体按下式计算：

$$产出量＝销售量＋（期末存储量－期初存储量）＋其他用量$$

半成品产出量数据可通过存储量的变化获取，具体按下式计算：

$$产出量＝销售量－购买量＋（期末存储量－期初存储量）＋其他用量$$

（4）逸散排放：逸散类排放源种类较多，计算方法不尽相同。例如：①二氧化碳灭火器的逸散量可以根据组织年初和年末盘点量、年中购入量及其他用途使用量计算获得；②变压器中 SF_6 的逸散量可以通过设备的铭牌、产品说明书等途径获得。

以上两类逸散排放源的活动数据按下式计算：

逸散量＝年初时库存的总质量＋本年度购买的总质量－年底库存总质量－其他用途的使用量

2. 能源间接温室气体排放（范围2）：

（1）外购电力：外购电力的使用量可根据电网组织的结算单据、外租物业开具的外购电力结算凭证、内部抄表记录等获得。

（2）外购热力（包括冷）：外购热力的使用量可根据供应商开具的热力结算凭证或单据，以及组织内部自行统计数据等获得。

（3）外购蒸汽：外购蒸汽量可根据供应商开具的蒸汽结算凭证或单据，以及组织内部自行统计数据等获得。

若同一类温室气体排放涉及不同的活动或设施，且活动数据无法拆分，则可按照合并计算的方式进行处理。如紧急发电机和叉车同时使用柴油，而相关记录无法分开，则可将活动数据合并至其中使用量较大的设施进行计算，并在量化清单中予以说明。

对于活动数据的收集，应在可能的情况下使用优先级最高的活动数据，以保证整个量化工作满足准确性的原则。活动数据的优先级如下：连续测量获得的数据＞间歇测量获得的数据＞自行估算的数据。

4.4.3.3 排放因子

当排放因子有多个来源时，组织应遵循准确性、相关性原则，选取优先级最高的排放因子。对于采用何种排放因子，组织应在量化清单和报告中说明，并根据数值质量评价方法标明排放因子的数据质量等级。

目前排放因子主要分为六类，按照优先级从高到低排列依次是：测量或质量平衡获得的排放因子、相同工艺或设备的经验排放因子、设备制造商提供的排放因子、区域排放因子、国家排放因子和国际排放因子。对于六类排放因子的描述如表43所示。

表43　排放因子的类型

序号	排放因子	说明
1	测量或质量平衡获得的排放因子	包括两类，一是根据经过计量检定、校准的仪器测量获得的因子；二是依据物料平衡获得的因子，例如通过化学反应方程式与质量守恒推估的因子
2	相同工艺或设备的经验排放因子	是由相同的制程工艺或者设备根据相关经验和证据获得的因子
3	设备制造商提供的排放因子	是由设备的制造厂商提供的与温室气体排放相关的系数而计算所得的排放因子
4	区域排放因子	为特定的地区或区域的排放因子，例如中国区域电网基准线排放因子
5	国家排放因子	为某一特定国家或国家区域内的排放因子，例如省级温室气体清单中用来计算国家层面温室气体排放量时使用的因子
6	国际排放因子	为国际社会通用的排放因子，例如《IPCC国家温室气体清单指南》中给出的全球层面温室气体排放量时使用的因子

4.4.3.4 汇总排放量

汇总前述步骤获得的信息和数据，并得到各排放源温室气体的排放量。通常收集并整理的排放数据会处于不同的业务单位或不同的设施层级，需对这些数据进行汇总及合并。对这一过程进行策划，可减少量化报告的工作负担，降低排放数据和信息出错的可能性，确保所有设施按照统一的方法进行汇总。

一般情况下，组织各部门采用一定的量化工具对数据进行汇总，并将各部门收集的数据报告给组织管理层及利益相关方。

组织温室气体排放总量可按下式计算：

组织温室气体排放总量＝直接排放总量＋能源间接排放总量

从业务单元或设施层级向组织层级进行数据汇总时，可采用分散法或集中法两种方式。分散法是指各设施或业务单位收集数据时直接采用经过确认的量化方法获得各设施或业务单元的排放量，组织层级直接汇总为组织的总排放量。

集中法是指各设施或业务单元将活动数据汇总到组织专门的部门，由组织专门的部门根据经过确认的方法进行计算。排放数据由专门部门通过标准化的报告格式进行汇总，确保从不同业务单元或设施收集到的数据满足准确性和完整性的要求，并做交叉检查。

一般认为通过标准化的流程可以大大降低数据传递过程中的偏差。如对某些温室气体排放源因量化在技术上不可行（例如缺少量化方法的支持），或量化成本高而收效不明，或量化结果低于接受门槛，则这些类型的直接或间接的温室气体源可被排除。对于在量化中被排除的温室气体源，应在相应的表格和文件中说明排除的原因。

4.4.4 数据质量管理

数据质量管理是温室气体量化与报告的重要环节，贯穿于整个量化工作过程中，数据质量管理是温室气体核算过程中的数据质量确认活动，包括了组织数据管理人员在数据的产生、记录、传递、汇总和报告过程中执行的一系列数据质量控制的措施和活动。

4.4.4.1 数据质量管理方案

数据质量控制与管理的对象为温室气体排放量化方法、量化时采用的数据以及数据来源的记录。

数据质量管理首先应对数据质量方案进行策划，然后在量化报告过程中执行相关方案，最后完成内部质量评审，寻求改进排放数据质量的机会，确保数据和信息的准确性。

1. 数据质量控制的策划

数据质量与控制方案应包括以下要素：确定边界和识别排放源，依据目标用户的要求确定量化方法和数据收集管理要求，评估现有的测量设备及条件，规划测量数据流的传递，对量化的相关环节进行风险评估，进行数据质量评分及不确定性分析。

2. 数据质量控制的执行

数据质量管理是一个周期性的活动。组织应执行数据质量与控制方案，在与温室气体排放相关数据的产生、记录、传递、汇总和报告工作中执行相应的质量控制活动，对收集、输入和处理数据时进行常规检查，通过纵向对比和横向对比的方法进行交叉检查，确保得出高质量的数据结果。

3. 内部数据质量评审

这一过程评审的要素如下：量化过程是否正确，各排放源排放量的计算是否正确，排放量的汇总是否正确，活动数据和排放因子的单位转换是否正确，排放量是否以二氧化碳当量为单位进行报告，等等。

4.4.4.2　数据质量分析

组织在完成数据质量常规管理的同时应完成数据质量的分析，以寻求改进数据质量的机会。数据质量分析分为数据质量定性分析和不确定性分析。定性分析的结果应体现在组织填报的温室气体清单和温室气体报告上。如有条件，组织宜对数据的不确定性进行评价，即进行数据质量的定量分析。

1. 定性分析

组织应分别评价活动数据和排放因子的数据质量等级，并以排放量作为权重进行加权，计算总排放量的数据质量等级。活动数据的类别等级标准可参考表44，排放因子的类别及等级标准可参见表45。

表44　活动数据的类别和等级标准

活动数据类别	活动数据质量等级	举例
自行推估的数据	1	根据机组的运行时间和功率推估的消耗量
间歇测量的数据	3	供应商记录的加油记录、液化石油气送货单上标明的质量
连续测量的数据	6	根据电能表获得的外购电力使用量

表45　排放因子的类别和等级标准

排放因子类别	排放因子等级	举例
测量或质量平衡所得排放因子	6	基于化学反应方程式计算得到的排放因子
相同工艺或设备的经验排放因子	5	按照相同设备推算的排放因子
设备制造商提供的排放因子	4	基于供应商手册上的信息计算的排放因子
区域排放因子	3	国家发改委公布的区域电网排放因子
国家排放因子	2	国家温室气体清单编制时使用的化石燃料的排放因子
国际排放因子	1	IPCC给出的不区分国别的排放因子

组织层次总排放量的数据质量得分按下式计算：

温室气体数据质量总评分＝Σ（源$_i$的活动数据评分值×源$_i$的排放因子评分值×

源$_i$的排放量÷组织总排放量）

式中：源$_i$——组织第 i 个排放源。

根据排放总量的评分结果，可将温室气体排放量数据的质量分为6个等级，见表
46所示。组织应保证后续年份报告的排放量数据等级不低于历史年份的数据等级。

表46　排放总量质量等级

数据等级	数据质量总评分分数值范围
L1	31～36
L2	25～30
L3	19～24
L4	13～18
L5	7～12
L6	1～6

2.3 不确定性分析

（1）不确定性概述

不确定性分析包括定性和定量两个方面。定性分析是对不确定性产生原因的分析
说明，定量分析是对组织温室气体量的不确定性的计算汇总。如果技术上可行，组织
宜对温室气体清单的不确定性进行定量分析。

导致清单结果与真实数值不同的原因有很多。有些不确定性原因（如取样误差或
仪器准确性的局限性）可能界定明确，容易描述其特性，也有一些不确定性原因较难
被识别和量化，好的做法是在不确定性分析中尽可能解释并记录所有不确定性原因。
不确定性原因一般有8类，如表47所示。

表47　不确定性原因一览表

序号	不确定原因	内容
1	缺乏完整性	由于排放机理未被识别或者该排放测量方法还不存在，无法获得测量结果及其他相关数据
2	模型	模型是真实系统的简化，因而不是很精确
3	缺乏数据	在现有条件下无法获得或者非常难获得某排放所必需的数据。在这些情况下，常用方法是使用相似类别的替代数据，以及使用内推法或外推法作为估算基础

序号	不确定原因	内容
4	数据缺乏代表性	例如已有的排放数据是在发电机组满负荷运行时获得的，而缺少机组启动和负荷变化时的数据
5	样品随机误差	与样本数多少有关，通常可以通过增加样本数来减少这类不确定性
6	测量误差	如测量标准和推导资料不精确等
7	错误报告或错误分类	由排放源的定义不完整、不清晰或有错误而造成
8	丢失数据	如测量数值低于检测限度等

（2）基本流程

定量分析的基本流程为：确定清单中单个变量的不确定性（如活动数据和排放因子等的不确定性）；将单个变量的不确定性合并为清单的总不确定性。

①单个变量不确定性量化

如果数据样本足够大则可以应用标准统计拟合良好性检测，并与专家判断相结合来帮助决定用哪一种概率密度函数来描述数据（如果需要的话，应对数据进行分割）的变率，以及如何对其进行参数化。

通常只要有三个或三个以上的数据点，并且数据是所关注变量的随机代表性样本，那么就有可能应用统计技术来估算许多双参数分布，例如正态分布、对数正态分布的参数值。

可是在许多情形下，用于推断出不确定性的测量数目非常少。如果样本较小，参数估算会存在很大的不确定性。此外，如果样本非常小，通常不可能依靠统计方法来区别可供选择的参数分布的适合度。

理想情况下，排放量的估算和不确定性范围均可从特定排放源的测量数据中获得，但是实际中不可能对每个排放源都开展类似的工作。因此，更多的时候对排放数据的不确定性评价来源于经验性的评价（例如专家判断），也可以选择来自公开发布的文件给出的不确定性参考值，如《2006年IPCC国家温室气体清单指南》。

②合并不确定性

合并不确定性有两种方法，一是使用简单的误差传递公式，二是使用蒙特卡罗或类似的技术。蒙特卡罗主要适用于模型方法，主要采用误差传递公式方法，包括加减运算的误差传递公式和乘法运算的误差传递公式两种。当某一估计值为 n 个估计值之和或之差时，该估计值的不确定性采用下式计算：

$$U_c = \frac{\sqrt{(U_1 \cdot x_1)^2 + (U_2 \cdot x_2)^2 + \ldots + (U_n \cdot x_n)^2}}{x_1 + x_2 + \ldots + x_n}$$

式中:

U_c——n 个估计值之和或之差的不确定性,单位为%;

U_n—— 某个估计值的不确定性,单位为%;

x_1, …, x_n——n 个相加减的估计值。

当某一估计值为 n 个估计值之积时,该估计值的不确定性采用下式计算;

$$U_c = \sqrt{U_1^2 + U_2^2 + \ldots + U_n^2}$$

式中:

U_c——n 个估计值之积的不确定性,单位为%;

U_n—— 某个估计值的不确定性,单位为%。

4.5 产品碳足迹核算方法

4.5.1 产品碳足迹概念

按照 ISO 14067 给出的定义,产品碳足迹(carbon footprint of a product,CFP)指某一产品系统的温室气体排放量与温室气体清除量之和,以 CO_2e 为单位表示并且以生命周期评价为基础。

目前碳足迹的计算方法主要有两类:一是"自上而下"模型,即以投入产出分析为基础的投入产出法(IOA);二是"自下而上"模型,即以过程分析为基础的生命周期评价法(LCA)。

生命周期评价法以过程分析为基本出发点,通过生命周期清单分析得到所研究对象的输入和输出数据清单,进而计算研究对象全生命周期的碳排放。生命周期评价法计算过程比较详细和准确,适合于微观层面碳足迹的计算,故产品碳足迹的计算多采用此法。

4.5.2 生命周期评价方法

4.5.2.1 生命周期评价概念

生命周期(life cycle)就是指一个对象从产生到消亡的过程,有广义和狭义之分。狭义是指本义,为生命科学术语,即生物体从出生、成长、成熟、衰退到死亡的全过程。其广义是本义的延伸和发展,泛指自然界和人类社会各种客观事物的阶段性变化及其规律。广义的生命周期应用很广泛，特别是在政治、经济、环境、技术、社会等诸多领域经常出现，其基本含义可以通俗地理解为"从摇篮到坟墓"的整个过程。

对于某个产品而言，就是从自然中来、回到自然中去的全过程，也就是既包括制造产品所需要的原材料的采集、加工等生产过程，也包括产品贮存、运输等流通过程，还包括产品的使用过程以及产品报废或处置等废弃后回归自然的过程，这个过程构成了一个完整的产品的生命周期。

从环境角度来说，产品生命周期评价是一个评价与产品、工艺或行动相关的环境负荷的客观过程，它通过识别和量化能源与材料使用和环境排放，评价这些能源与材料使用和环境排放的影响，并评估和实施影响环境改善的机会。该评价涉及产品、工艺或活动的整个生命周期，包括原材料提取和加工，生产、运输和分配，使用、再使用和维护，再循环以及最终处置（国际环境毒理学和化学学会）。

从社会角度来说，产品生命周期评价是评价一个产品系统生命周期整个阶段，从原材料的提取和加工，到产品生产、包装、市场营销、使用、再使用和产品维护，直至再循环和最终废物处置的环境影响的工具。

从实践角度来说，产品生命周期评价是对一个产品系统的生命周期中输入、输出及其潜在环境影响的汇编和评价。

综述上述，生命周期评价（Life Cycle Assessment，LCA）是对产品系统从原材料采掘、产品制造、产品使用和产品用后处理的全过程，量化资源（包括能源）消耗和环境排放，进行资源和环境影响的分析和评价。

4.5.2.2 生命周期评价国际标准

国际标准化组织（ISO）环境管理标准化技术委员会生命周期评价分技术委员会负责生命周期评价的国际标准制修订。20世纪末，ISO发布了第一批生命周期评价国际标准：ISO 14040：1997、ISO 14041：1998、ISO 14042：2000、ISO 14043：2000，于2006年进行了修订，发布ISO 14040：2006和ISO 14044：2006代替了四项标准，见表48。

表 48 生命周期评价国际标准

序号	标准号	标准英文名称	标准中文名称	标准状态
1	ISO 14040：1997	Environmental management — Life cycle assessment — Principles and framework	环境管理 – 生命周期评价 – 原则和框架	废止
2	ISO 14041：1998	Environmental management — Life cycle assessment — Goal and scope definition and inventory analysis	环境管理 – 生命周期评价 – 目的和范围的定义与清单分析	废止

序号	标准号	标准英文名称	标准中文名称	标准状态
3	ISO 14042：2000	Environmental management — Life cycle assessment — Life cycle impact assessment	环境管理－生命周期评价－生命周期影响评价	废止
4	ISO 14043：2000	Environmental management — Life cycle assessment — Life cycle interpretation	环境管理－生命周期评价－生命周期解释	废止
5	ISO 14040：2006	Environmental management — Life cycle assessment — Principles and framework	环境管理－生命周期评价－原则和框架	现行
6	ISO 14044：2006	Environmental management — Life cycle assessment — Requirements and guidelines	环境管理－生命周期评价－要求和指南	现行

4.5.2.3　生命周期评价内容

按照 ISO 14040 的定义，生命周期评价的基本内容和步骤主要由四部分组成：定义分析目的和确定分析范围、建立和分析生命周期清单、影响评价、结果解释（如图23 所示）。

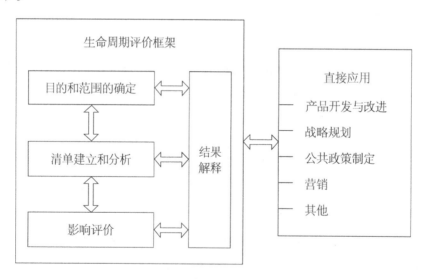

图 23　生命周期评价的阶段

1. 目的和范围的确定

LCA 的目的一般如下：应用意图、开展该项研究的理由、沟通对象（即研究结果的接收者）以及结果是否将被用在对比论断中并向公众发布。LCA 的范围一般如下：产品系统、产品功能、功能单位、系统边界、分配程序、生命周期影响评价（life cycle impact assessment，LCIA）的方法学与影响类型、解释、数据要求、假设、价值选择和可选要素、局限性、数据质量要求、鉴定性评审的类型、报告的类型和格式。

2.生命周期清单分析

生命周期清单分析（life cycle assessment inventory analysis，LCI）是指生命周期评价中对所研究产品整个生命周期中输入和输出进行汇编和量化的阶段。清单分析包括数据的收集和计算，以此来量化产品系统中相关输入和输出。

数据收集是一个资源密集的过程，在系统边界中每一个单元过程的数据都可以按以下类型来划分：

（1）能量输入、原材料输入、辅助性输入、其他实物输入；

（2）产品、共生产品和废物；

（3）向空气、水体和土壤中排放的物质；

（4）其他环境因素。

数据计算程序包括对所收集数据的审定，数据与单元过程的关联，数据与功能单位的基准流的关联；对该模拟的产品系统中每一单元过程和功能单位求得清单结果；对能量流的计算应对不同的燃料或电力来源、能量转换和传输的效率，以及产生和使用上述能量流时的输入和输出予以考虑。

在物质流、能量流和排放物的分配方面，只产出单一产品，或者其原材料输入和输出仅体现为一种线性关系的工业过程极为少见。事实上，大部分工业过程都是产出多种产品，并将中间产品和弃置的产品通过再生利用当作原材料。因此，在分析包含多个产品或循环体系的系统时，宜考虑分配程序的需要。

3.生命周期影响评价

生命周期影响评价是指生命周期评价中理解和评价产品系统在产品整个生命周期中的潜在环境影响的大小和重要性的阶段。

LCA 中影响评价的目的是根据 LCI 的结果对潜在环境影响的程度进行评价。一般说来，这一过程包括与清单数据相关联的具体的环境影响类型和类型参数，这样便于认识这些影响。LCIA 还为生命周期解释阶段提供必要的信息。

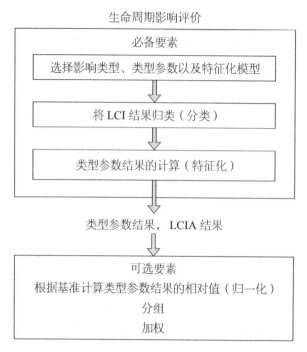

图 24 LCIA 阶段的要素

影响类型（impact category）是指所关注的环境问题的分类，生命周期清单分析的结果可划归到其中。

环境问题的起点是产品系统的输入和输出所引起的环境影响。同产品系统输入有关的环境影响类型为资源消耗和能源消耗；同产品系统输出有关的影响类型是废气、废水和废固的排放。废气排放的汇为大气；废水排放的汇为大气和土壤；废固排放的汇为水体和土壤。

在由产品系统的环境影响而引起的环境问题的中点处，环境影响分为消耗型和污染型。消耗型的环境影响包括与从环境中摄取某种物质有关的所有问题，从生命角度分为非生物资源消耗和生物资源消耗；从资源枯竭角度可分为不可再生资源消耗和可再生资源消耗。消耗型的环境影响一般为区域性和全球性的影响类型。污染型的环境影响包括向环境排放污染物而引发的所有问题，如温室效应、臭氧层损耗、酸化、富营养化、生态毒性、光化学氧化剂形成、辐射、废热、噪音、臭味和劳动条件等，包括了全球性、区域性和局地性三种环境影响类型。

由产品系统的环境影响类型而引起的环境问题的终点环境影响为损坏型，包括所有引起环境结构变化的问题，例如人体健康损害、生态环境的破坏、景观的损坏、直接和间接的人员伤亡等，一般为区域性影响类型。图 25 所示的为产品系统环境影响类型分类方案。

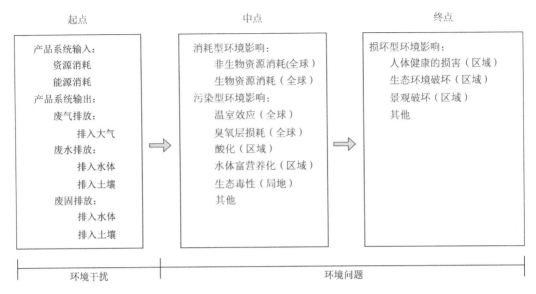

图 25　产品系统的影响类型

　　影响类型参数（impact category indicator）是对影响类型的量化表达。每种影响类型都有其自身的环境机制。特征化模型通过表述 LCI 结果、类型参数以及类型终点（在某些情况下）之间的关系反映环境机制。特征化模型用来导出特征化因子，环境机制是与影响的特征相关联的环境过程的总和，如图 26 所示。对于每一种影响类型，LCIA 应包括以下要点：识别类型终点；就给定的类型终点定义类型参数；识别能归属到一定影响类型的适当的 LCI 结果（考虑选定的类型参数和所识别的类型终点）；确定特征化模型和特征化因子，如表 49 示例。

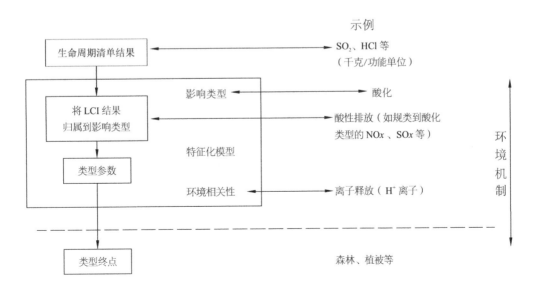

图 26　类型参数概念（ISO 14044）

表 49　生命周期评价的术语示例

术语	示例
影响类型	气候变化
LCI 结果	每个功能单位的温室气体量
特征化模型	IPCC 的 100 年基准线模型
类型参数	红外辐射强度（W/m'）
特征化因子	每种温室气体（kg CO，当量／kg 气体）的全球变吸潜值（GWP10）
类型参数结果	每个功能单位的千克 CO_2 当量
类型终点	珊瑚礁、森林、谷物
环境相关性	红外辐射强度反映了潜在的气候影响，这取决于由排放引起的总的大气热吸收以及在一定时期内热吸收的分布

4.生命周期解释

生命周期解释（life cycle interpretation）是指生命周期评价中根据规定的目的和范围的要求对清单分析和（或）影响评价的结果进行评估以形成结论和建议的阶段。

LCA 研究中的生命周期解释阶段由以下几个要素组成（图 27）：重大问题的识别，评估（包括完整性、敏感性和一致性检查），结论、局限和建议。

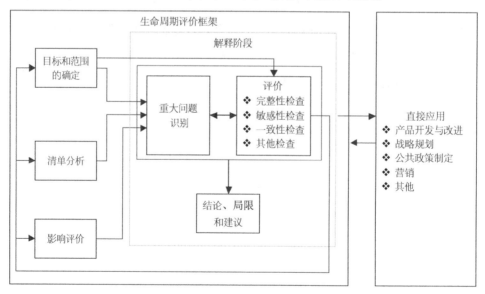

图 27　生命周期解释阶段的要素与其他阶段之间的关系

4.5.3　产品碳足迹核算标准

2008 年底，英国标准化协会（British Standards Institution，BSI）、碳基金和英国环境、食品与农村事务部联合发布了 PAS 2050：2008《商品和服务在生命周期内的温室气体排放评价规范》（*Specification for the assessment of the life cycle greenhouse gas emissions of goods and services*）[①]，并于 2011 年 10 月发布了改进版 PAS 2050：2011（以下简称 PAS 2050）。该规范是第一份完整阐述产品 / 服务碳足迹评价方法的技术性文件。

除英国标准化协会制定的 PAS 2050 外，世界资源研究所（World Resources Institute，WRI）和世界可持续发展工商理事会（World Business Council for Sustainable Development，WBCSD）联合制定了《温室气体议定书：产品核算与报告标准》（*GHG Protocol*: *Product Accounting and Reporting Standard*，以下简称 GHG Protocol）。GHG Protocol 是基于 ISO 14044 的生命周期评估系列标准以及 ISO 14020 环境标志系列标准制定的。其主要内容为：①企业进行碳排放评价的商业目标；②产品生命周期碳排放评价的基本原理；③碳排放评价的主要阶段（建立系统边界，分配、收集数据并评估质量、计算碳排放结果）；④能够提高数据质量的数据管理方案。

2008 年 1 月，国际标准化组织环境管理标准化技术委员会（ISO/TC 207）着手编制产品碳足迹的国际标准 ISO 14067。新标准主要是基于现有的 ISO 标准：ISO 14040/44（生命周期评价）及 ISO 14025（环境标签）而编制。2013 年 5 月，其作为技术规范发表，全称为"ISO/TS 14067：2013 温室气体 – 产品碳足迹 – 量化与沟通的规则与指南"（ISO/TS 14067：2013 Greenhouse gases — carbon footprint of products — Requirements and guidelines for quantification and communication），2018 年正式发布国际标准 ISO 14067：2018，详见表 50。

表 50　产品 / 服务碳足迹评价相关标准

制定机构	名称	发布日期
BSI	PAS 2050: 2011 Specification for the assessment of the life cycle greenhouse gas emissions of goods and services	2011 年 10 月
WRI 和 WBCSD	GHG Protocol: Product Life Cycle Accounting and Reporting Standard	2011 年 12 月
ISO/TC 207	ISO 14067 Carbon footprint of products—Requirements and guidelines for quantification and communication	2018 年 10 月

ISO 14067 与 PAS 2050 在目的和范围、抵消制度、产品种类规则以及数据和数据质量评定等方面高度一致；在原则、系统边界和排放源等方面则有所差异，但基本上都是可协调的；此外在分配、产品比较和沟通上存在一定的不同，如表 51 所示。

[①] 注：PAS 即 publicly available specification，意为"公开可用的规范"。

表 51　标准 ISO 14067 与 PAS 2050 的比较表

方面	PAS 2050	ISO 14067	对比
目的、范围和实施	根据生命周期评价（LCA）技术方法和原则对各种商品和服务（统称产品）在生命周期内的 GHG 排放评价要求做了明确规定	旨在根据温室气体在生命周期里排放和清除的量化结果来评估一种产品对全球变暖的潜在影响	两者的适用范围相同，都是商品和服务；实施方式也相同，既适用于从商业到消费者（business to consumer，B2C）的评价，包括产品在整个生命周期内所产生的排放，即"从摇篮到坟墓"的方法，也适用于从商业到商业（business to business，B2B）的评价，包括直到输入到达一个新的组织之前所产生的 GHG 排放（包括所有上游排放），即"从摇篮到大门"的方法
抵消	不纳入评估	不纳入评估	相同
产品种类规则（PCR）	产品种类规则（PCR）PAS 2050：2008 中不包括商品和服务的具体产品类别的规则，但表明只要有可能就要采用那些根据 ISO 14025 制定的筛选出的商品和服务的具体产品类别的规则。而 2011 年修订版推出了"补充要求"（SRs），包括了部门的指导 / 规则 / 产品种类规则（PCR）	ISO 14067 规定应在以下条件下使用产品种类规则 PCR：①存在，且与 ISO 14025 一致；②符合本标准的各项要求；③被认为是正确的	不一致
数据和数据质量	根据 ISO14044：2006 的数据质量要求，将数据类型划分为初级活动水平数据和次级活动水平数据。优先考虑时间覆盖面、地理特点、技术覆盖面、信息的准确性以及精确性，以及完整性、一致性、再现性，并注明温室气体排放评价宜尽可能使用现有的质量最好的数据，以减少偏差和不确定性	根据 ISO14044：2006 的数据质量要求，将数据类型划分为初级活动水平数据和次级活动水平数据。要求检验数据代表性和不确定性，并提出进行碳足迹研究的组织应具有数据管理系统	在主要数据和数据质量评定上高度一致。两者根据 ISO 14044：2006 的数据质量要求，将数据类型划分为初级活动水平数据和次级活动水平数据

方面	PAS 2050	ISO 14067	对比
原则	提出相关性、完整性、一致性、准确性以及透明度五个原则。 在完整性方面，认为应包括所有制定的、对评估产品的 GHG 排放有实质性贡献（大于生命周期内 GHG 排放估测值 1%）的 GHG 排放和存储。 在一致性方面，要求"能够对有关 GHG 信息进行有意义的比较"。 在准确性方面，指出应尽可能减少误差和不确定性	不仅包含 PAS 2050 的五个原则，还对生命周期观点、相关方法和功能单位、迭代计算方法、科学方法选择顺序、避免重复计算、参与性、公平性等做出了规定。 在完整性方面，强调全面性和重要性。 在一致性方面，强调一致性，但不支持比较主张。 在准确性方面，强调避免重复计算、全面性和重要性	两者都应用 ISO 14040 和 ISO 14044 规定的生命周期评价方法进行评价的原则
温室气体	除了六种《京都议定书》规定的温室气体外，要求将《蒙特利尔协定书》的受控物质和最新 IPCC 指导中列明的温室气体也列入清单	将《京都议定书》规定的 6 类温室气体，即 CO_2、CH_4、氧化亚氮 N_2O、SF_6、PFCs 和 HFCs 列入清单，但建议将其他有显著贡献或与产品相关的温室气体也包括在内	在评价期方面，PAS 2050 明确规定是 100 年，在补充要求中另有规定的除外。ISO 14067 没有时间限制，在说明理由的前提下可指定评价期
排放源	考虑化石碳源产生的所有 GHG 排放和生物碳源产生的非 CO_2 排放（除非 CO_2 源于土地利用变化）	ISO 14067 则考虑化石和生物碳源所有的 GHG 排放，包括生物碳源产生的 CO_2 排放	基本一致

续上表

方面	PAS 2050	ISO 14067	对比
碳存储	需评价符合条件的生物碳存储（如果生物碳构成产品的一部分或全部，或如果大气中的碳在其生命周期内被产品吸收，则可能产生碳存储），包括非生物产品对大气中CO_2的吸收，以及有超过50%的生物碳会保留1年以上的产品，评价周期是100年	对生物碳存储参照生命周期进行评估，且应收集碳储存和封存的时间数据并单独报告	不一致
土地利用变化	需评价因农业活动造成的直接土地利用变化产生的GHG排放，不包括间接土地利用变化	规定若土地利用变化具有重要贡献则应包含在评价范围内，依据国际标准方法进行核算	不一致
系统边界	对系统边界内涉及的GHG排放过程及过程的输入输出做了较为详细的规定，包括原材料、能源、资产性商品、制造与服务提供、设施运行、运输、储存、使用阶段和最终处置阶段，并明确GHG排放评价至少应占预计功能单位生命周期内GHG排放的95%	关于产品系统边界的界定，主要依据ISO 14040：2006进行了原则层面的相关说明，要求应包括所有在定义系统边界内的，可能对温室气体排放和清除有显著贡献的单元过程，有基于质量、能源、环境影响等的截止规则，并且规定当包含或排除某个过程时应当列明并说明理由	对于系统边界的排除，PAS 2050规定，产品生命周期的系统边界应排除与四个方面有关的温室气体排放：输入到各个过程和/或预处理过程的人体体能（如人工采摘而不是机械采摘水果）；将消费者运往零售采购地点并从零售采购地点运回；将雇员运送到规定的工作地点，并从规定的工作地点运回；提供运输服务的牧畜。ISO 14067规定，在目标和范围定义阶段内允许对一些次要工艺的疏忽，依据研究结果选定截断准则，其影响也应在碳足迹研究报告中进行评估和描述

方面	PAS2050	ISO 14067	对比
排放的分配	分配的优先顺序为：避免分配（单元过程分解或扩大产品系统）和经济分配，不允许物理分配。对源自废物、能源、运输的排放和再生材料的利用和回收、与再利用和再制造有关的排放，给出了具体的要求	分配的优先顺序为：避免分配（单元过程分解或扩大产品系统）、物理分配和经济分配。再利用循环过程的分配方法	不一致
沟通	以符合性声明的方式提供了三种验证方式：独立的第三方认证、其他方核查以及自我核查。鼓励采用独立的第三方认证	要求独立的第三方认证，或以一个完整、准确、详细的公开可用的报告形式沟通	PAS 2050 支持产品之间 GHG 排放的对比，并为这些信息的沟通提供一个共同的基础，然而并没有对沟通的要求作出规定。而 ISO 14067 不支持产品间的比较，但对沟通作出了具体要求，包括公开的碳足迹交流、披露报告，并规定了四种沟通方式：外部沟通报告、碳足迹业绩跟踪报告、碳足迹标签或声明

4.5.4　产品碳足迹计算流程

按照产品碳足迹的相关概念，要分析某一产品的碳足迹，通常应包括几个步骤：确定产品的生命周期；确定产品生命周期各阶段的耗能及温室气体排放；计算生命周期各阶段的碳当量；计算碳足迹。

1.确定功能分析单位

功能分析单位是为建立生命周期清单 LCI 以及与外界交流时的基础单位，对于一个待评价产品而言，就是使用什么单位来进行分析、计算和交流。功能分析单位可以是产品的出售单位和使用单位，但是在确定功能分析单位时需要考虑是否容易收集数据和计算，是否利于与其他产品的碳足迹比较，是否利于消费者理解，等等。例如，对冰柜产品进行碳足迹核算，其功能分析常常定义为提供冷冻的冷藏箱的体积，其功能分析单位则常常定义为一立方米体积。

2. 产品生命周期的确定

这一步骤的实质是建立产品的制造流程图。根据生命周期涵盖阶段的不同建立不同的产品制造流程图。首先应确认选定的产品对象属于 B2C 还是 B2B。

B2C 评价内容为原材料、过程制造、分销和零售，消费者使用，以及最终处理和再生利用的全生命周期温室气体排放评价，分析评价贯穿产品的整个生命周期，即"从摇篮到坟墓"（如图 28 所示）。

B2B 评价对象为原材料从生产直到产品到达一个新的组织的温室气体排放，即评价从分销和运输到客户所在地的碳排放。这一步骤的目的是尽可能地将产品在整个生命周期中所涉及的原料、活动和过程全部列出，为下面的计算打下基础（如图 28 所示）。

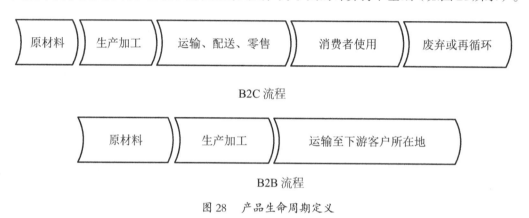

原材料　生产加工　运输、配送、零售　消费者使用　废弃或再循环

B2C 流程

原材料　生产加工　运输至下游客户所在地

B2B 流程

图 28　产品生命周期定义

3. 确定系统边界

建立了产品流程图后，就必须严格界定产品碳足迹的计算边界。根据 ISO 14025 所指定的某个相关产品种类规则，与其规定的边界系统一致；如果不适用于评价对象产品，则根据标准原则界定系统边界。

系统边界的界定通常包括系统运行边界的界定和时间段的界定。

系统运行边界界定的关键原则是要包括生产、使用及最终处理该产品过程中直接和间接产生的碳排放。以下情况可排除在边界之外：碳排放小于该产品总碳足迹 1% 的项目；人类活动所导致的碳排放；消费者购买产品的交通碳排放；动物作为交通工具时所产生的碳排放（如发展中国家农业生产中使用的牲畜）。

时间边界的界定则主要是指一次碳足迹的核查应针对一个特定的时间段，一般以一整年为单位。

4. 收集数据

数据是产品碳足迹核算最关键的环节，其中两类数据是计算碳足迹必须包括的：一是产品生命周期涵盖的所有物质和活动的数据。这类数据主要考虑产品生命周期中消耗能源所造成的碳排放，如企业产品生产过程中会造成对电、煤、天然气等能源的耗用，这些能源的消耗就是碳排放。二是温室气体排放。将年度内产品生产排放的这些温室气体折合成 CO_2 当量，即为企业的碳排放。

以上两类数据应针对产品生命周期的各个阶段进行甄选和收集。数据的来源可为原始数据或次级数据。一般应尽量使用原始数据，因其可提供更为精确的排放数据，使研究结果更为准确可信。在原始数据收集有困难时，才使用次级数据，如 LCA 数据库，行业数据等。

5. 计算碳足迹

通常，在计算碳足迹之前需要建立质量平衡方程，以确保物质的输入、累积和输出达到平衡。即：输入＝累积＋输出。然后根据质量平衡方程，计算产品生命周期各阶段的碳排放，基本公式为：$E=\Sigma Q_i \times C_i$。其中 E 为产品的碳足迹，Q_i 为 i 物质或活动的数量或强度数据（质量/体积/km/kW·h），C_i 为单位碳排因子（CO_2 当量/单位）。如，某产品在生命周期各阶段消耗的电能为 $1\,000\,kW·h$，而每度电的 CO_2 当量为 0.785，则该产品耗电造成的碳排放为 $785\,kg\,CO_2$。

6. 结果检验

这一步骤是用来检验碳足迹计算结果的准确性，并使不确定性达到最小化以提高碳足迹评价的可信度。

4.5.5 敏感性分析和不确定性分析

产品碳足迹作用可归纳为以下几方面：①发掘企业节能减排的潜力：公布产品碳足迹显示了企业产品生命周期的温室气体排放，可以帮助企业发现温室气体高排放的生产环节，并通过相应措施进行改进和完善，降低成本，节能减排，并利用分析数据制定企业环保报告。②有效沟通消费者：消费者可以跨媒介得到有关碳足迹标识的信息。如例通过产品企业和服务提供商的网站、在线销售目录和在线服务、广告、产品手册等。此外，产品碳足迹也可看作企业的差异化产品策略。③提高声誉，强化品牌：企业应对气候变化的努力最有可能影响其企业声誉。碳足迹标识是企业向其利益相关者展示气候变化应对信心和努力的有效途径，可以帮助消费者和商业合作伙伴更好地做出消费或商业决定。

碳足迹评价是产品/服务温室气体减排量化的基础，可以为政府决策、企业改善碳绩效和社会责任展示、消费者选择等提供科学的客观依据。国际上普遍使用的碳足迹评价方法基于生命周期理论，采用"从摇篮到坟墓"的计算方式。

我们可以从上述对生命周期评价方法的介绍中了解到，通过 LCA 评估，产品的能耗、物耗和排放在各个阶段的数据，并可以按照环境影响类型对其进行归类和特征化。因此，利用 LCA 的结果，可以进行单元过程贡献分析，了解哪些环节对产品的环境足迹影响较大；也可以进行清单数据敏感性分析，了解哪些材料、资源或是能源的使用对产品的环境足迹影响较大。LCA 的这些功能，使得 LCA 成为进行绿色设计以及环境和经济效益评价的辅助工具。

敏感性分析（sensitivity analysis）是指用来估计所选方法和数据对研究结果影响的系统化程序。有关敏感性分析的计算方法、对应流程和相关参数可参考标准 T/GDES 60007—2019《环境管理 生命周期评价敏感性分析要求与指南》。

不确定性分析（uncertainty analysis）是指用于量化由模型的不确定性、输入的不确定性和数据变动的累积而给生命周期清单分析结果带来的不确定性的系统化程序。有关不确定性分析的数据质量要求、数据质量评估、数据质量控制和不确定性分析可参考标准 T/GDES 60008—2019《环境管理 生命周期评价数据质量评估与控制指南》。

4.6　碳标签

4.6.1　标志的概念和分类

标签、标志和标识是经常用的三个名词。标签是标志产品的分类或内容，按其存在形式可分为实物标签、网络标签、电子标签。"标志"这一名词较多地指向一类图形或图形与文字相结合的记号，作为某一类事物的表征；而"标识"既能代表图形类的符号，也用于表述文字、数字、方向标等记号，有着更广泛的使用领域，应该说，标志是标识的一个部分，标签是标志的一部分，按照我国国家标准的统一称为"标志"。

国际上，一般按照信息内容多少和功能不同，把标志分为两类：保证标志（endorsement label）和信息标志（information label）。

保证标志，主要是为那些符合特定标准或技术规范的产品提供一种样式统一的、信息内容一致的标签。保证标志是对产品的能效性能进行评价后，证明或保证产品符合相关标注或技术规范的标志，这类标志上不标注该型号产品的具体能效性能，只表示产品已达到或超过某一能效水平，而不能表示达到程度的高低。认证标志一般属于保证标志。

信息标志是通过标注不连续的等级体系，或连续性的标尺，或产品的具体指标等方式，为消费者提供有关产品能耗、能效、水耗、水效、碳排放、运行成本或其他重要特性等方面的信息，使消费者在做出购买决定时，可将这些信息和其他一些特性一同考虑，并可以对相似产品的相关性能进行比较。根据对产品信息的标志方法不同，信息标志一般可以分为纯信息标志和比较标志（等级标志和连续性标志），如图29所示。

等级标志使用分级体系，为产品建立明确的等级，以便使消费者只需查看标志，就能很容易地知道这种型号产品与市场上其他型号产品的相对指标水平，并了解到其间的差别。标志可以包含也可以不包含该型号产品的运行特性、价格、能耗、水耗、碳排放等具体信息。连续性比较标志是使用带有标度的连续标尺来表示产品型号在所有相似产品型号中的相对位置，消费者可从中得到对比信息，进而做出购买选择。等级标志和连续性比较标志，都是利用等级或标尺方式，对不同型号的产品的能效进行比较，所以一般可以通称为比较标志。

纯信息标志也称为单一信息标志，只提供标志产品的技术性能数据，如产品的年度能耗量、碳排放量、运行费用或其他重要特性等具体数值，而没有反映出该类型产品所具有的水平，也不提供进行不同产品之间性能对比的简单方法（例如分级体系）。一般来说，纯信息标志对消费者读懂标志的能力要求较高，不便于普通消费者进行同类产品的比较和选择。

图 29　标志的分类

为了缓解气候变化、减少温室气体排放、推广低碳排放技术，把商品在生命周期中所排放的温室气体排放量在产品标签上用量化的指数标示出来，以标签的形式告知消费者该产品的碳信息，此类标签称为"碳标签"（carbon label）。碳标签属于环境标志的一类。

4.6.2　环境标志分类

环境标志，又称生态标志或绿色标志，是由政府部门或独立机构依据一定的环境标准，向申请者颁发的一种特定标志，获得者可将它贴在商品上，向消费者表明该产品与同类产品相比，在生产、使用、处理等整个过程或其中某个过程，符合特定的环境保护要求。目前，已有近 50 个国家和地区推出了环境标志制度，涉及的产品品种越来越多，甚至已经扩大到服务领域。

国际标准化组织成立了 ISO/TC 207/SC 3 环境管理标准化技术委员会环境标志分技术委员会，负责有关环境标志的国际标准的制修订工作，目前发布的标准主要有 ISO 14020、ISO 14021、ISO 14022、ISO 14025，详见附录 1。

按照环境标志 ISO 14020 系列国际标准的定义，环境标志（environmental label）也称为环境声明（environmental declaration），用来表述产品或服务的环境因素，环境标志或声明可以是出现于产品或包装标签上，或置于产品文字资料、技术公告、广告、出版物、远程促销及数字或电子媒体（如因特网）等中的说明、符号或图形。按照国际标准，环境标志分为 I 型环境标志、II 型环境标志和 III 型环境标志三种。各种环境标志的区别如表 52 所示。

表 52　各种环境标志对比表

项目	I 型环境标志	II 型环境标志	III 型环境标志
名称	环境标志	自我环境声明	产品环境声明
主要服务对象	零售消费者	零售消费者	供应链和零售消费者
主要表达方式	环境标志	文本、符号	环境数据清单，EPD 报告
范围	整个生命周期	整个生命周期的某个特性方面的性能或单方面的环境影响	整个生命周期
标准	产品环境和功能标准	核算方法标准	产品种类规则 PCR（核算方法标准）
LCA 应用与否	否	否	是
选择率	最高 20%～30%	—	—
实施模式	认证	自我声明	自我声明 / 验证
实施方	第三方	甲方	甲方 / 第三方
证书	有	有 / 没有	有 / 没有
标志类型	保证标志	信息标志（纯信息标志、等级标志、连续性标志，或组合）	纯信息标志

1. I 型环境标志

I 型环境标志（Type I environmental label）是指自愿的、基于多准则的第三方认证计划，以此颁发许可证授权产品使用环境标志证书，表明在特定的产品种类中，基于生命周期考虑，该产品具有总体环境优越性。对比产品质量认证是对产品质量及企业质量管理体系是否符合某种质量标准的认定，环境标准的认证则是对产品的环境行为及企业环境管理体系是否符合某种环境标准的认定。

德国、加拿大、日本等国于1994年成立了Ⅰ型环境标志全球网（Global Eco-Labelling Network，GEN）。目前，GEN共有26个成员，其主要任务是进一步发展环境标志制度，提升环境标志认证的可信度及适用标准的透明度；鼓励会员之间的信息交流、合作及协调统一；提供相关信息，如表53所示。

表53　部分国内外Ⅰ型环境标志

国内外	环境标志的名称
国内环境标志	中国环境标志（China Environmental Labelling），中国环保产品认证，香港环保标志（Hong Kong Eco-label），台湾环保标章（Taiwan Green Mark）
国外环境标志	德国蓝色天使（Blue Angel），北欧白天鹅标签（Nordic Swan），荷兰生态标签（The Netherlands Stichting Milieukeur），法国NF环境标志（Norme Francaise Environnement Mark），瑞典TCO'04环境标志，加拿大环境选择计划标签（Environmental Choice Program）澳大利亚良好环境选择标签（Good Environmental Choice），日本生态标志（Japan Eco Mark），韩国生态标签（Korea Eco-label），泰国绿色标签（Thailand Green Label）

2. Ⅱ型环境标志

Ⅱ型环境标志（Type Ⅱ environmental label），也称自我环境声明（self-declared environmental claim），是指不经第三方认证，由制造商、进口商、销售商、零售商或其他任何能从中获益的一方自行作出的环境声明。

ISO 14021于1999年发布了第一版，规定了自我环境声明的13项要求，我国于2001年等同采用了该标准，转换为国家标准GB/T 24021—2001。2016年ISO 14021发布了第二版，在原来13项要求的基础上，增加了可再生材料、可再生能源、可持续性、碳足迹、碳中和5项要求，如表54所示。

表 54　国际标准 Ⅱ 型环境标志的内容

序号	ISO 标准	对应的我国国家标准	声明的内容
1	ISO 14021：1999 Environmental Management—Environmental labels and declarations—Self-declared environmental claims（Type Ⅱ environmental labelling）	GB/T24021—2001 环境管理 环境标志和声明 自我环境声明（Ⅱ型环境标志）	可堆肥 Compostable 可降解 Degradable 可拆解设计 Designed for disassembly 延长寿命产品 Extended life product 使用回收能量 Recovered energy 可再循环 Recyclable 再循环含量 Recycled content 消费前材料 Pre-consumer material 消费后材料 Post-consumer material 再循环材料 Recycled material 回收材料 Recovered [reclaimed] material 节能 Reduced energy consumption 节约资源 Reduced resource use 节水 Reduced water consumption 可重复使用 Reusable 可重复充装 Refillable 减少废物量 Waste reduction
2	ISO 14021：2016 Environmental labels and declarations—Self-declared environmental claims（Type Ⅱ environmental labelling）	暂无	可堆肥 Compostable 可降解 Degradable 可拆解设计 Designed for disassembly 延长寿命产品 Extended life product 使用回收能量 Recovered energy 可再循环 Recyclable 再循环含量 Recycled content 消费前材料 Pre-consumer material 消费后材料 Post-consumer material 再循环材料 Recycled material 回收材料 Recovered [reclaimed] material 节能 Reduced energy consumption 节约资源 Reduced resource use 节水 Reduced water consumption 可重复使用 Reusable 可重复充装 Refillable 减少废物量 Waste reduction 可再生材料 Renewable material 可再生能源 Renewable energy 可持续性 Sustainable 碳足迹 Carbon footprint 碳中和 Carbon neutral

（3）Ⅲ型环境标志

Ⅲ型环境标志（Type Ⅲ environmental label）是指环境声明使用预设参数提供量化的环境信息和相关的附加环境信息，预设参数基于 ISO 14040 和 ISO 14044 系列标准组成，附加环境信息可以是定量的或定性的。

环境产品声明（environmental product declaration，EPD）也称Ⅲ型环境声明，是基于 ISO 14025《环境标志与声明 – Ⅲ型环境声明 – 原则和程序》进行的一项国际公认的第三方验证发布报告。按照Ⅲ型环境标志国际标准 ISO 14025 的要求，进行环境产品声明，必须先开发产品种类规则（product category rules，PCR），也称为核算方法标准或技术规范。然后依据 PCR 核算方法标准，进行 LCA 计算，编制环境产品声明报告。例如广东省节能减排标准化促进会以"企业自我声明＋第三方审核＋互联网站信息公开＋社会监督"方式开展环境产品声明工作，详见绿色报告声明平台（http://www.environdec.cn）网站。

4.6.3　碳标签实践

自 2007 年以来，英国、法国、美国、日本和韩国等国家已经陆续建立或者委托专门的机构来推广碳标签项目，致力于通过碳足迹认证与碳标签授予，鼓励企业评估和披露其产品或服务在生命周期内的碳排放行为。早期国际上有影响的典型的碳标签，从名称、公共或者私有属性、所属国家、碳足迹核算标准、涵盖范围进行了总结，见表 55。

表 55　各国碳标签摘要

标签名称	组织类型	国家	核算标准	年份	范围
Carbon Reduction Label	公共非营利性组织 Carbon Trust	英国	PAS 2050、GHG Protocol	2007	产品、服务、供应链、组织
Carbon Label	公共非营利性组织 Carbon Trust	英国	PAS 2050、GHG Protocol	未知	产品、服务、供应链、组织
Casino Carbon Index	经销商 Casino Group	法国	BP X30−323	2008	自有品牌的食品和饮料
Environmental Index	经销商	法国	BP X30−323	2010	自有品牌的食品和饮料
Casino Group J' économise ma Planete（Bilan CO_2）	经销商 E.Leclerc	法国	BP X30−323	2008	食品

续上表

标签名称	组织类型	国家	核算标准	年份	范围
SGS Carbon Footprint Mark、SGS Carbon Reduction Mark、SGS Carbon Neutrality Mark	第三方认证机构 SGS	法国	PAS 2050	2012	产品、服务、供应链、组织
Carbon Free R Certified	私有非营利性组织 Carbonfund.org	美国	GHG Protocol、PAS 2050、ISO 14044	2007	个体、产品、服务、活动、组织
Climate Conscious Carbon Label	私有非营利性组织 Climate Conservancy	美国	未知	2007	产品、服务
Green Index	制造商 Timberland	美国	自设算法	2007	公司全线户外产品
Carbon Counted Carbon Label	私有非营利性组织 Carbon Counted	加拿大	GHG Protocol、PAS 2050	2007	产品、服务
Approved by Climatop	私有非营利性组织 Climatop	瑞士	GHG Protocol、ISO 14040	2008	产品、服务
Carbon Zero	公共政府部门 Landcare Research	新西兰	ISO 14064、GHG Protocol、PAS 2050	2008	个体、产品、服务、活动、组织
Assessed CO_2 Footprint	公共政府支持若干机构联合发起	德国	ISO 14040、ISO 14044、ISO 14064、PAS 2050	2008	产品、服务、供应链
CFP Mark	公共政府部门 JEMAI	日本	ISO 14040、ISO 14044、TS Q0010	2008	产品、服务
CooL（CO_2 Low）Label	公共非营利性组织 Eco-Product Institution	韩国	ISO 14040、ISO 14044、ISO 14064、PAS 2050、GHG Protocol	2009	产品、服务
Carbon Footprint Label	公共政府部门 TGO & METC	泰国	ISO 14040、ISO 14044、ISO 14064、PAS 2050	2009	产品、服务
Carbon Reduction Label	公共政府部门 TGO & TEI	泰国	ISO 14040、ISO 14044、ISO 14064、PAS 2050	2008	产品、服务

全世界最早也是规模最大的碳标签方案即为英国 Carbon Trust 公司运作的 Carbon Reduction Label。该公司是英国政府建立的一个非营利性组织，Carbon Reduction Label 已覆盖 B2B 和 B2C 的商业模式，每两年对获取碳标签资格的产品或服务进行一次审核，要求产品或服务的碳排量必须有所降低。

Casino Carbon Index 以绿叶为主要设计元素，其中标注每 100 克该产品所排放的二氧化碳数值，并告知消费者可查看包装背面以了解更多相关信息。包装背面提供的信息包含四个方面：碳减排承诺、碳足迹定义、产品碳足迹等级刻度及数值、再循环能力指示（告知消费者如何正确分类，以使产品的再循环能力最大化）。若产品的外包装过小，不足以加注 Casino Carbon Index 及其附加信息，则消费者可登录专门网站（www.produits-casino.fr）查询产品完整的碳影响评价报告。

日本于 2008 年启动碳足迹试点项目（CFP Pilot Project），企业可向该项目申请碳足迹产品种类规则（Carbon Footprint of Products-Product Category Rules，CFP-PCR）证书和 CFP 认证，第三方组织会对企业递交的相关材料进行审核，通过审核即可获取相关资质。产品的碳足迹测算结果会以 CFP 标签的形式标注在产品包装上或者发布相关网站上。CFP 标签包括碳排量数值、注册信息和附加信息等。

4.6.4 碳标签国际标准

2007 年，国际标准化组织成立了 ISO/TC 207/SC 7 环境管理标准化技术委员会温室气体管理及相关活动分技术委员会，负责有关温室气体及碳足迹的标准化工作。2013 年发布了技术规范 ISO/TS 14067：2013《温室气体 – 产品碳足迹 – 量化和交流的要求和指南》（*Greenhouse gases — Carbon footprint of products — Requirements and guidelines for quantification and communication*），2018 年发布了国际标准 ISO 14067：2018《温室气体 – 产品碳足迹 – 量化的要求和指南》（*Greenhouse gases — Carbon footprint of products — Requirements and guidelines for quantification*）。

产品碳足迹国际标准 ISO 14067 属于 ISO 14000 系列标准，气候变暖是环境影响的一种类型以及属于Ⅲ型环境标志中的一种环境影响类型，计算产品碳足迹需要有核算方法标准 PCR 或者 CFP-PCR，然后依据 PCR 或者 CFP-PCR 核算方法标准进行 LCA 计算，编制环境产品声明（EPD）报告。有关碳标签的国际标准见表 56。

表 56 碳标签的相关国际标准

序号	相关领域	国际标准
1	产品碳足迹的量化要求和指南	ISO 14067
2	生命周期评价	ISO 14040、ISO 14044
3	产品碳足迹种类规则	ISO 14025
4	自我环境声明	ISO 14021

4.6.5　碳标签的分类

依据当前碳标签标准化的情况，结合目前国内外碳标签推广的实际案例，实施碳标签的核心要素可归结为组织者、参与者、标签类型、认证标准、推广强度、覆盖范围五个方面，相关的内容见表57。

表57　碳标签推广的核心要素

要素	选项
组织者	政府部门 公共非营利性组织 私有非营利性组织 生产商 经销商
参与者	生产商 经销商 消费者
标签类型	碳保证标签 碳排放量标签 碳减排量标签 碳等级标签 连续性标签
标准	PAS 2050 GHG Protocol ISO 14021/ISO 14025/ISO 14040/ISO 14044/ISO 14067 BP X30-323 TS Q0010
推广强度	强制执行 自愿执行
覆盖范围	产品 服务 供应链 项目 组织

依据碳标签的实施特点，结合以上提到的标志分类方法、环境标志的分类，以及对碳标签涉及的对象和主体的约束力、标准的属性等方面进行了分类整理，碳标签的分类见表58。

表 58 碳足迹的分类

序号	分类标准	碳标签类型	备注
1	标志分类	碳保证标签	认证类标志，低碳产品认证标签，如国家认监委实施低碳认证
2		碳排放量标签	纯信息类标志，以数值表示产品碳足迹碳排放量
3		碳减排量标签	纯信息类标志，以数值表示产品碳足迹碳减排量
4		等级碳标签	等级比较类标志
5		连续性碳标签	连续性比较标志
6	环境标志	Ⅰ型环境标志	低碳保证标签，低碳产品认证标签，如国家认监委实施低碳认证
7		Ⅱ型环境标志	自我碳足迹声明，主流方式
8		Ⅲ型环境标志	全生命周期的碳足迹信息，主流方式
9	对象和主体的约束力	自愿性碳标签	主流方式
10		强制性碳标签	少数实施
11	标签的属性	公共碳标签	计划实施者是政府机构或社会组织
12		私有碳标签	私人公司，仅在法国、美国等少数国家出现

4.6.6 碳标签的作用

（1）在市场方面，碳标签制度作为一项环境经济激励制度，是环境管理手段和措施从传统"行政法令"转变为"市场引导"的产物。外部不经济性内部化理论和企业社会责任理论，为碳标签制度建构奠定了经济学基础性理论依据。纠正外部性的途径主要有科斯手段和庇古手段两类，而碳标签制度将环保信息纳入消费决策的考量中，影响消费者偏好，启动"用脚投票"的市场机制，能够通过消费行为的倒逼，促使企业的负外部性得到缓解，引导企业生产模式的转变，倒逼碳减排。

（2）在法律方面，碳标签制度追求环境效率，倡导环境公平正义，蕴含着生态秩序价值，体现了"环境利益与环境负担的公平分配"的环境法基本价值。效率价值是法律价值体系的重要组成部分；环境公平正义是环境法的基本价值，所有主体在利用和保护环境资源时享有同等权利，负有同等义务；"生态秩序"是环境法律的基础价值的丰富和延伸。

（3）在社会方面，碳标签制度的公共参与原则为实现公众的环境知情权和环境参与权提供了新渠道，有利于矫正环境信息的不对称性和克服竞争的潜在破坏性。与可持续发展理念一致，能够体现企业的责任意识，也会培养消费者的环保意识。

4.6.7 碳标签案例

4.6.7.1 绿色报告声明平台概况

绿色报告声明平台（http://www.environdec.cn/sy）于 2016 年搭建，是我国第一个按照国际标准 ISO 14000 系列标准的要求建立的绿色报告声明平台。目前该平台主要有环境产品声明、碳足迹与标签、水足迹与节水、碳排放核查、碳中和声明平台以及相关的团体标准的制修订功能模块，声明的绿色报告类型主要有环境产品声明报告、碳足迹报告、水足迹报告、碳排放核查报告、碳中和声明报告这五种类型绿色报告。

环境产品声明报告，依据 ISO 14040 和 ISO 14044 标准进行生命周期评价，按照 ISO 14025 标准和产品对应 PCR 核算方法标准进行环境产品声明报告的编写，按照 ISO 14021 的标准进行平台声明。

碳足迹声明报告，依据 ISO 14040 和 ISO 14044 标准进行生命周期评价，按照 ISO 14067 标准和产品对应 CFP-PCR 或 PCR 核算方法标准进行环境产品声明报告的编写，按照 ISO 14021 的标准进行平台声明。

水足迹声明报告，依据 ISO 14040 和 ISO 14044 标准进行生命周期评价，按照 ISO 14046 标准进行水足迹声明报告的编写，按照 ISO 14021 的标准进行平台声明。

碳排放核查报告，依据国家发布的《行业温室气体核算和报告方法》标准进行核算和报告编制。

碳中和声明报告，分为行业碳中和领跑行动声明和组织碳中和领跑行动声明两种类型，每种类型分为碳中和承诺声明和碳中和实现声明，依据标准 T/GDES 2060—2021《企业碳中和声明规范》进行报告的编写。

4.6.7.2 实施标签类型

绿色报告声明平台实施的标志的类型主要有环境产品声明 EPD、碳足迹声明 CFP、水足迹声明 WFP、碳中和声明 CND 四种标志。

碳足迹声明标志分为碳排放量标志、碳减排量标志、碳等级标志；水足迹声明标志分为用水量标志和水等级标志；碳中和声明分为碳中和承诺声明标志和碳中和实现声明标志。其实施的模式是"企业自我声明＋第三方审核＋互联网站信息公开＋社会监督"。见表 59。

表 59 绿色报告声明平台实施的标签类型

序号	环境标志	实施标签类型	类型说明	依据标准
1	环境产品声明 EPD	环境产品声明 EPD	纯信息标志，Ⅲ型环境标志	ISO 14040，ISO 14044，ISO 14025，ISO 14021 国际标准； 产品种类规则 PCR 核算方法标准
2	碳足迹声明 CFP	碳排放量标志	纯信息标志，Ⅱ型环境标志，Ⅲ型环境标志； 自愿性标志，公共型标志	ISO 14040，ISO 14044，ISO 14067，ISO 14021 国际标准； 碳足迹产品种类规则 CFP-PCR 或 PCR 核算方法标准
		碳减排量标志	纯信息标志，Ⅱ型环境标志，Ⅲ型环境标志； 自愿性标志，公共型标志	ISO 14040，ISO 14044，ISO 14067，ISO 14021 国际标准； 碳足迹产品种类规则 CFP-PCR 或 PCR 核算方法标准
		碳等级标志	等级比较类标志，Ⅱ型环境标志； 自愿性标志，公共型标志	ISO 14040，ISO 14044，ISO 14067，ISO 14021 国际标准； 碳足迹产品种类规则 CFP-PCR 或 PCR 核算方法标准
3	水足迹声明 WFP	用水量标志	纯信息标志，Ⅱ型环境标志，Ⅲ型环境标志； 自愿性标志，公共型标志	ISO 14040，ISO 14044，ISO 14046，ISO 14021 国际标准
		水等级标志	等级比较类标志，Ⅱ型环境标志； 自愿性标志，公共型标志	ISO 14040，ISO 14044，ISO 14046，ISO 14021 国际标准

序号	环境标志	实施标签类型	类型说明	依据标准
4	碳中和声明 CND	碳中和承诺声明标志	纯信息标志，Ⅱ型环境标志，Ⅲ型环境标志；自愿性标志，公共型标志	ISO 14040，ISO 14044，ISO 14067，ISO 14021 国际标准；碳足迹产品种类规则 CFP-PCR 或 PCR 核算方法标准；T/GDES 2060—2021 声明标准
5		碳中和实现声明标志	纯信息标志，Ⅱ型环境标志，Ⅲ型环境标志；自愿性标志，公共型标志	ISO 14040，ISO 14044，ISO 14067，ISO 14021 国际标准；碳足迹产品种类规则 CFP-PCR 或 PCR 核算方法标准；T/GDES 2060—2021 声明标准

4.6.7.3　标准制修订

绿色报告声明平台在实施环境产品声明 EPD、碳足迹声明 CFP、水足迹声明 WFP、碳中和声明 CND 四种标志过程中，除了按照国际标准 ISO 14021、ISO 14025、ISO 14040、ISO 14044、ISO 14046、ISO 14067 外，还需要产品种类规则 PCR 核算方法、碳排放管理和碳中和声明方面的标准。

（1）产品种类规则 PCR 核算方法标准，优先选用国际 EPD 网站开发的产品种类规则 PCR 核算方法学，如果没有，自行开发产品种类规则 PCR 核算方法标准（详见绿色报告声明平台 http://www.environdec.cn/sy）。

（2）在碳排放管理方面，依据碳排放管理需要，研制 T/GDES 2030—2021《碳排放管理体系要求》，建立碳排放管理体系，提升碳中和意识、知识水平和能力；针对各种管理体系交叉重叠的问题，整合建立一体化的企业管理体系（详见全国团体标准信息平台 http://www.ttbz.org.cn/StandardManage/Detail/52029）。参见《面向数字化转型碳排放管理体系：理论、标准和应用》。

（3）在碳中和声明方面，研制 T/GDES 2060—2021《碳中和声明规范》，建立组织自主减排的目标和机制。依据碳核算、碳管控和碳减排的碳管理技术路线，通过碳中和声明活动，推动组织建立碳排放管理体系，开展碳足迹核算、碳交易和碳资产管理和自愿性减排行动，在行业内创新知识、提升技能，进而在行业中领跑（详见全国团体标准信息平台 http://www.ttbz.org.cn/StandardManage/Detail/52030）。

5 碳交易和碳市场

5.1 基础理论

5.1.1 碳交易市场

碳交易市场是一个供供需各方买卖碳排放权的场所，简称"碳市"（carbon market）。不同的碳交易制度所表征的碳交易市场是有差别的，比如以碳排放限额为基础的"限额交易体系"、以碳排放基线为基准的"基准及信用交易体系"、以碳减排项目为基础的"清洁发展机制"和"联合履约机制"等。上述问题都属于新的经济现象，其确立有着相当的经济理论支持，其中最直接的理论是"外部性""公共物品"和科斯定理等。

碳排放权（carbon permits）也就是碳交易许可权，是基于大气环境容量理论建立起来的一种碳排放许可权利。大气环境容量是指大气这种自然环境要素所具有的通过物理的、化学的和生物的过程扩散、贮存、同化人类活动所排放的污染物的能力，在这里所指的是大气容纳温室气体的能力或功能。从经济学角度看，大气作为一种具有容纳功能的环境要素，虽然不直接进入生产过程，也没有显著的实体形态，但是能够以其功能辅助生产经营过程，为人类经济活动提供服务，是生产经营和经济活动所需的资源，表现出一定的有用性、稀缺性和竞争性。相应地，碳排放权也就具备了确定性、支配性和可交易性等物权至少是准物权的基本属性。

碳交易（carbon trading）就是碳排放权的交易，是一种以有关法律或合同为依据所形成的碳排放权的交易活动。在现实生活中，存在"排放交易"（emissions trading）、"排放配额交易"（emission allowance trading）、"许可证交易"（permit trading）和"信用交易"（credit trading）等各种不同的表述。

碳交易制度是一项致力于减少碳排放、改善大气环境的协议，是一种以碳排放限额为导向，以碳排放权清晰界定为基础，以市场交易机制为核心的制度安排。一般要求制度参与者上缴与其对大气环境的直接影响和间接影响相当的可交易碳排放权给制度管理者。

5.1.2 外部性

5.1.2.1 外部性表现和特征

外部性（externality）是经济学的术语。外部性亦称外部成本、外部效应或溢出效应（spillover effect）。外部性可以分为正外部性（或称外部经济、正外部经济效应、收益外部性）（positive externality）和负外部性（或称外部不经济、负外部经济效应、成本外部性）（negative externality）。

经济外部性是指企业（或个人）在生产经营（或消费）过程中，没有承担全部成本或没有享受全部收益，即成本或收益不能完全内生化的一种经济现象。这种承担或享受，可能是有意的，也可能是无意的，也可能是混合的，即兼而有之。

外部经济就是一些人的生产或消费使另一些人受益而又无法向后者收费的现象；外部不经济就是一些人的生产或消费使另一些人受损而前者无法补偿后者的现象。生产的外部性就是由生产活动所导致的外部性，消费的外部性就是由消费行为所带来的外部性。可以进一步将外部性区分为生产对生产的外部性、生产对消费的外部性、消费对生产的外部性和消费对消费的外部性等四种情形。

外部性问题已经不再局限于同一地区的企业与企业之间、企业与居民之间的纠纷，而是扩展到了代际之间、国际之间的大问题，即代内外部性的空间范围在扩大。同时，代际外部性问题日益突出，生态破坏、环境污染、资源枯竭、淡水短缺等，都已经危及我们子孙后代的生存。

外部性可能是单向的，或者说是一方对另一方的影响；也可能是双向或交互的，或者说是当事各方都存在的相互影响。外部性有的是可以掌控的，或者说是一种稳定的外部性；有的是不可掌控的，或者说是一种不稳定的外部性。前者可以通过各种途径，采取各种方式使之内部化；后者主要是由科学技术的不确定性所引起的，潜伏期较长，需要一个漫长的暴露或发现过程。

制度外部性与科技外部性新制度经济学丰富和发展了外部性理论，并把外部性、产权以及制度变迁联系起来，从而把外部性引入制度分析之中。

制度外部性主要有三方面的含义：第一，制度是一种公共物品，本身极易产生外部性；第二，在一种制度下存在、在另一种制度下无法获得的利益（或反之），这是制度变迁所带来的外部经济或外部不经济；第三，在一定的制度安排下，由于禁止自愿谈判或自愿谈判的成本极高，经济个体得到的收益与其付出的成本不一致，从而存在着外部收益或外部成本。

科技外部性大致包含如下几个方面：第一，科技成果是一种外部性很强的公共物品，如果没有有效的激励机制，就会导致这种产品的供给不足；第二，科技进步往往是"长江后浪推前浪"，一项成果的推广应用能够为其他成果的研究、开发和应用开辟道路；第三，网络自身的系统性、网络内部信息流及物流的交互性和网络基础设施的长期垄断性导致了网络经济的外部性。

解决环境外部性问题的核心是将外部成本内部化，即将环境污染的外部成本（社会成本）体现在造成环境污染的企业内部成本（私人成本）中，从而提高污染企业的私人成本，促使污染企业减少污染行为。如何实现外部成本内部化，经济学界一直存在两大流派。一派是庇古的税收理论，另一派是科斯的产权理论。而在实践领域，这两大流派的观点均得到一定数量的政策制定者的青睐，在不同国家得到不同程度的应用。

综上所述，外部性的主要特征有行为性、强制性、互动性、可察觉性和衍生性等，见表60。

表60　外部性的主要特征

特征	内容	说明
行为性（或活动性）	所谓行为性，是指外部性由企业或个人的经济行为或活动引起的，表现为经济行为或活动对其他企业或个人的影响	一方面，这种行为或活动可能发生在人与人之间，也可能发生在企业与人或企业之间，当然也可能发生在人与自然或企业与自然之间；另一方面，这种行为或活动是一种普遍存在，是"每个人从他的行为约束的边界向里看，就是他自己的选择范围，向外看，则是别人的选择范围。因此，每个人的每个理性行为（福利最大化的选择必定是在边界上的选择）都不可避免地具有'外部性'"，企业也是如此
强制性（或强加性）	所谓强制性，是指外部性是一种外侵的、强加的影响，是强势（主动）一方给弱势（被动）一方所带来的损害或益处	在许多情况下，某些相关利益者被排斥在决策过程或行为活动之外，不管他们同意与否，都会被迫承担该决策的后果。因此，外部性是以当事各方是否"同意"为判定标准的，是不同意情况下发生的现象。当然，同意与否不纯粹是一个心理问题，更是一个成本问题，因为，同意与否的关键取决于信息的沟通，而这是需要付出高额代价的
互动性（或相互性）	所谓互动性，是指产生外部性的行为是一种互动行为，既有外部性产生的主体，也有外部性接受的主体，否则就不会存在外部性	这种互动性，本质上表现为外部性的产生主体与接受主体之间成本或收益的相互性，即一企业或个人的成本可能是另一企业或个人的收益，相反亦然。正如科斯所认为的那样，"我们分析的问题（指外部性）具有相互性：避免对乙方的损害将会使甲方受到损害。因而，必须解决的真正问题是：应该允许甲损害乙还是允许乙损害甲。这个问题的关键在于避免更严重的损害"

特征	内容	说明
可察觉性（或影响性）	所谓可察觉性，是指只有当事双方或各方相互产生影响，且这种影响具备一定的福利意义，即是可察觉的，才存在所谓的外部性问题	至于是"外部经济"还是"外部不经济"则取决于当事各方的价值判断和所处条件。不同的经济收入、社会地位和价值取向必然会影响到外部性的可察觉性，因此解决外部性就需要充分考虑这种影响范围和影响程度
衍生性（或伴随性）	所谓衍生性，是指外部性是一种有意或无意的伴随效应，是行为或活动的"衍生品"或"附属品"，本源性或原发性、预谋性的影响不属于外部性	有意是基于机会主义和自我利益的有意识所为；无意是经济活动中不得不产生的、非故意的效应溢出。外部性与实施外部性行为的有意或无意无关，而是取决于行为者的经济理性。无论是有意为之还是无意为之，都可能产生外部性

5.1.2.2 碳排放外部性问题

碳排放原本是中性的，在人类发展的历史长河中大多数时候是有益的，是光合作用和碳水化合物的必要物质。只是到了工业革命以后，过量的碳排放逐渐累积，最终导致大气层的碳饱和状态，产生温室效应而造成全球变暖，影响或危及人类的可持续发展，才有了经济学意义上的外部性问题。

目前，碳排放已经是一个典型的外部性问题，是负外部性或外部不经济。科学证明，碳排放是造成全球气候变暖的主要因素，给人类社会带来了损害，但是这种不利影响并未纳入现行市场交易体系，没有计算交易成本，不需要付出或赔偿，而是转嫁给了全社会，导致整体社会福利损失。

我们必须看到：一是碳排放的负外部性是超越国界、超越意识形态的，并不拘泥于产生碳排放的某个国家或地区，是典型的跨国或跨境负外部性。碳排放不仅影响本国或本地区的大气环境，而且影响其他国家或地区的大气环境。二是碳排放所产生的负外部性，既有代内外部性问题也有代际外部性问题，关键是后者。究其根源在于"代内人"与"代外人"的独立存在，在于两者之间不存在直接的制度安排以协调两者之间的利益关系。前代对当代、当代对后代的不利影响是很难通过未来对权益的主张来弥补或消除的，即使能够做到，交易成本也会无限大。

因此，碳排放的外部性说到底是一个成本与收益的承担和比较问题。理论上，行动的成本应该由行动主体全额负担，相应地享有所带来的全部收益；行动的收益应该由行动主体全额享有，相应地负担所发生的全部成本。倘若不是这样，碳排放就扭曲了市场主体的成本与收益关系，导致市场无效率甚至严重的市场失灵，就会存在经济负外部性问题。这实际上是由于权利的交叠和冲突在当事双方权利之间出现了一个所谓的公共区域，即公共权利，但是，在主流产权经济理论中，"一物不能二主"，必须重新厘定公共权利。

5.1.3 公共物品

5.1.3.1 公共物品的特性

公共物品（public goods）是供社会成员共同享用的物品，是与私人物品（private goods）相对应的概念，严格意义上的公共物品具有非竞争性和非排他性。所谓非竞争性，是指某人对公共物品的消费并不会影响其对其他人的供应，即在给定的生产水平下，为另一个消费者提供这一物品所带来的边际成本为零。所谓非排他性，是指某人在消费一种公共物品时，不能排除其他人消费这一物品（不论他们是否付费），或者排除的成本很高。

公共物品可分为三类。第一类是纯公共物品，即同时具有非排他性和非竞争性；第二类公共物品的特点是消费上具有非竞争性，但是却可以较轻易地做到排他，有学者将这类物品形象地称为俱乐部物品（club goods）；第三类公共物品与俱乐部物品刚好相反，即在消费上具有竞争性，但是却无法有效地排他，有学者将这类物品称为共同资源或公共池塘资源物品。俱乐部物品和共同资源物品通称为"准公共物品，即不同时具备非排他性和非竞争性。准公共物品一般具有"拥挤性"的特点，即当消费者的数目增加到某一个值后，就会出现边际成本为正的情况，而不是像纯公共物品，增加一个人的消费，边际成本为零。准公共物品达到"拥挤点"后，每增加一个人，将减少原有消费者的效用。公共物品的分类以及准公共物品"拥挤性"的特点为我们探讨公共服务产品的多重性提供了理论依据。

本质上，公共物品是社会公共利益的载体，公共利益则源于人们的共同需求。这种共同需求具有非加总性（不是简单意义上的个人需求的加总，而是一个社会整体的概念）、无差异性（可以由社会成员无差别地共同享用）和不对称性（不需付出任何代价或付出与成本不对称的少量费用）等三个基本特征。据此，公共物品主要有以下四个特性，见表61。

表61　公共物品的特性

序号	特征	内容
1	非排他性 （non-excludability）	所谓非排他性是指无法排除他人消费和使用，每个消费者不论是否为公共物品付出了代价，都可以从中获益。换句话说，将拒绝为之付款的人排除在公共物品受益范围之外，在技术上不可行或者在经济上不划算
2	非竞争性 （non-rivalry）	所谓非竞争性是指许多人可以同时消费和占用，某人消费一种公共物品不会减少其他人消费该公共物品的数量和质量，即增加任何一个消费者，其边际成本为零，不存在所谓的"拥挤效应"（crowd effect），但并不内含每个人都因对其消费而获得同样的利益
3	不可分割性 （non-divisibility）	所谓不可分割性是指面向社会全体成员提供，具有共同受益或联合消费的特点，或者不按照"谁付费，谁消费"原则仅供付款人使用
4	不可拒绝性 （non-rejection）	所谓不可拒绝性是指不管愿意与否，一个人不可能拒绝使用某种已经被提供出来的公共物品，即不得不接受。其中，非排他性和非竞争性是公共物品最基本的特性，不可分割性和不可拒绝性可以看作是非排他性和非竞争性的自然衍生

5.1.3.2　公共物品的经济性

公共物品极易产生"公地悲剧"的后果。"公地悲剧"（tragedy of the commons）一词始见于1833年洛伊在讨论人口著作中所使用的一个比喻，成名于1968年加利福尼亚大学哈丁教授在《科学》杂志上发表的《公地的悲剧》（The Tragedy of the Commons）一文。他认为，在一个公共牧场里，牧民可以无偿地放牧，牧场饲养量却是有限的。在这种情况下，牧民个人为了追求个人利益的最大化，不会去考虑牧场容量，而是尽可能地增加自己拥有的牲畜的数量。其结果是，在同一牧场内所有牧民都会加入一个在有限的公共牧场内无限地增加牲畜数量的恶性竞争中，随着牲畜无节制增加，公共牧场最终会因为过度放牧而成为不毛之地。正如《公地的悲剧》中所说，"这是一个悲剧。每个人都被锁定进一个迫使他在有限的世界里无节制地增加自己牲畜的系统。在一个信奉公地自由使用的社会里，每个人追求他自己的最佳利益，毁灭是所有的人趋之若鹜的目的地"。

公地悲剧常被形式化为"囚徒困境"（prisoner's dilemma）、"合成谬误"（fallacy of composition）和"集体行动的逻辑"（the logic of collective action），其核心问题就是"搭便车"（free rider），即参与者不需要支付任何成本就可以享受到与支付者一样的物品效用。如果部分人"搭便车"，那就可能导致公共物品供给不足；如果所有人都"搭便车"，那就必然带来公共物品的无度使用和消费，悲剧就会发生。

5.1.3.3 碳排放的公共物品属性

碳排放的公共物品属性来源于碳排放空间，即大气环境的公共物品性质。大气环境是典型意义上的公共物品，即纯公共物品，具有公共物品的所有特性。具体可以从碳排放和碳减排两个相反的方面去理解。碳排放具有非排他性。某一个体（企业或个人）对大气环境的碳排放，并不妨碍其他碳排放者的排放，也就是说，碳排放者之间的碳排放行为不是相互排斥的。相反亦然，即碳减排者的减排行为并不妨碍其他碳减排者同样采取有益于大气环境改善或保护的措施。

碳排放具有非竞争性。某一个体（企业或个人）对大气环境带来的过度碳排放，并不会造成其他碳排放者成本的上升，也就是说，即使大气环境已经饱和了，其他碳排放者依然可以根据自己的意愿等量地或者不受限制地继续排放。相反亦然，即碳减排者所带来的碳减排效用，其他碳减排者可以不付出任何代价等量地或者不受限制地享用或消费。大气环境是最有可能面临"公地悲剧"的。若每一个个体都从自身利益出发无节制地使用和消费，最终只会打破它的自净力平衡，形成温室效应，导致全球气候变暖。

5.1.4 公地悲剧

公地悲剧是经济学中的一个问题，发生在个人为了追求个人利益而忽视社会福利的情况下。这会导致过度消费，最终耗尽公共资源，对每个人都不利。如果一种资源必须是稀缺的，在消费上具有竞争性，而且是非排他性的，那么公地悲剧就可能发生。解决公地悲剧的办法包括强制私有财产权、政府监管或制定集体行动安排。

竞争商品意味着只有一个人可以消费一个单位的商品（也就是说，不能像与朋友一起看电视节目那样分享）；而且，当一个人消费了一个单位的商品时，这个单位就不能再让其他人消费了。换言之，所有的消费者都是竞争对手，他们都在争夺这一单位的商品，每个人的消费量都会从现有商品的总库存中减去。注意，为了让公地悲剧发生，商品也必须是稀缺的，因为非稀缺商品在消费上不可能是竞争性的；根据定义，如果不是稀缺的（例如可呼吸的空气），总有很多地方可供选择。非排他性商品意味着，某一消费者在拿到某一单位商品之前，其他无法阻止其他消费者也消费该商品。

正是这种属性（公共资源、稀缺资源、消费竞争和非排他性）的结合为公地悲剧埋下了伏笔。每个消费者通过尽可能快地消费商品，在其他人耗尽资源之前，将他们从商品中获得的价值最大化，没有人有动机再投资于维持或再生产商品，因为他们无法阻止其他人通过为自己消费产品来占用投资的价值。商品变得越来越稀缺，最终可能会完全耗尽。

理解和克服公地悲剧的一个关键方面是，了解并发挥制度和技术因素在一种商品的竞争性和排他性中所起的作用。因此，可提出以下解决方案。

（1）监管解决方案：一种可能的解决方案是自上而下的政府监管或对公共资源池的直接控制。政府管制消费和使用，或在法律上排除某些个人，可以减少过度消费，政府在保护和更新资源方面的投资也有助于防止资源枯竭。例如，政府法规可以限制在政府土地上放牧的牛的数量，或者发放捕鱼配额。然而，自上而下的政府解决方案往往受到众所周知的寻租、委托代理和自身问题的影响，这些问题是中央经济计划和政治驱动过程中难免的。

将资源的私有产权分配给个人是另一种可能的解决方案，有效地将公共资源池转化为私人物品。从制度上讲，这取决于发展某种机制来界定和执行私有产权，这种机制可能是现有私有产权制度相对于其他类型商品的一种衍生。从技术上讲，这意味着需要开发某种方法来识别、测量和标记公共资源池的单位或地块，并将其划分为私人财产，例如为自由行走的牛打上烙印。

这种解决方案可能会遇到一些与自上而下的政府控制相同的问题，因为大多数情况下，这种私有化进程是通过政府强行控制一个公共资源池，然后根据销售价格或简单的政治恩惠将该资源的私有产权分配给其主体来实现的。事实上，这正是劳埃德所主张的，正如他在英国议会的圈地法案（Enclosure Acts）前后所写的那样，该法案将传统的共有财产安排剥离到牧场和田地，并将土地划分为私人所有。

（2）集体解决方案：即诺贝尔经济学家埃莉诺·奥斯特罗姆领导的经济学家所描述的合作集体行动。在英国圈地法案之前，农村村民和贵族（或封建）领主之间的习惯安排包括共同进入大部分牧场和农田，并管理其使用和保护。通过限制当地农牧民的使用，作物轮作和季节性放牧，并对过度使用和滥用资源提供可执行的制裁等做法，管理集体行动，很容易克服公地的悲剧（以及其他问题）。

特别是在技术或自然物理条件妨碍将公共资源池方便地划分为私人小地块的情况下，集体行动可能是有用的，而不是依赖于通过调节消费来解决商品在消费方面的竞争。通常，这还涉及将资源的使用权限制在集体行动安排的当事方，从而有效地将公共资源池转化为一种俱乐部商品。

5.1.5　科斯定理和庇古税

5.1.5.1　科斯定理

科斯认为市场本身可以有效消除环境外部性，只需污染权利得到明确，并且可以在市场上进行交易。在其 1960 年发表的《论社会成本问题》（The Problem of Social Cost）一文中，科斯首次提出这一"产权理论"。产权理论要求政府将外部行为确立为一种权利，并且允许这种权利在市场进行自由交易，由市场对这种权利的价值进行判断，对权利的分配进行配置。

科斯的"产权理论"，为政策决策者利用排放交易这一市场机制解决环境外部性问题提供了理论基础。二氧化碳为代表的温室气体需要治理，而治理温室气体则会给企业造成成本差异；既然日常的商品交换可看作是一种权利（产权）交换，那么温室气体排放权也可进行交换；由此，借助碳权交易便成为市场经济框架下解决污染问题最有效率的方式。

另外，科斯定理一直被认为是排污权交易的理论基础。其并非科斯本人的表述，而是斯蒂格勒等经济学家对科斯思想所做的总结。经济学家们将科斯的思想概括为两条定理，即"科斯第一定理"和"科斯第二定理"。

科斯第一定理指的是，"如果定价制度的运行毫无成本，最终结果（产值最大化）就不受法律状况（法律对权利的初始界定状况）的影响"。换句话说，如果交易费用为零，无论初始权利如何界定，都可以通过市场机制实现资源的有效配置。当然这不是说权利或产权的界定不重要，相反，这是一切市场交易的基本前提。

如果科斯第一定理成立，那么它所揭示的经济现象就是：在大千世界中，任何经济活动的效益总是最好的，任何工作的效率都是最高的，任何原始形成的产权制度安排总是最有效的。因为任何交易的费用都是零，人们自然会在内在利益的驱动下，自动实现经济资源的最优配置，因而，产权制度没有必要存在，更谈不上产权制度的优劣。

根据科斯第二定理，可以认为："如果考虑到市场交易的成本，那么，显然只有在这种调整后的产值增长多于它所带来的成本时，权利的调整才能进行""在这种情况下，合法权利的初始界定会对经济制度运行的效率产生影响。权利的一种调整会比其他安排产生更多的产值""没有这种权利的初始界定，就不存在权利转让和重新组合的市场交易"。换句话说，如果交易费用不为零，初始权利界定不同，所带来的资源配置效率也就不同。

一种权利的调整会比其他安排产生更多产值，但除非这是法律制度确认的权利的调整，否则通过转移和合并权利达到同样的后果的市场费用将十分高，以至于最佳的权利配置以及由此带来的更多的产值也许永远不会实现。

除此以外，在现代产权经济学中经常有人提到所谓的"科斯第三定理"，即"在交易成本为正的情况下，权利或产权的清晰界定将有助于降低人们在交易过程中的交易成本，改进经济效率"。

科斯坚信"作为一个实践问题，市场会由于成本太高而无法运行"，至于是选择市场方式还是政府干预则取决于它们之间成本的比较。如果市场调整合法权利后，收益的增长多于它所带来的交易成本，市场就是有效的；如果外部损害涉及人数太多，通过市场和企业解决的成本很高时，通过政府干预就是有利的。

5.1.5.2 庇古税

与科斯定理相对应，解决"外部性"问题还有一种截然相反的方法。庇古认为，解决"外部性"不可能"通过修订双方的契约关系来改变"。通俗地讲，价格制度使外部性问题内部化，而不通过市场机制。在这里，市场机制无法发挥作用，即所谓的"市场失灵"（market failure），只能借助外部力量——主要是补贴、税收、管制、禁令、特许等措施对市场及其结果进行政府干预，其中最为主要的政策手段是"额外奖励或限制"，即补贴或税收。这被后人称为"庇古税"（pigovian taxes）。

征收碳税符合"污染者付费"的原则。通过赋予碳排放一个成本，将其外部性问题内化为产品价格系统，进而影响企业等经济主体的决策，达到减少碳排放的目的。

碳税在改善环境质量的同时又具有降低税负、增加就业等非环境目标的"双重红利"（double dividend）。事实上，征收碳税不仅可以产生减少碳排放的直接环境效应，而且还会收到减少二氧化硫等其他污染物的"二次收益"（secondary benefits），甚至会产生减少交通工具使用、交通事故和噪音等更为深远的外部效应。同时，碳税可以在一定程度上避免"碳泄漏"（carbon leakage），有效防止碳转移，且相对于其他碳减排政策工具，征收碳税易于操作，运行和管理成本也比较低。

现实的问题是很难找到足够的信息来制定出合适的税率。虽然目前有生产率法、机会成本法、恢复与防护费用法、工资损失法和调查评价法等多种估算方法，但是由于人们不可能在短期内察觉到损害后果本身的复杂性，难以准确计算碳税。退一步讲，即使税收征管者（政府）了解边际私人成本与边际社会成本，按照庇古税原理也不可能恰当地纠正边际私人成本，反而很可能造成"外部性扩散"。尽管有研究认为，从长远看，碳税政策可以激发企业进行创新活动，"置之死地而后生"，最终形成企业自身利益与社会福利大幅提高的"双赢"局面（Porter，1995），即所谓的"波特假说"，但是，由于各国的碳税政策及企业自身的碳排放量、能源可替代性等方面存在差异，对设在不同国家或者虽在同一国家但能源密集程度不同的企业，征收碳税的额度或受碳税的影响就有差异，势必会影响企业的产业和贸易竞争力，尤其从短时间来看。而破解这一难题的唯一措施是在全球范围内实施统一的碳税，这显然存在许多技术或政治障碍，几乎是不可能的。

也有研究认为，通过从当时的税制中降低过重负担，中性的碳税政策对减缓气候变化有正的净福利效应，碳税会显著地改变生产及消费模式，激励人们进行能源技术创新，向新能源及低碳能源消费转变，甚至可以通过税收的设计和对碳税收入的使用来弥补碳税所产生的负面经济影响。但是，碳税成本终究会转嫁给最终消费者，即存在所谓的"税收转嫁机制"，使社会公众产生直接的抵触心理，政治阻力较大，更何况，碳税收入分配的适度累退性，又会扩大资本与劳动的收入分配差距，加大社会收入分配的不公平，造成更大的非均衡。确有研究证明了这一点：在挪威，尽管碳税收入已相当可观，而且一些燃料价格也呈上涨趋势，但碳税的影响已经不大。能源强度降低和能源结构变化能够减少14%的二氧化碳排放，碳税仅贡献了2%的减排量。

5.1.5.3 科斯定理与庇古税的联系和区别

在完全市场竞争条件下，碳交易市场就是纠正碳排放外部性或外部效应的可行机制。它不仅存在客观的市场均衡，而且在竞争的均衡中整个区域可以达到联合成本最小化，明显优于庇古税，同时，有利于遏制"寻租"行为，有利于社会公众表达自己的环境意愿和培养环保意识，也因掩盖了"税"的实质，减少了政治阻力和心理抵触情绪，有利于企业由被动治理转向主动治理，最终有利于保证碳减排目标的可控性。

与碳税一样，碳交易市场也属于应对气候变化的市场激励型政策工具，都明显有别于通过法律、法规和规章等行政干预手段或者要求企业采用减排技术，通过检查、监控和罚款等标准化程序间接减排的命令控制型政策工具。在均衡状态下两者是等效的，都会导致相等的碳排放成本，两者联系和区别见表62。

表62　碳税和碳交易的区别

序号	不同方面	碳税	碳交易
1	减排机理	碳税是价格控制的市场激励型政策工具。其机理是：①通过提高价格来刺激经济活动中的节能行为、提高能源使用效率、促进含碳量不同的能源之间的相互替代、非能源产品对能源产品的替代，以及生产与消费结构的改变，即直接影响碳减排；②通过将碳税收入合理回馈到经济活动和社会生活中，引导生产模式和消费习惯由"高碳"向"低碳或零碳"转变，即间接影响碳减排。因此，征收碳税需要明确碳排放的价格	碳交易市场是数量控制的市场激励型政策工具。政府或环境监督者通过核定某个国家、地区或企业的碳减排总量，并赋予碳排放许可证即碳排放权，碳排放主体通过碳交易履行碳减排义务，即根据自身的边际减排成本决定碳排放权的买卖。碳交易市场则不需要也不可能事先明确碳排放的价格，其价格随供求关系的变化而变化
2	运行成本	运行成本一般包括规制成本、实施成本和信息成本。一方面，由于碳税是在现行税制基础上开征的一种新税种，可以较好地契合现行的税收体制，便于操作、实施、监督和考核，规制成本和实施成本都比较低；另一方面，碳税的核心问题是确定合适的税率，而税率的计算有赖于管控者能否充分掌握碳减排者的环境损害状况、征税后的减排程度以及排放消除成本等信息，但是在现实中很难找到足够的信息来制定出合适的税率，信息成本比较高	碳交易市场是应对气候变化的一种全新制度，规制设计和执行都很复杂，尤其对一些发展中国家或转型国家而言，由于市场准入条件和基础法律制度有待完善，市场竞争还不充分，碳交易市场可能面临过高的规制成本和实施成本。当然，碳交易市场运行不需要依赖碳减排者对私人成本信息的了解，且市场化信息披露系统比较完备，信息成本相对较低
3	政治阻力	开征碳税，势必存在碳税成本转移给最终消费者或家庭的倾向，结果是"谁消费谁付费"，这并不符合碳税设计者"谁污染谁付费"的初衷。这势必扩大资本家与劳动者的收入分配差距，加大社会收入分配的不公平，导致中低收入家庭负担更多的碳减排支出，造成更大的收入和支出的不均衡现象；势必损害部分群体或政治谈判能力较弱群体（或个人）的利益，使社会公众和能源密集型企业直接抵触碳税，有较大的政治风险	碳交易市场是一种最符合谈判原则的制度设计，存在客观的市场均衡性，有利于社会公众自由表达环境意愿，促使企业由"要我治理"转向"我要治理"，同时，也掩盖了"税"的实质，有效防止人们产生逆反情绪，抑制了政治阻碍

序号	不同方面	碳税	碳交易
4	减排效果	碳税通过价格机制引导企业或个人行为改变而间接达到碳减排目的，实施效果取决于存在正相关关系的能源需求价格弹性与能源产品之间的可替代性，事先并不确定	碳交易市场与碳税不同，尤其是总量控制的碳交易模式，碳减排目标清晰可控，碳减排效果直接、具有确定性
5	国际合作	从全球范围看，碳减排自产生之日起就是一个典型的国际性问题，而碳税是一种国家意志的法律强制，尽管有学者设计过碳税的国际征收方案，但是它很难成为国际性的政策工具	碳交易市场中，企业可以自由地参加国内（或地区内）或国际性（或区域性）碳交易市场，开展碳减排合作时无需进行碳核实和碳定价，有利于推进碳交易市场的国际协调，与碳税相比更容易达成国际一致性
6	负面影响	碳税作为一种新开征的税种也会产生所谓的"无谓损失"（dead lost），影响社会资源的最优化配置，在一定程度上减缓经济增长趋势，尤其是由于各国在碳税政策、企业自身的碳排放量、能源可替代性等方面存在差异，对设在不同国家或者虽在同一国家但能源密集程度不同的企业，征收碳税的幅度或受碳税的影响而出现差异，必然会弱化企业的产业竞争力和贸易竞争力	碳交易市场的负效应主要体现在碳排放权初始分配存在有失公允的缺陷，尤其是免费发放配额，可能会造成发达国家与发展中国家、市场先入者与后入者之间的不公平。由于碳排放权是以大气环境容量为客体的典型"公共物品"，具有消费上的非竞争性和非排他性，解决的唯一途径是碳排放权的初始厘定。问题是，初始分配的关键在于公平，"绕开公平论产权安排的效率"是站不住脚的，西方发达国家常用的人口原则、历史责任原则和祖父法则对发展中或后进的国家或地区并不见得那么公平

5.2 碳交易

5.2.1 碳交易发展历程

5.2.1.1 排放权交易体系形成与发展

排放权交易体系的形成经历了多年的发展及演变，见图30。

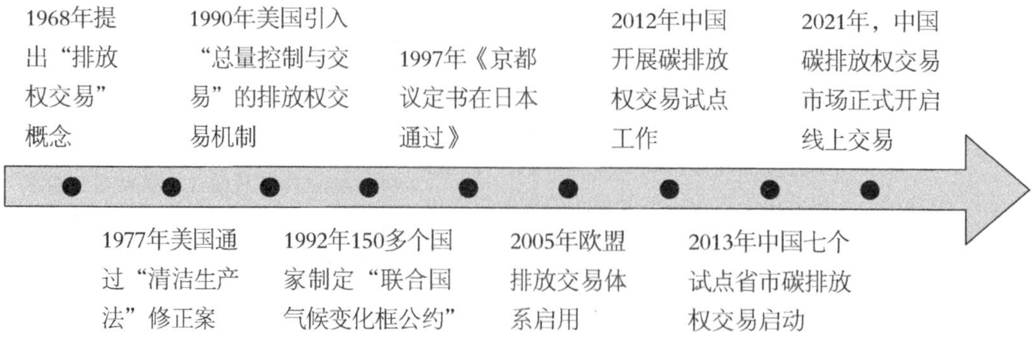

| 1968年提出"排放权交易"概念 | 1990年美国引入"总量控制与交易"的排放权交易机制 | | 1997年《京都议定书在日本通过》 | | 2012年中国开展碳排放权交易试点工作 | | 2021年，中国碳排放权交易市场正式开启线上交易 |

1977年美国通过"清洁生产法"修正案　1992年150多个国家制定"联合国气候变化框公约"　2005年欧盟排放交易体系启用　2013年中国七个试点省市碳排放权交易启动

图 30　排放权交易体系形成与发展示意图

1968 年，美国经济学家首先提出"排放权交易"概念，即建立合法的污染物排放的权利，将其通过许可证的形式表现出来，使环境资源可以像商品一样买卖。

1977 年，美国通过了"清洁生产法"修正案后，建立了第一个排放权交易体系，引入了以"排放削减信用"为交易商品的排放权交易机制。

1990 年，美国设立酸雨计划，引入"总量控制与交易"的排放权交易机制，规定 2010 年美国二氧化硫年排放量在 1980 年水平上削减 1 000 万吨的目标。二氧化硫排放的总量限制通过发行可交易的许可证来实施，企业通过无偿分配和拍卖获得许可证，此计划在全国电力行业实施，取得巨大成功。

1992 年 6 月，150 多个国家制定了《联合国气候变化框架公约》，设定 2050 年全球温室气体排放减少 50% 的目标。

1997 年 12 月，在日本京都通过的《京都议定书》，作为《联合国气候变化框架公约》的补充条款，为各国的碳排放规定了标准，并提出了三种补充性的市场机制，即排放交易机制（ET）、联合履行机制（JI）和清洁发展机制（CDM），这些机制有助于降低实现减排目标的成本，允许发达国家缔约方通过碳交易等方式灵活地完成减排义务，而发展中国家缔约方可以获得相关技术和资金支持。《京都议定书》提出的三种市场机制，使温室气体减排量成为可以交易的无形商品，为碳交易市场的发展奠定了基础。一些国家、企业以及国际组织建立了一系列碳交易平台。

2005 年 1 月，欧盟正式启动了欧盟排放交易体系（EU ETS）。

2012 年 1 月，我国宣布开展碳排放权交易试点工作，逐步建立国内碳交易市场。

2013 年，我国国内七个试点省市地方碳交易正式启动。

2021 年 7 月 16 日，中国碳排放权交易市场正式开启上线交易。

5.2.1.2　中国碳排放权交易试点发展

2008 年，国家发改委首次提出要建立我国的碳排放权交易所。此后两个月，北京、上海、天津相继成立环境资源交易所。

2009 年，我国正式对外宣布控制温室气体排放的行动目标，决定到 2020 年单位国内生产总值二氧化碳排放比 2005 年下降 40%～45%。

2011 年，全国人大审议通过的《中华人民共和国国民经济和社会发展第十二个五年规划纲要》提出"十二五"时期我国应对气候变化的约束性目标：到 2015 年，单位国内生产总值二氧化碳排放比 2010 年下降 17%，单位国内生产总值能耗比 2010 年下降 16%。

2011 年 11 月，国家发改委发布了《关于开展碳排放权交易试点工作的通知》（发改气候〔2011〕2601 号），批准北京、天津、上海、重庆、湖北、广东、深圳等七省市开展碳交易试点工作。

2011 年 12 月，国务院发布了《关于印发〈"十二五"控制温室气体排放工作方案〉通知》（国发〔2011〕41 号），再次明确到 2015 年全国单位国内生产总值二氧化碳排放比 2010 年下降 17% 的主要目标，研究温室气体排放权分配方案，逐步形成区域碳交易体系。

2012 年 6 月，国家发改委印发《温室气体自愿减排交易管理暂行办法》（发改气候〔2012〕1668 号），确立国家自愿减排交易机制，提出中国核证减排量（China certified emission reduction，CCER）交易。

2013 年，七个碳交易试点省市陆续启动碳交易。截至 2014 年 6 月底，我国七大试点省市碳交易均已启动运行，交易场所分别为深圳排放权交易所、上海环境能源交易所、北京环境交易所、广州碳排放权交易所、天津排放权交易所、湖北碳排放权交易中心和重庆碳排放权交易中心。

2021 年 7 月 16 日，全国碳排放权交易市场正式开启上线交易，全国碳市场建设采用"双城"模式，即上海负责交易系统建设，湖北武汉负责登记结算系统建设。

5.2.2 碳排放权交易市场的分类

5.2.2.1 自愿性和强制性碳交易市场

根据要求程度的不同，碳排放权交易市场可以归纳为自愿性和强制性（也称履约型）两种主要类型。

前者是根据协议或合约自愿参与的一种碳交易制度安排。其目的在先行创新，检验有关的标准、方法和政策，为后者积累经验，是后者的前身预演和有效补充。其一般通过管理者与参与者签订具有法律约束力的合同文案的方式，明确参与者逐步降低碳排放目标的承诺。芝加哥气候交易所抵消项目标准（Chicago Climate Exchange Offsets Program Standard，CCX）、日本自愿性排放交易机制（Japan Voluntary Emissions Trading Scheme，JEVTS）和CCER等就属于这一类型。

后者是根据相关法律法规必须参与的一种碳交易制度安排。它既是基于市场机制遏制全球气候变暖的有效模式，也是"环境保护主义与经济学思想"的完美结合。一般由政府，即制度管理者事先制定具有法律约束力的制度规定，范围内的行业或企业必须依法参与。欧盟排放交易体系（European Union Emissions Trading System，EU ETS）、澳大利亚新南威尔士州温室气体减排体系（The New South Wales Greehouse Gas Abatement Scheme，NSW GGAS）和英国排放交易体系（UK Emissions Trading System）等就属于这一类型。

自愿性碳排放权交易市场，多出于企业履行社会责任、强化品牌建设、扩大社会效益等非履约目标，或者是具有社会责任感的个人为抵消个人碳排放、实现碳中和生活，而主动采取碳排放权交易行为以实现减排。

5.2.2.2 配额和项目碳交易市场

根据形成基础的不同，碳交易市场可以分为基于配额（allowance-based markets）和基于项目（project-based markets）的市场。配额是基于总量限制与交易（cap-and-trade）创建的，其交易标的为权威机构分配的配额或机制认可的转化为配额的信用额度；项目市场的碳信用则是基于基线与信用机制（baseline-and-credit）创建的，其交易标的为根据项目开发而产生的温室气体减排信用。这两类市场所产生的减排单位都属于可交易的碳信用范畴，其归属分配和实际使用并非发生在一个时间点上，使得碳信用具备了金融衍生产品的某些特性，为国际金融充分介入碳交易奠定了基础。

配额交易市场是指以政府或其他组织免费或拍卖的配额（allowances）（即碳排放权）为基础，碳排放企业或单位通过买卖配额来完成碳减排义务的一种碳交易制度安排。它是碳交易制度的主要类型。它的特点是：一般由制度管理者依据某个国家或地区总体减排任务设定某一承诺期内的碳排放总量，并在"合约期"（compliance period）之初通过配额方式分配给每个制度参与者；各参与者在合约期截止日前必须上缴相当于其实际碳排放量的配额；配额若有剩余，可以通过场内或场外自由交易出售，也可以通过电子注册的方式储存起来；不足部分，则通过购买弥补，否则会带来包括罚款在内的多种经济后果，并且一般不允许利用该种处罚抵消制度参与者上缴短缺配额的义务。

原则上，配额交易机制是通过设立碳排放上限来控制碳排放总量的，但具体到每一种制度，在如何控制碳排放总量上又略有不同。出于管理的原因，一个制度的承诺期往往被分割成若干以年份表示的合约期，对于那些一次发放多个合约期配额的制度，一般都限定在承诺期内使用配额的特定年份或特定时期。

基准及信用交易市场是指事前给每位制度参与者设定一个排放"基准"（baseline），事后计算其实际碳排放量，通过两者对比确定"信用"（credits）即"碳信用"（carbon credit）实现减排目标的一种碳交易制度安排。如果实际碳排放量低于基准水平，其差额就形成碳信用额度，如相反，则需要购买并上缴超额的碳信用；碳信用可能会到期作废，可能可以储存使用，也可能可以通过参与以项目为基础的活动或支付一笔与环境有关的基金来弥补。

一般来说，基准及信用机制通常由政府通过法律确立，并在管辖权范围内限定特定的碳排放量。制度参与者在执行受管制的活动前申请一项碳排放许可，或者说，制度管理者向受管制碳排放源分配排放的基准。设定的基准相当于制度参与者不会产生额外成本的允许碳排放量，它与特定碳排放源密切相关。因此，原则上制度参与者不能单独买卖基准。这种交易机制允许制度参与者在基准内无偿进行碳排放，交易机制在合约期结束前不会被使用。在合约期结束后，如果碳排放源的实际排放量低于合约期分配的基准就形成可交易的碳信用，反之就需要在合约期结束后很短的时间内上缴相对于两者差额的碳信用。这种碳信用可以是以前储备的，或者是当前购入的，譬如NSW GGAS、UK ETS（配额交易与基准及信用交易同时使用）等。很显然，它的交易量偏小、交易时间较短、碳减排目标不易实现，且缺乏组织性，存在先天性的市场缺陷。因此，是一种较为次要的碳交易机制，其倡导和警示意义大于实际减排意义。

必须指出的是，基于项目（project-based）的基准及信用交易，是以减排或碳汇项目为依托进行的一种碳交易制度安排。这种交易机制具有一定的政策和实施风险，表现在法律要求过严、项目开发存在过多的不确定性以及项目审批耗时过长等方面。

两种交易机制是有密切联系的。

一是都引入了"限额"概念，都是一种设置上限的制度安排。如果配额总和和基准总和在数量上相等，那么在排放总量方面，它们就没有实质性的差别。

二是都涉及制度的"执性"问题，即是否允许"新的参与者"进入。在一个"开放的"制度中，无论是先进入者还是后进入者，都有收到配额或基准的权利；反之，在一个"封闭的"制度中，只有先进入者享有这种权利，先入为主，后入为辅，门槛不同。市场的"开放性"是趋势，是市场坚守公平竞争的底线或法则。因此，为了吸引新的进入者，制度管理者一般要预设"新进入者储备"（new entant reserve），也就是配额储备，以先到先得，或者按比例分配，或者以不考虑最初配额储备的方式分配。诚然，开放制度也存在很难控制碳排放总量上限的固有缺陷，尤其在配额储备不断扩大的情况下。

两种交易机制又有显著的区别。

一是所谓"限额"的含义是不同的。在限额交易机制中，"限额"通常按照承诺期固定的碳排放上限来确定；在基准及信用交易机制中，上限根据碳排放的固定单位或者承诺期碳排放量的可变单位来确定。如果是固定单位，两者就非常类似；如果是可变单位，即主要按承诺期的实际生产量来确定，是一种管制碳排放强度而不是碳排放总量的方法，两者就有很大的不同。

二是配额和基准是不同的。配额与具体的碳排放源无关，仅与参与者存在未来关联，收到配额是参与者持续经营的前提，如果关闭碳排放源，节余的配额可以自由交易；基准是为每一个参与者单独设定的，与碳排放源密切相关，类似于数控机床中的专用软件，与碳排放源是一个整体，所以不便于单独买卖，如果关闭碳排放源，也就不存在所谓的基准问题。

三是配额和信用是不同的。参与者一旦收到配额就可以进行交易，交易量大，市场流动性强，并且其拥有者在卖出配额的同时可以签订远期合约赎回，当远期协议价格高于融资成本时，其差额就是一笔贷款，因此配额具有融资的功能；信用尽管也可以交易，但由于是基准与实际碳排放量比对的差额，只有在参与者的实际碳排放量低于基准时才能形成，所以交易量偏小，交易时间偏短，缺乏流动性，除非通过远期合约将交易窗口延长。另外，配额可以抵消所有的碳排放量，而信用只能抵消超出基准的碳排放量。两种交易机制的联系和区别如表 63 所示。

表 63　配额和项目交易机制的联系和区别

项目	配额交易机制	项目交易机制
配额（或上限）	承诺期固定的碳排放上限（或者承诺期碳排放的可变单位）	
开放性	允许和鼓励新进入者加入	
配额的分配	免费或拍卖给制度参与者	免费分配给制度参与者
交易性	配额是可以交易的，且数量较大，流动性较强	基准不能交易，但信用可以交易，且数量较少，流动性较弱
抵消或上缴	配额抵消所有的碳排放量	信用只抵消超出基准的碳排放量

5.2.2.3 一级市场和二级市场

根据市场类型，碳排放权交易市场可分为一级市场和二级市场。

一级市场是对碳排放权进行初始分配的市场体系。政府对碳排放空间使用权完全垄断，一级市场的卖方只有政府一家，买方包括履约企业和规定的组织，交易标的仅包括碳排放权一种，政府对碳排放权的价格有控制力。

二级市场是碳排放权的持有者（下级政府、企业及其他被纳入市场的主体）开展现货交易的市场体系。

一项完整的碳交易制度至少要包括目标温室气体，参与主体，碳排放权的初始分配、行使、灭失以及法律责任等几个核心要素。

参与主体是碳交易制度能否顺利实施的关键所在。这些主体主要包括依法要求参与交易体系的绝对参与者，通过碳减排项目获得碳信用的项目参与者，与政府签订自愿减排协议、自愿承担减排合同义务的协议参与者，以及出于道德要求或者其他目的而自愿购买碳排放单位的自愿参与者等四大类。

碳排放权的初始分配是碳交易制度能否顺利实施的基础。目前主要有基于历史排放量（祖父法则）或者基于设备或部门产出（基准法则）的无偿分配，以及由政府定价或者拍卖竞价的有偿分配等两种方式。

碳排放权的行使，也就是其收益、使用和处分的行为。碳交易制度都要求制度参与者通过提交配额或信用来履行减排义务。剩余权利可以转让、存储和借贷，即存入碳账户，或者从碳账户中直接出售交易，或者借入配额或信用以履行减排义务并在下一个承诺期或义务期偿还其所借用的配额或信用。

碳排放权的灭失，主要基于履行减排义务、期限届满和收回等三种情形。灭失可能是出于自愿，也可能是政府强制所为。

为了保证碳交易市场的建立和运行，相关国家和地区都出台了较为完善的法律、法规和制度，对碳交易的目的、覆盖范围、时间安排、涵盖气体、碳减排测量、注册监测程序和交易方式等作出了既有原则又不失操作性的约束规定。

5.2.3 碳排放权交易的工作原理

科斯定理是碳排放权交易机制的重要理论依据。可以从两方面理解：一是在产权界定明确且可以自由交易的前提下，如果交易成本为零，无论最初产权属于谁都不影响资源配置效率，资源配置将达到最优；二是在存在交易成本即交易成本为正的情况下，不同的权利界定会带来不同效率的资源配置。

在实践中，完全满足科斯定理的条件是不存在的，交易费用不可能为零，但是科斯定理指明了碳排放权交易是以产权经济学基本原理为理论基础的。具体交易方式是由政府部门确定全国碳排放权总量，并在总量范围内将碳排放权分配给各个控排企业使用，各控排企业可以根据自己的实际情况决定是否进行转让或进入市场交易等操作，从而达到控制碳排放和实现经济效益的目标。在我国，虽然碳排放权的产权性质仍未得到法律层面的定位，但是通过政府制定行政制度进行配额分配，仍然可发挥市场机制作用。

碳排放权交易在国际实践中，具体做法一般是：在一个碳排放权交易体系下，由政府机构在一个或多个行业中设定排放总量，并在总量范围内发放一定数量的可交易配额，一般每个配额对应 1 吨二氧化碳排放当量。

碳排放权交易体系中控排企业要为其承担责任的排放量上缴碳配额。初始配额可能可以免费获得或需有偿向政府购买。控排企业及其他主体还可选择交易配额或跨期存储配额，以供未来使用。根据不同规则，还可使用从其他渠道获取的合法排放量单位，如国内碳抵消机制（来自总量控制范围之外的行业）、国际碳抵消机制或其他碳排放权交易体系。

控制配额总量数量可以通过市场影响配额价格，以形成鼓励减排的激励机制。例如，更严格的总量控制转化为更少的配额供应，在其他条件完全相同的情况下，配额价格往往较高，从而起到强有力的减排激励作用。此外，通过市场交易，使配额的价格趋同，形成价格信号，有利于发展低碳商品与服务。政府制定配额总量预期目标可形成长期市场信号，以指导控排对象相应调整规划与投资策略。

配额可免费分配或出售（通常以拍卖形式）。免费配额分配应综合考虑历史排放量、产量和 / 或能效标准等因素。配额交易不仅有助于形成透明的价格，还能增加政府的财政收入。政府可将此收入用于各类用途，例如资助气候行动、支持创新或帮助低收入家庭等。此外，碳排放权交易体系还可运用其他机制为价格可预测性、成本控制及市场有效运作提供支持。配额出售应充分考虑各种碳减排政策和产业政策的协同效应，使碳减排政策与碳市场所要达到的价值目的相一致。

5.2.4 碳核算报告与碳核查

5.2.4.1 碳交易中的MRV制度

国际社会对温室气体排放和减排量化的基本要求是"三可"原则，即"可测量、可报告、可核查"（MRV），也是《联合国气候变化框架公约》下的国家温室气体排放清单和《京都议定书》下的三种履约机制（排放交易机制、联合履行机制、清洁发展机制）的实施基础，更是各国建立碳交易体系的基石。

"可测量"是指为了获得组织或具体设施的碳排放数据，可以采取一系列技术和管理措施，包括数据测量、获取、分析、处理、记录和计算等。

"可报告"是指可以以规范的形式或途径（如根据标准化的报告模板，以电子表格或纸质文件的方式报送）向主管部门报告组织或具体设施的最终测量事实、测量数据、量化结果等。

"可核查"是指可以核实和查证组织是否根据相关要求如实地完成了测量、量化过程，以及组织所报告的数据和信息是否真实准确。对一家参与交易的控排企业而言，其须在其内部建立一套完善的温室气体排放量化报告体系。核查是一个相对独立的过程，通常是由具有资质的第三方核查机构完成。显然，通过一个完整的 MRV 监管流程，可以实现利益相关方对数据的认可，从而增强整个碳交易体系的可信度。

5.4.4.2 MRV体系运行机理

温室气体排放及减排量的MRV体系中存在两个数据流向：组织自下而上地报告数据和政府主管部门（及受主管部门委托的第三方核查机构）自上而下地核查数据，这种双向的数据流向也是MRV体系的基本运行机理（如图31所示）。

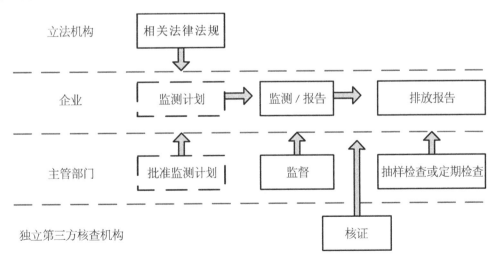

图 31　MRV 体系的运行机理示意图

自下而上地报告数据的形式包括：①组织根据相关法律法规的要求，制定监测计划，并报主管部门审核。依据经审核后的监测计划，组织从微观层面开始对所有的被纳入监测计划的排放设施进行监测，并以规范的报告形式向当地的主管部门报送监测、量化的统计数据；②当地主管部门向上一级部门直至碳交易管理的顶级部门报送统计数据。自上而下的核查数据包括：①主管部门对组织报送的监测计划进行审核，并依据监测计划对组织的监测和量化报告过程进行监督检查，对组织提交的排放量化报告进行抽样检查；②第三方核查机构接受主管部门的委托，以其专业性对组织报送的统计数据进行审核与查证，并出具具有法律效力的核查意见或报告。

5.2.4.3 MRV体系核心内容

1.MRV 相关法规和标准的制定

制定统一的法规和标准是 MRV 重要的一步，各国在碳交易活动之初均制定了明确的法规和标准，用于明确指导碳排放监测、量化和核查工作，有利于方法学的统一和数据的比较。各国的 MRV 法规和标准，一般包括三部分：一是组织的监测、量化和报告指南；二是用于核查的指南；三是第三方核查机构的认定管理指南。具权威性的标准之一为 ISO 14064：2006 系列标准，该标准在全球范围内确定了计算和验证温室气体排放量的标准方法。

2.确定核查对象

核查对象的确定分为对组织、项目、设备和活动进行的排放管控，以及管控的排放气体两个方面。核查对象是由碳交易主管部门根据交易市场以及管理辖区的实际情况确定的。

3.数据质量的管理

数据的真实性、可靠性和准确性是 MRV 的关键，数据质量是整个 MRV 工作过程的重中之重。数据质量管理贯穿于整个 MRV 的实施过程。组织在进行温室气体排放测量和报告过程中，对数据质量的管理应涉及数据收集输入与处理检查、活动数据检查、排放因子检查、排放量计算过程检查和表格数据处理步骤检查等方面，除数据质量的检查外，数据结果的交叉检查也非常重要。常用的交叉检查方法包括生产量与排放量的趋势比较、国内生产总值与排放量趋势的比较、行业碳强度的对比分析、主要耗能设备统计对比分析等。

4.实质性偏差的规定

核查机构应在考虑核查的目的、保证等级、准则和范围的基础上，根据目标用户的需求，规定允许的实质性偏差。通常商定的保证等级越高，允许的实质性偏差越小。

在给定条件下，如果报告中的一个偏差或多个偏差的累积，达到或超过了规定的实质性偏差，即被认为具有实质性，并视为不符合标准。为满足碳交易的要求，应明确规定允许的实质性偏差。为建立统一的碳交易市场，采用统一的核查标准、规定统一的允许的实质性偏差是非常必要的。

5.基准年数据

设定基准年是为了便于比较以及准确计算增加的排放量。除选定基准年之外，基准年的重新计算需要引起重视。在碳交易开始之后的每年的核查中，根据需要，有可能涉及基准年数据的重新计算。

5.2.5 配额分配与交易制度

5.2.5.1 总量设定

碳排放权配额简称"配额"，是指政府分配的碳排放权凭证和载体，是参与碳排放权交易的单位和个人依法取得，可用于交易和控排企业温室气体排放量抵扣的指标。1个单位配额代表持有的单位或个人被允许向大气中排放1吨二氧化碳当量的温室气体，是碳排放权市场交易的主要标的物。

碳排放权配额分配是指根据所设定的排放目标，由政府主管部门向纳入体系内的控排企业分配碳排放配额。配额分配是构建碳排放体系的前提和关键环节，其主要目的是明确相关主体的履约责任。

碳排放权交易体系排放总量是指限定了在一段指定时间内可供发放的配额总量，从而限定了排放对象的排放总量。根据总排放目标调整配额总量，向排放对象分配减排责任。这一体系设定了配额总量，因此每个配额均具有价值（即"碳价"）。总量设定越严格，发放配额的绝对数量越少，配额越稀缺，在其他条件不变的情况下碳价越高。

5.2.5.2 覆盖范围

建立碳排放权交易体系，首先要确立覆盖范围。覆盖范围是排放目标设置和排放权分配的先决条件。

所谓覆盖范围，是指将哪些排放源纳入碳排放权交易体系中，以及交易所涉及的温室气体类型，一般重点考虑覆盖行业、覆盖气体和纳入标准。

从理论上讲，为实现环境效益与经济效益最大化，所有排放源、排放部门及气体类型均应纳入碳排放权交易体系范畴。因受测算排放量所涉及的能力与成本、履约控制手段的可用性、体系管理的行政负担等诸多因素影响，目前现行的碳排放权交易体系的覆盖范围主要包括数据统计基础较好的、减排潜力较大的大型排放源。

1. 覆盖行业

现行碳排放权交易体系通常优先覆盖能源部门和能源密集型行业。全球几乎所有的碳排放权交易体系都覆盖了电力和工业的排放——包括其在生产过程中所产生的排放和燃烧化石燃料所产生的排放。

现有碳市场通常也覆盖与建筑业相关的排放，很少有碳市场覆盖废弃物处理或林业活动的排放。其他行业则仅可能会随着时间的推移而逐步被纳入碳排放权交易体系中，或通过采取补充政策措施来进行排放管制。部分国际碳排放权交易体系覆盖行业情况见表64。

《全国碳排放权交易市场建设方案（发电行业）》规定以发电行业为突破口，率先启动全国碳排放权交易体系，培育市场主体，完善市场监管，逐步扩大市场覆盖范围。

表64 部分国际碳排放权交易体系覆盖行业情况

区域	碳交易体系	工业	电力	建筑	交通	废弃物	航空	林业
欧洲和中亚	欧洲排放交易体系（EU ETS）	√	√				√	
	瑞士	√						
	哈萨克斯坦	√	√		√	√		
北美	美国区域温室气体减排行动（RGGI）		√					
	美国加州碳市场	√	√	√	√			
	加拿大魁北克	√	√	√	√			
大洋洲	新西兰	√	√	√	√	√	√	√
亚太	韩国	√	√	√	√	√	√	
	日本东京都总量限制交易体系	√			√			

2. 覆盖气体

由于监测所有温室气体的难度较大，且《巴黎协定》规定的7种温室气体对温室效应的贡献不尽相同，其中二氧化碳占温室气体的80%以上，因此部分碳排放权交易体系初期仅覆盖二氧化碳这一种温室气体，之后才逐渐纳入其他温室气体。

《全国碳排放权交易市场建设方案（发电行业）》规定我国碳排放权交易体系初期计划仅纳入二氧化碳。

3. 纳入标准

为降低行政成本，碳排权交易体系通常仅要求排放量达到某一特定排放限值的相关设施或单位纳入其体系中，即参与者的纳入标准。部分国际现行主要碳排放权交易体系纳入标准情况见表65。

《全国碳排放权交易市场建设方案（发电行业）》中规定，全国碳排放权交易体系初期交易主体为发电行业重点排放单位，即发电行业年度排放量达到 2.6 万吨二氧化碳当量（综合能源消费量约 1 万吨标准煤）及以上的企业或者其他经济组织。年度排放量达到 2.6 万吨二氧化碳当量及以上的其他行业自备电厂视同发电行业重点排放单位管理。

表 65 部分国际现行主要碳排放权交易体系纳入标准情况

碳排放权交易体系	纳入标准
欧盟排放交易体系（EU ETS）	纳入标准：燃烧活动的产能纳入标准为额定热输入量＞20 兆瓦，航空业排放纳入标准：（不包括运营航班）年排放量低于 10 000 吨二氧化碳的航空运输运营商； 排放源类别：与排放水平无关的特定排放源类别（如铝、氨、焦炭、精炼油和矿物油的生产）； 产能纳入标准：按行业划分，如玻璃制造业——熔炼能力大于 20 吨 / 每天
美国加州碳市场	排放量纳入标准：年排放量 ≥25 000 吨二氧化碳当量的所有设施； 排放源类别：与排放水平无关的部分排放源类别（如水泥生产厂、石灰制造厂、石油精炼厂）； 嵌入式排放纳入标准：石油产品、天然气、液化天然气和二氧化碳供应商，因消费已生产和已销售产品而产生的年度排放量 ≥10 000 吨二氧化碳当量
韩国	排放量纳入标准：设施层面＞每年 25 000 吨二氧化碳当量，实体层面＞每年 125 000 吨二氧化碳当量； 每年排放量为 15 000～25 000 吨二氧化碳当量的设施仍受目标管理办法的规范和管理
新西兰	燃料纳入标准：液体化石燃料； 能源：包括进口煤炭和煤炭开采超过每年 2 000 升的、天然气超过每年 10 000 升的燃烧油、原油、废油和炼制石油企业； 排放源类别：工业过程、林业及其他
美国区域温室气体减排 行动（RGGI）	容量纳入标准：产能 ≥25 兆瓦的电力发电厂
日本东京都总量限制交易体系	燃料纳入标准：燃油 / 热 / 电消耗量＞1500m³ 原油当量（CO_E）的所有设施； 排放量纳入标准：对非能源二氧化碳及其他温室气体而言，与年排放量 ≥3000 吨二氧化碳当量的所有实体及员工人数至少 21 人的公司； 运输能力纳入标准：具有一定运输能力的实体（例如，至少拥有 300 节火车车厢或 200 辆巴士）

5.2.5.3 配额分配方法

碳排放权交易体系中，由政府主管部门对纳入体系内的控排企业分配碳排放配额，碳排放权分配类型大体分为免费分配和有偿分配两种，其中免费分配方法包括基准线法、历史强度法和历史排放总量法，有偿分配可以采用拍卖或者固定价格出售方式进行。碳排放配额分配方法分类情况见图32。

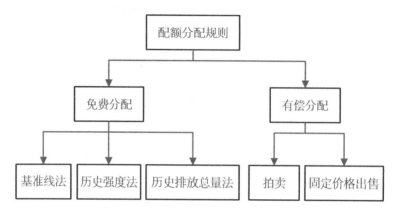

图 32　碳排放配额分配方法分类情况

1. 免费分配

免费分配是政府主管部门将碳排放权免费发放给控排对象，可分为基准线法、历史强度法和历史排放总量法3种分配方法。

（1）基准线法

基准线法又称为标杆法，指基于行业碳排放强度基准值分配配额。行业碳排放强度基准值一般是根据行业内纳入企业的历史碳排放强度水平、技术水平、减排潜力以及与该行业有关的产业政策、能耗目标等综合确定。基准线法对历史数据质量的要求较高，一般根据重点排放单位的实物产出量（活动水平）、所属行业基准、年度减排系数和调整系数4个要素计算重点排放单位配额。基准线法有利于激励技术水平高、碳排放强度低的先进企业。凡是在基准线以上的企业，生产得越多，配额的富余就越多，就可以通过碳市场获取更多利益。相反地，经营管理不善、技术设备水平低的企业，若是多生产，就会带来更多的配额购买负担。

（2）历史强度法

历史强度法是指根据排放单位的产品产量、历史强度值、减排系数等分配配额的一种方法。市场主体获得的配额总量以其历史数据为基础，根据排放单位的实物产出量（活动水平）、历史强度值、年度减排系数和调整系数4个要素计算重点排放单位配额。如我国部分试点采用的是以前几个年度的二氧化碳平均排放强度作为基准值，该方法介于基准线法和历史排放总量法之间，是在碳市场建设初期，行业和产品标杆数据缺乏的情况下确定碳配额的过渡性方法。

（3）历史排放总量法

历史排放总量法也称为"祖父法"，是不考虑排放对象的产品产量，只根据历史排放值分配配额的一种方法，以纳入配额管理的对象在过去一定年度的碳排放数据为主要依据，确定其未来年度碳排放配额。

2. 有偿分配

有偿分配是指政府主管部门将碳排放权有偿发放给控排对象，可划分为拍卖、固定价格出售两种方式。

（1）拍卖

碳配额拍卖是指政府主管部门通过公开或者密封竞价的方式将碳排放配额分配给出价最高的买方。碳配额拍卖是一种同质拍卖，即竞拍者对同一种商品（配额）在不同的价格水平上提出购买意愿，最终以某种机制确定成交价格。配额拍卖的来源主要是除免费配额外的部分以及储备配额。

（2）固定价格出售

此方式是政府主管部门综合考虑温室气体排放活动的外部成本、温室气体减排的平均成本、行业企业的减排潜力、温室气体减排目标、经济和社会发展规划以及碳排放权交易的行政成本等因素，制定碳排放配额的价格并公开出售给纳入碳体系的控排主体。

5.2.5.4　配额分配方案

各试点地区均在其碳排放管理办法中对配额分配作出原则性规定，对于分配方法、流程、发放方式和时间、配额调整等事项，则在管理办法的配套细则中加以规定。

各试点配额分配方法多是采用历史排放总量法或基准线法。基准线法主要应用于工艺流程相对统一、排放标准相对一致的行业，如电力行业。我国各试点省（市、区）除了重庆市采取自主申报的分配方法外，其余6个碳市场试点均根据各省（市、区）的经济发展水平、能源消费结构、产业结构以及重点产业和未来发展的规划对配额分配方法进行了部分变化和革新，见表66。

表66　我国各试点省市配额分配方法对比

试点地区	内容	分配方法	发放频次
深圳市	采取无偿和有偿分配两种形式。无偿分配不得低于配额总量的90%，有偿分配可采用拍卖、固定价格出售、拍卖的方式（以拍卖方式出售的配额数量，不得高于当年年度配额总量的3%）	历史强度法和基准线法	原则上每3年分配1次

续上表

试点地区	内容	分配方法	发放频次
上海市	试点期间采取免费方式；适时推行拍卖等有偿方式，履约期拍卖	历史排放总量法和基准线法	一次性发放3年配额，每年适当调整
北京市	免费发放配额。2016年起，对于原有重点排放单位和新增固定设施重点排放单位，依据2015年实际活动水平及该行业碳排放强度先进值核发配额；对于新增移动源重点排放单位，依照历史强度法进行配额分配	历史排放总量法、历史强度法和基准线法	年度
广东省（除深圳市外）	部分免费发放，部分有偿发放。2013年，97%免费、3%有偿、购买有偿配额才能获得免费配额；2014年和2015年，电力企业的免费配额比例为95%。钢铁化石和水泥企业的免费配额比例为97%	历史排放总量法和基准线法	连续颁布配额分配方案
天津市	以免费发放为主、以拍卖或固定价格出售等有偿发放为辅。拍卖或固定价格出售仅在交易市场价格出现较大波动时为稳定市场价格而使用	历史排放总量法、历史强度法和基准线法	年度
湖北省	企业年度碳排放配额、企业新增预留配额以及无偿分配政府预留配额，一般不超过配额总量的10%，主要用于市场调控和价格发现。其中用于价格发现的不超过政府预留配额的30%	历史排放总量法	年度
重庆市	2015年前配额实行免费分配	企业申报制度	年度

　　全国碳排放权交易体系配额分配方案由国家碳交易主管部门负责制定，初期以免费分配为主，电力行业配额分配主要采用行业基准线法、历史强度法这两种方法，对于不适用于行业基准线法和历史强度法的其他行业重点排放单位采用其他方法进行分配。部分国际主要碳排放权交易体系配额分配方法示例见表67。

表67　部分国际主要碳排放权交易体系配额分配方法示例

碳排放权交易体系	分配方法
欧盟排放交易体系（EU ETS）	第一阶段和第二阶段：各成员国通过《国家分配方案》负责分配排放配额； 第二阶段预留3%的配额拍卖（尽管允许10%），一般为新进入者预留配额（第二阶段为5.4%），工厂关闭时必须交回配额； 第三阶段：电力行业全部拍卖（小部分例外），其他配额根据行业基准集中免费分配到其他行业。能源密集型、易受贸易影响的行业将会得到基于行业基准100%的免费配额，其他部门将会得到80%的免费配额，这一比例将在2020年逐渐降至30%，在2027年降至0。新进入者接受同样的分配方法，工厂关闭意味着将结束免费分配

碳排放权交易体系	分配方法
美国区域温室气体减排行动（RGGI）	100% 拍卖。超过 90% 的收益用作支持客户的利益、能源高效利用以及可再生能源的开发、使用
新西兰	在过渡期配额固定价格为 25 新西兰元，初始配额为免费分配，且在过渡期不实施拍卖。基于排放强度，设置了基于基准值 60% 和 90% 的两档免费配额额度
日本东京都总量限制交易体系	免费配额的分配基于 3 年平均排放水平
美国加州碳市场	由多数的免费配额开始，随着时间的推移逐步减少

5.2.5.5 交易制度

碳排放权交易制度由交易主体、交易产品、交易规则、交易机构、交易行为等要素构成。交易制度需要建立有效防范价格异常波动的调节机制和防止市场操纵的风险防控机制，确保市场要素完整、公开透明、运行有序。

（1）交易主体

碳市场一级市场的交易标的仅包括了碳排放配额，是中央政府向地方政府和履约企业分配配额的市场，所以一级市场的交易主体皆为履约交易主体。从各碳排放权交易试点的实践来看，碳排放权交易二级市场的交易主体主要包括履约交易主体和自愿交易主体两大类。

履约交易主体，是指被依法纳入碳排放权交易体系的温室气体排放主体。履约交易主体负有在履约期间向政府主管部门提交与其实际温室气体排放量相当的碳排放配额或符合要求的核证自愿减排量的义务。履约交易主体在碳排放权交易二级市场中，既可能是碳排放配额或核证自愿减排量的需求方，也可能是碳排放配额或核证自愿减排量的供给方。当履约交易主体在履约期间的温室气体排放量超过了其所持有的碳排放配额并且该主体自行减排温室气体的成本高于碳排放配额或核证自愿减排量的价格时，该履约交易主体会选择从碳排放权交易二级市场购买碳排放配额或核证自愿减排量；当履约交易主体在履约期间的温室气体排放量低于其所持有的碳排放配额或核证自愿减排量时，该履约主体就会有富余的配额或核证自愿减排量，从而在碳排放权交易二级市场出售其持有的富余配额或核证自愿减排量。

自愿交易主体，是指自愿加入碳排放权交易二级市场进行碳排放配额或核证自愿减排量买卖的非履约交易主体。自愿交易主体与履约交易主体最大的区别在于自愿交易主体在履约期间没有向碳排放权交易主管机构提交与其温室气体排放量相等的碳排放配额或核证自愿减排量的义务，即没有强制性温室气体减排义务。自愿交易主体主要包括温室气体自愿减排项目的实施方以及自愿在交易平台注册并买卖碳排放配额或核证自愿减排量的企业、社会组织和个人等主体。

我国碳排放权交易试点的交易主体包括重点排放单位及符合规定条件的企业、社会组织和个人，各碳市场试点交易主体具体划分见表68。

表68 我国碳排放权交易试点交易主体

试点	交易主体
深圳市	交易会员； 投资机构或自然人； 境外投资者
上海市	交易所会员，包括自营类会员和综合类会员
北京市	履约机构； 非履约机构； 自然人
广东省（除深圳市外）	纳入碳排放权交易体系的控排企业和新建项目业主； 投资机构、其他组织和个人
天津市	国内外机构、企业、团体和个人
湖北省	控排企业； 自愿参与碳排放权交易活动的法人机构、其他组织和个人投资者
重庆市	重点排放企业； 符合交易细则规定的市场主体及自然人

相对交易主体，碳市场的参与主体众多，包括负责分配配额的政府主管部门、具有履约责任的企业或其他机构、没有履约责任的企业或其他机构、银行、投资机构、个人等，以及市场服务机构，如第三方核查机构、节能服务企业、碳资产开发企业等。碳市场参与主体关系见图33。

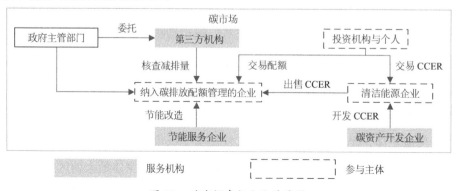

图33 碳市场参与主体关系图

（2）交易产品

碳排放权交易产品可以分为现货和衍生品两种。所谓现货交易，即常规传统的商品交易模式，一手交钱、一手交货，这里的"货"指碳配额或抵消量。衍生品从现货派生出来，价值由现货的价格和交割日期决定，主要的衍生品包括期货、期权、远期、互换等。

《全国碳排放权交易市场建设方案（发电行业）》明确规定初期交易产品为配额现货，条件成熟后增加符合交易规则的国家核证自愿减排量及其他交易产品。中国碳排放权交易试点的交易产品主要包括两类，即碳配额现货和碳抵消量现货，碳配额由各试点政府主管部门签发，碳抵消量绝大部分来自政府主管部门签发的中国核证自愿减排量。

（3）交易规则

交易规则通常会明确交易参与人、交易品种、交易方式、交易设施、交易时间等内容，同时还会对账户开立、交易申报、异常处理、交易结算、风险管理、市场信息披露、市场监督等具体环节进行详细说明。

碳排放权交易市场常见的交易方式有挂牌交易、协议转让、有偿竞价三种。

挂牌交易是指在规定的时间内，会员或客户通过交易系统进行买卖申报，交易系统按照"价格优先、时间优先"原则对买卖申报进行逐笔配对成交的公开竞价交易方式。

协议转让是指交易双方通过交易系统进行报价、询价达成一致意见并确认成交的交易方式。交易所可以根据市场需要，调整单笔协议转让交易的最低数量限额。

有偿竞价是指由交易所统一组织的以公开竞价的形式将配额出售的交易方式。

我国碳排放权交易试点碳市场交易规则及配套实施细则见表69。

表69　中国碳排放权交易试点碳市场交易规则及配套实施细则

项目	深圳市	上海市	北京市	广东省（除深圳市外）	天津市	湖北省	重庆市
交易平台	深圳排放权交易所	上海环境能源交易所	北京环境交易所	广州碳排放权交易所	天津排放权交易所	湖北碳排放权交易中心	重庆碳排放权交易中心
交易主体	交易会员	交易所会员，包括自营类会员和综合类会员	履约机构交易参与人、非履约机构交易参与人和自然人交易参与人	纳入碳排放权交易体系的控排企业和新建项目业主，投资机构、其他组织和个人	国内外机构、企业、团队和个人	国内外机构、企业、组织和个人	重点排放单位

续上表

项目	深圳市	上海市	北京市	广东省（除深圳市外）	天津市	湖北省	重庆市
交易品种	配额（代码SZA）	碳排放配额（代码SHEA）	碳排放配额（代码BEA）、CCER	广东省碳排放权配额（代码GDEA）	碳配额产品（代码TJEA）、CCER	碳排放配额（代码HBEA）、CCER	碳排放配额和其他经国家和市批准的交易品种
交易方式	定价点选、现货交易、大宗交易	挂牌交易、协议转让	公开交易、协议转让、场外交易等	挂牌点选、协议转让	网络现货、协议和拍卖交易	协商议价转让和定价转让混合交易	协议交易
交易规则	深圳排放权交易所现货交易规则（暂行）	上海环境能源交易所碳排放交易规则	北京环境交易所碳排放权交易规则（试行）北京环境交易所碳排放权交易规则配套细则（试行）	广州碳排放权交易中心碳排放配额交易规则（2019年修订）	天津排放权交易所碳排放权交易规则	湖北碳排放权交易中心碳排放权交易规则（2016年第一次修订）	重庆联合产权交易所碳排放交易细则（试行）
结算细则	深圳排放权交易所结算细则（暂行）	上海环境能源交易所碳排放交易结算细则(试行)	北京环境交易所碳排放权交易资金结算管理办法（试行）		天津排放权交易所碳排放权交易结算细则	湖北碳排放权交易中心碳排放权现货远期交易结算细则	重庆联合产权交易所碳排放交易结算管理办法（试行）
风控细则	深圳排放权交易所风险控制管理细则（暂行）	上海环境能源交易所碳排放交易风险控制管理办法（试行）	北京环境交易所碳排放权交易风险控制管理办法（试行）	广州碳排放权交易中心碳排放权交易风险控制管理细则（2017年修订）	天津排放权交易所碳排放权交易风险控制管理办法	湖北碳排放权交易中心碳排放权现货远期交易风险控制管理办法	重庆联合产权交易所碳排放交易风险管理办法（试行）
违规违约处理办法	深圳排放权交易所违规违约处理实施细则(暂行)	上海环境能源交易所碳排放交易违规违约处理办法（试行）					重庆联合产权交易所碳排放交易违规违约处理办法（试行）

项目	深圳市	上海市	北京市	广东省（除深圳市外）	天津市	湖北省	重庆市
信息管理办法		上海环境能源交易所碳排放交易信息管理办法（试行）	北京环境交易所碳排放权交易信息披露管理办法（试行）				重庆联合产权交易所碳排放交易信息管理办法（试行）

（4）风险控制

风险控制措施包括涨跌幅限制、最大持仓量限制、大户报告制度、风险警示制度和风险准备金制度，部分试点还明确了全额交易资金、强制平仓等措施，见表70。

表70　风险控制措施

风险控制措施	主要内容
涨跌幅限制	在每天的交易中规定当日的交易价格围绕某一基准价上下波动的幅度
最大持仓量限制	交易参与者可以持有的配额的最大数额
大户报告制度	交易参与者持有量达到交易所规定的报告标准或者交易所要求报告的，应当于交易所规定的时间内向其报告
风险警示制度	交易所认为必要的，可以单独或者同时采取要求交易参与者报告情况、发布书面警示和风险警示公告等措施，以警示和化解风险
风险准备金制度	为维护碳市场正常运转，提供财务担保和弥补不可预见风险带来的亏损的资金
全额交易资金	交易参与者按产品全额价款缴纳资金
强制平仓	交易参与者的交易保证金不足并未在规定时间内补足或持仓量超出最大限制时，交易所将对未平仓部分强制平仓

5.2.6　履约清缴与抵消机制

5.2.6.1　履约清缴

履约是确保碳市场对排放企业具有约束力的基础，将企业在履约周期末所上缴的履约工具（碳配额或抵消量）数量与其在该履约周期的经核查排放量进行核对，前者大于或等于后者则为合规。履约是每一个碳排放权交易履约周期的最后一个环节，也是最重要的环节之一。

清缴是指清理应缴未缴配额的过程。控排企业应在规定的时间向所在地地方人民政府生态环境主管部门提交与其上年度核定的温室气体排放量相等的配额，以完成其配额清缴义务。

履约期是指从配额分配到控排企业向政府主管部门上缴配额的时间，通常为一年或几年。履约期规定得较长，可以使体系参与者在履约期内根据不同年份的实际排放情况与配额拥有情况调整配额使用方案，减少短期配额价格波动，降低减排成本。履约期规定得较短，可以在短期内明确减排结果，并且有利于降低体系总量目标不合理、宏观经济影响等因素导致市场失效的风险。因此，履约期的确定应综合考虑当地主要排放源排放量、排放数据等实际情况。

我国试点地区规定重点排放单位需要在履约期内向政府主管部门上缴与监测周期内排放量相等的配额。试点地区均以一个自然年度作为碳排放监测周期，每一年对上一年度的碳排放量进行履约抵消，履约期集中在每年的5—7月。

惩罚机制是对逾期或不足额清缴的控排企业依法依规予以的处罚。《全国碳排放权交易市场建设方案（发电行业）》中提到，如果重点排放单位未履约，对逾期或不足额清缴的重点排放单位依法依规予以处罚，并将相关信息纳入全国信用信息共享平台实施联合惩戒。

《京都议定书》履约机制规定，对于不履约的发达国家和经济转轨国家，强制执行分支机构可暂停其参加碳排放权交易活动的资格；如缔约方排放量超过排放指标，还将在该缔约方下一承诺期的排放指标中扣减超量排放1.3倍的排放指标。

我国碳排放权交易试点地区在各自建立的违规违约处理办法中写入了处罚要求，见表71所示。

表71 我国碳排放权交易试点处罚要求

试点	直接处罚机制	间接约束机制
北京市	根据超额排放的程度，对超额碳排放量按照市场均价的3～5倍予以处罚	暂无
重庆市	按照清缴期届满前一个月配额平均交易价格的3倍予以处罚	3年内不得享受节能环保及应对气候变化等方面的财政补助资金； 将违规行为纳入国有企业领导班子绩效考核评价体系； 3年内不得参与各级政府及有关部门组织的节能环保及应对气候变化等方面的评先评优活动
广东省（除深圳市外）	责令改正，在下一年度配额中扣除未足额清缴部分2倍配额，并处5万元罚款	计入该企业的信用信息记录，并向社会公布

试点	直接处罚机制	间接约束机制
湖北省	对差额部分按照当年度碳排放配额市场均价予以 1～3 倍但最高不超过 15 万元的罚款，并在下一年度分配的配额中予以双倍扣除	建立碳排放履约黑名单制度，将未履约企业纳入相关信用信息记录； 通报国资监管机构，纳入国有企业绩效考核评价体系。不得受理未履约企业的国家和省节能减排的项目申报，不得通过该企业新建项目的节能审查
深圳市	由政府主管部门从登记账户中强制扣除与超额排放量相等的配额，不足部分从下一年度扣除，并处超额排放量乘以履约当月之前连续 6 个月配额平均价格 3 倍的罚款	纳入信用记录并曝光，通知金融系统征信信息管理机构； 取消财政资助； 通报国资监管机构，纳入国有企业绩效考核评价体系
上海市	责令履行配额清缴义务，并处 5 万～10 万元的罚款	纳入信用记录并曝光，通知金融系统征信信息管理机构； 取消 2 年内节能减排专项资金支持资格，以及 3 年内参与市节能减排先进集体和个人评比的资格； 不予受理下一年度新建固定资产投资项目节能评估报告表或者节能评估报告书
天津市	责令整改、刑事责任	3 年内不得享受纳入企业的融资支持和财政支持优惠政策
福建省	责令其履行清缴义务；拒不履行清缴义务的，在下一年度配额中扣除未足额清缴部分 2 倍配额，并处以清缴截止日前一年配额市场均价 1～3 倍的罚款，但罚款金额不超过 3 万元	计入碳排放权交易市场信用信息并曝光； 限制新增项目审批、核准； 增加检查频次； 减少扶持力度，纳入税收、银行等征信系统管理； 限制或取消发改等部门组织的各类认定认证和荣誉评选资格

从处罚权限来看，深圳市和北京市以人大立法的形式通过了规范碳排放和碳排放权交易的法律，其他试点地区则以地方政府规章的形式颁布了相关行政法规。

从法律责任来看，各个试点地区规定的法律责任主要是限期改正和罚款两项。

从内容来看，各个试点地区的管理办法主要针对以下行为的法律责任作出规定：第一，重点排放单位虚报、瞒报或者拒绝履行排放报告义务；第二，重点排放单位或核查机构不按规定提交核查报告；第三，重点排放单位未按规定履行配额清缴义务；第四，核查机构、交易机构、政府主管部门等不同主体的违法违规行为。

5.2.6.2 抵消机制

抵消机制是指碳排放权交易体系允许被覆盖的重点排放单位使用除配额外的"抵消"额度履约,抵消量可源自未被碳排放权交易体系覆盖的行业或地区中的实体企业。抵消机制的合理应用有助于支持和鼓励未被覆盖的行业排放源参与减排行动,可产生积极的协同效应,大幅降低碳交易体系的整体履约成本。

抵消量可由国内或国际开发的项目产生。国际抵消机制是由多个国家承认的机构(如国际组织或非营利组织内部的机构)管理的体系。管理机构为所有参与国制定明确规则,抵消量可在多个国家产生,并在国际市场上出售。《京都议定书》基于项目的机制 CDM 是国际抵消机制的范例。《巴黎协定》第六条介绍了未来新的抵消机制,该机制的规则和指导准则还有待制定。

国内抵消机制一般由国家或地方机构管理,主管部门针对特定司法管辖区制定规则,规则制定过程中可能参考国际指导准则。未来,其他司法管辖区或国家的抵消市场可与我国碳排放权交易体系建立链接,促成跨司法管辖区的抵消量交易和使用。

对于特定碳排放权交易体系,抵消机制通过鼓励在减排成本较低的地区或行业进行投资减排,降低了总体减排履约成本;并且通过调整抵消量使用比例可以达到调控价格、稳定碳市场的目的。

1. 地域限制

碳排放权交易体系可以接受来自管辖区范围内或范围外的抵消量,也可以两者同时接受。

管辖区范围内:仅接受来自本辖区的碳市场覆盖行业以外的抵消量,有助于实现辖区整体排放控制目标,同时还可减少履约、监测和执行的难度,获得辖区内减排行动的所有协同效益。例如,韩国碳排放权交易体系仅使用国内抵消量,即接受本地的2010 年 4 月 14 日以后实施的 CDM 项目以及碳捕获与封存(CCS)项目。

管辖区范围外:接受来自管辖区以外的抵消量可扩大供应来源,提供更多的低成本减排机会。美国加州和加拿大魁北克省以及日本埼玉县的城市碳排放权交易体系都允许来自该碳排放权交易体系辖区以外的抵消量额度。

2. 项目类型限制

许多碳排放权交易体系对其接受的抵消项目类型有限制,通过规定合格的抵消项目类型来确保环境完整性和实现其他协同目标。例如,欧洲和新西兰均拒绝使用来自核电或大型水电项目(出于政治和环境可持续性原因)和工业温室气体抵消活动(出于对额外性的担忧）的抵消量。国际主要现行碳排放权交易体系的抵消机制见表72所示。

表 72　国际主要现行碳排放权交易体系的抵消机制

碳排放权交易体系		抵消机制类型	限制
欧盟排放交易体系（EU ETS）	第一阶段（2005—2007 年）	无合格抵消量	无
	第二阶段（2008—2012 年）	联合履约机制下签发的（ERU）和清洁发展机制项目（CER）	各个成员国的性质限制各不相同。不得使用来自土地利用、土地利用变化和林业以及核电行业的抵消量。高于 20 兆瓦的水力发电项目也受限制。抵消量可占各国分配数量的一定百分比。未使用的抵消量转移至第三阶段
	第三阶段（2013—2020 年）	联合履约机制下签发的（ERU）和清洁发展机制项目（CER）	第二阶段的性质限制依然适用。2012 年之后的抵消量来源仅限于最不发达国家。不允许来自工业气体项目的抵消量。为《京都议定书》第一承诺期内的减排量签发的抵消量仅接受至 2015 年 3 月。第二、第三阶段的抵消量限制在 2008—2020 年期间减排总量（16 亿吨二氧化碳当量）的 50% 以下
	第四阶段（2021—2028 年）	待定	拟制定排除所有国际抵消量的提案
美国加州碳市场		由加州空气资源委员会（ARB）签发，来自美国或其领土范围、加拿大或墨西哥的项目，根据空气资源委员会批准的履约抵消协议开发履约抵消量； 由建立链接的监管计划（即与魁北克省）签发的履约抵消量； 来自符合要求的发展中国家或其部分司法管辖区的抵消机制（包括减少毁林和森林退化所致排放量）下的基于行业的抵消量，不过这将受进一步监管约束	抵消量总体上限制在覆盖实体履约义务总量的 8% 以下。其中基于行业的抵消量在 2017 年之前限制在履约义务总量的 2% 以下，2018—2020 年限制在 4% 以下

碳排放权交易体系		抵消机制类型	限制
新西兰		联合履约机制（ERU）、京都清除单位（清除单位）、清洁发展机制（CER）、国内移除单位；2015年5月31日之后仅包括来自第二承诺的首要核证减排量单位	不接受：来自核项目的 CER 和 ERU（长期 CER、临时 CER）；来自三氟甲烷和一氧化二氮销毁活动的 CER 和 ERU；来自大型水力发电项目（条件是遵守世界水坝委员会指导准则）的 CER 和 ERU；来自第一承诺期的减排单位、清除单位、CER 仅接受至 2015 年 5 月 31 口
美国区域温室气体减排行动（RGGI）		本地（项目位于区域温室气体倡议成员州和选定的其他州）	最高为各个企业履约义务总量的 3.3%，不过迄今为止该体系尚未产生抵消量
韩国	第一至第二阶段（2015—2020年）	国内（包括国内 CER）	限于 2010 年 4 月 14 日之后实施的减排活动。限制在各个企业履约义务总量的 10% 以下
	第三阶段（2021—2025 年）	国内和国际	国际抵消量最高可占碳排放权交易体系内抵消量总量的 50%
日本东京都总量限制交易体系		本地和国家级	总体上对抵消量的使用不设限。来自东京以外项目的信用可用于履行某一设施最高 1/3 的减排义务

3. 抵消量数量限制

在实际应用中，碳排放权交易体系通常会对抵消量的使用比例设定一个上限，通过控制抵消量的比例调节碳市场中交易标的物的供给量，进而影响市场供需平衡，达到调控价格的目的。当碳价格急剧上涨时，可以通过提高抵消量比例来增加碳排放配额供给以平抑碳价格暴涨，反之，可以通过降低这个比例预防碳价格暴跌。

中国在抵消机制的实践方面，国家发展改革委于 2012 年颁布《温室气体自感减排交易管理暂行办法》，对项目级的减排活动和碳排放权交易进行规范，其中规定温室气体自愿减排交易开发分为项目备案和减排量备案两个阶段。

项目备案主要工作：应采用已给国家主管部门备案的方法学开发，并由经国家主管部门备案的审定机构审定并出具审定报告，将项目备案相关材料提交国家主管部门申请项目备案。其中，方法学是指用于确定项目基准线、论证额外性、计算减排量、制订监测计划等的方法指南。

减排量备案主要工作：由经国家主管部门备案的核证机构对减排量进行核证并出具核证报告，将申请减排量备案相关材料提交国家主管部门申请减排量备案，成功备案的减排量将在国家自愿减排交易登记簿登记，登记后的减排量可在指定的交易机构内交易。

2017年3月17日，国家温室气体自愿减排主管部门暂停了自愿减排项目备案申请的受理。为进一步完善和规范温室气体自愿减排交易，促进绿色低碳发展，按照简政放权、放管结合、优化服务的要求，国家应对气候变化主管部门正在组织修订《温室气体自愿减排交易管理暂行办法》。

为支持温室气体自愿减排交易活动的开展，政府主管部门组织建设了国家自愿减排交易注册登记系统。自愿减排交易的相关参与方，即企业、机构、团体和个人，须在国家自愿减排交易注册登记系统中开设账户，以进行CCER的持有、转移、清缴和注销。《国家自愿减排交易注册登记系统开户流程（暂行）》对账户开立、信息变更、账户关闭等进行了详细说明。

CCER作为碳排放权交易市场的补充机制，是具有国家公信力的碳资产，可作为国内碳排放权交易试点内控排企业的履约用途，也可以作为企业和个人的自愿减排用途。配额不足时，控排企业可以购买其他企业出售的配额进行履约，也可以购买CCER进行抵消，1吨CCER等同于1吨碳排放配额。健康、有序的CCER交易可在一定程度上调控配额交易需求和价格，并且是配额交易的重要补充。

我国碳排放权交易试点均对可用于达到履约目的的抵消量的类型、产生日期、地理范围及数量设定了限制，具体见表73。

表73　我国碳排放权交易试点抵消机制设计

试点	抵消类型	比例限制	地域限制	时间或项目限制
北京市	CCER；经审定的北京市节能项目碳减排量和林业碳汇项目碳减排量	不超过年度配额量的5%，北京市辖区外只能抵消2.5%	北京市辖区外项目产生的CCER不得超过其当年CCER总量的50%，优先使用河北省和天津市等与北京市签署相关合作协议地区的CCER	2013年1月1日后实际产生的减排量；非来自减排氢氟碳化物（HFCs）、全氟化碳（PFCs）、氧化亚氮（N_2O）、六氟化硫（SF_6）气体的项目及水电项目的减排量；2005年2月16日后北京市碳汇造林项目和森林经营碳汇项目

续上表

试点	抵消类型	比例限制	地域限制	时间或项目限制
重庆市	CCER	不超过年度碳排放量的8%	无	减排项目应当于2010年12月31日后投入运行（森林碳汇项目不受此限制）；水电项目除外
广东省	CCER	不超过年度配额量的10%	70%以上的CCER来源于广东省本省项目非其他试点地区	非水电；对任一项目，二氧化碳、甲烷减排占项目减排量50%以上；水电项目以及化石能源（煤、油、气）的发电、供热和余能利用项目除外；来自清洁发展机制前项目的CCER除外
湖北省	CCER	不超过年度初始配额的10%	长江中游城市群（湖北）区域的国家扶贫开发工作重点县	非大、中型水电项目，优先农、林类
深圳市	CCER	不超过当年排放的10%	不包含纳入企业边界范围内产生的核证减排量	林业碳汇、农业减排
上海市	CCER	不超过年度配额量的5%（1%，2016年度）	不包含纳入企业边界，范围内产生的核证减排量	2013年1月1日后实际产生的减排量（非水电类项目，2016年度）
天津市	CCER	不超过年度配额量的10%	优先使用京津冀地区产生的CCER，不包括天津市及其他省市试点项目纳入企业产生的CCER	非水电；2013年1月1日后实际产生的减排量，仅来自二氧化碳气体项目；不包括水电项目的减排量
福建省	CCER经省碳交办备案的福建省林业碳汇减排量（FFCER）	不得高于其当年经确认的排放量的10%；其中用于抵消的林业碳汇项目减排量不得超过当年经确认排放量的10%，其他类型项目减排量不得超过当年经确认排放量的5%	本省行政区内产生的项目	项目为2005年2月16日以后开工建设项目，来自重点排放单位的减排量；非水电项目；仅来自二氧化碳、甲烷气体的项目减排量

5.3 碳市场

5.3.1 全国碳排放权交易市场

5.3.1.1 建设要求

市场一般具有供需关系、买卖双方、商品、交易市场和交易规则这五个基本要素。碳市场也同样具有这五个要素。

全国碳排放权交易市场作为一个旨在以市场的方式降低温室气体排放的体系，应当做到公平、有效、可预测。

1. 公平

公平是为了争取到足够的政治和社会支持。要保证公平性，必须做到顶层设计的"五统一"，包括：

（1）统一"注册登记平台"，即使用全国统一的注册登记系统记录和监督每一笔交易；

（2）统一"MRV 规则"，即统一核算要求、报告要求、核查要求等，保证数据的一致性；

（3）统一"配额分配方法"，使排放配额所代表的信用统一，并对所有企业公平；

（4）统一"履约规则"，即统一履约要求、抵消比例、未履约处罚等；

（5）统一"相关资质要求和监管"，即统一对核查机构等资质的要求，统一市场监管，为市场注入政府信用维持市场的长期稳定。同时可容许一定的灵活性，容许地方在国家规定基础上扩大纳入的行业和企业范围，减少免费配额的发放比例。

2. 有效

有效具体包含两方面的含义：

（1）环境有效性，即碳市场的总量或强度控制能得到严格执行，同时将碳泄漏的影响最小化；

（2）减排成本有效性，即在特定减排目标下，将减排成本控制在较低水平，实现高成本效益减排。

要保证环境有效性，关键是要有合理的 MRV 机制以保证排放数据的准确，同时建立强有力的监管机制以确保排放不超过排放控制目标。对于减排成本有效性，首先应当设计合理的配额分配方法，做到"奖励先进，惩罚落后"，激励具有较高减排潜力和较低减排成本的落后企业承担更多的减排责任；同时还需建立有效的交易机制，提高市场流动性，降低排放权益的流转成本，促进排放权益的优化配置，实现高成本效益减排。

3. 可预测性

可预测性是为了提高市场参与方的投资信心。碳交易体系的可预测性越高，市场参与方的投资热情越高，投资的社会效益和减排成果也越明显。为了提高可预测性，监管机构需要尽早确立设计要素，并对此进行有效的宣传沟通，及公开未来设计要素变化的方向；同时尽量减少政府干预和市场势力的影响，让市场供需自发形成相对稳定的市场价格。

按照国家发改委的规划，全国统一市场的建设将分为三个阶段：2014—2017年为前期准备阶段，争取到2017年基本完成体系建设；2017—2020年为市场运行第一阶段，在此期间进行体系的试运行、积累经验并不断完善体系的设计；2021年后为市场运行第二阶段，将在全国建成一个相对完善的碳排放交易体系，基本达到公平、有效、可预测的要求，同时考虑扩大覆盖范围，并研究与国际接轨。详见图34。

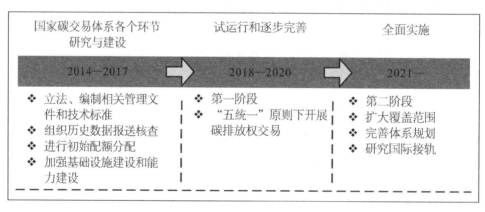

图34　全国碳排放权交易市场路线图

5.3.1.2 建设进展

中国的碳市场建设从地方试点起步，2011年国家发改委印发《关于开展碳排放权交易试点工作的通知》，2011年10月在北京、天津、上海、重庆、广东、湖北、深圳七省市启动了碳排放权交易地方试点工作。2013年起，7个地方试点碳市场陆续开始上线交易，有效促进了试点省市企业温室气体减排，也为全国碳市场建设摸索了制度，锻炼了人才，积累了经验，奠定了基础。

2017年末，经过国务院同意，国家发展改革委印发实施《全国碳排放权交易市场建设方案》，要求建设全国统一的碳排放权交易市场。

2018 年以来，生态环境部根据"三定方案"新职能职责的要求，积极推进全国碳市场建设各项工作。目前进展如下：

（1）在全国碳市场运行的制度体系建设方面，出台了《碳排放权交易管理办法（试行）》和碳排放权登记、交易、结算等管理制度，以及企业温室气体排放核算、核查等技术规范。《国务院碳排放权交易管理暂行条例》的立法进程稳步推进。

（2）在制定配额分配实施方案方面，确定并开始了发电行业作为首个纳入全国碳市场的行业，市场启动初期，只在发电行业重点排放单位之间开展配额现货交易，并衔接我国正在实行的碳排放强度管理制度，采取基准法对全国发电行业重点排放单位分配核发首批配额。

（3）在开展数据质量管理工作方面，落实碳排放核算、核查、报告制度。完成相关系统建设，建设重点排放单位温室气体排放信息管理系统，湖北省、上海市完成了全国碳排放权注册登记系统和交易系统的建设任务，在 2021 年 7 月 16 日全国碳排放权交易市场正式开启上线交易。

（4）在政策制度建设方面，从 2012 年开始，为了配合地方碳市场试点工作，国家发展改革委发布了《温室气体自愿减排交易管理暂行办法》，以规范核证自愿减排量（CCER）的备案和签发，帮助试点开展 CCER 交易，同时为全国碳市场探索一套科学、合理、可操作性强的抵消机制。2014 年国家发展改革委发布了《碳排放权交易管理暂行办法》；2019 年国家发展改革委发布了《全国碳排放权交易市场建设方案（发电行业）》；2019 年生态环境部发布了《大型活动碳中和实施指南（试行）》；2019 年 5 月财政部发布了《碳排放权交易有关会计处理暂行规定》；2020 年生态环境部发布了《2019-2020 年全国碳排放权交易配额总量设定与分配实施方案（发电行业）》《纳入 2019-2020 年全国碳排放权交易配额管理的重点排放单位名单》《碳排放权交易管理办法（试行）》；2021 年生态环境部发布了《企业温室气体排放报告核查指南（试行）》《碳排放权登记管理规则（试行）》《碳排放权交易管理规则（试行）》和《碳排放权结算管理规则（试行）》，详见表 74。国家发展改革委于 2013 年、2014 年和 2015 年分三批发布 24 个行业核算技术规范，详见表 75。

表 74　全国碳排放权交易市场的政策文件表

序号	文件名称	发布部门	时间
1	温室气体自愿减排交易管理暂行办法	国家发展改革委	2012 年 6 月
2	碳排放权交易管理暂行办法	国家发展改革委	2014 年 12 月
3	全国碳排放权交易市场建设方案（发电行业）	国家发展改革委	2017 年 12 月

续上表

序号	文件名称	发布部门	时间
4	大型活动碳中和实施指南（试行）	生态环境部	2019 年 5 月
5	碳排放权交易有关会计处理暂行规定	财政部	2019 年 12 月
6	2019—2020 年全国碳排放权交易配额总量设定与分配实施方案（发电行业）	生态环境部	2020 年 12 月
7	纳入 2019—2020 年全国碳排放权交易配额管理的重点排放单位名单	生态环境部	2020 年 12 月
8	碳排放权交易管理办法（试行）	生态环境部	2020 年 12 月
9	企业温室气体排放报告核查指南（试行）	生态环境部	2021 年 3 月
10	碳排放权登记管理规则（试行）	生态环境部	2021 年 5 月
11	碳排放权交易管理规则（试行）	生态环境部	2021 年 5 月
12	碳排放权结算管理规则（试行）	生态环境部	2021 年 5 月

表 75　行业核算技术规范表

序号	文件名称	行业核算技术规范
1	国家发展改革委办公厅关于印发首批 10 个行业企业温室气体排放核算方法与报告指南（试行）的通知（发改办气候〔2013〕2526 号）	中国发电企业温室气体排放核算方法与报告指南（试行）
2		中国电网企业温室气体排放核算方法与报告指南（试行）
3		中国钢铁生产企业温室气体排放核算方法与报告指南（试行）
4		中国化工生产企业温室气体排放核算方法与报告指南（试行）
5		中国电解铝生产企业温室气体排放核算方法与报告指南（试行）
6		中国镁冶炼企业温室气体排放核算方法与报告指南（试行）
7		中国平板玻璃生产企业温室气体排放核算方法与报告指南（试行）
8		中国水泥生产企业温室气体排放核算方法与报告指南（试行）
9		中国陶瓷生产企业温室气体排放核算方法与报告指南（试行）
10		中国民航企业温室气体排放核算方法与报告指南（试行）
11	国家发展改革委办公厅关于印发第二批 4 个行业企业温室气体排放核算方法与报告指南（试行）的通知（发改办气候〔2014〕2920 号）	中国石油和天然气生产企业温室气体排放核算方法与报告指南（试行）
12		中国石油化工企业温室气体排放核算方法与报告指南（试行）
13		中国独立焦化企业温室气体排放核算方法与报告指南（试行）
14		中国煤炭生产企业温室气体排放核算方法与报告指南（试行）

序号	文件名称	行业核算技术规范
15	国家发展改革委办公厅关于印发第三批10个行业企业温室气体核算方法与报告指南（试行）的通知（发改办气候〔2015〕1722号）	造纸和纸制品生产企业温室气体排放核算方法与报告指南（试行）
16		其他有色金属冶炼和压延加工业企业温室气体排放核算方法与报告指南（试行）
17		电子设备制造企业温室气体排放核算方法与报告指南（试行）
18		机械设备制造企业温室气体排放核算方法与报告指南（试行）
19		矿山企业温室气体排放核算方法与报告指南（试行）
20		食品、烟草及酒、饮料和精制茶企业温室气体排放核算方法与报告指南（试行）
21		公共建筑运营单位（企业）温室气体排放核算方法和报告指南（试行）
22		陆上交通运输企业温室气体排放核算方法与报告指南（试行）
23		氟化工企业温室气体排放核算方法与报告指南（试行）
24		工业其他行业企业温室气体排放核算方法与报告指南（试行）

2021年7月16日，全国碳排放权交易市场正式开启上线交易，全国碳市场建设采用"双城"模式，即：上海负责交易系统建设，湖北武汉负责登记结算系统建设。

根据《全国碳排放权交易管理办法》凡是在2.6万吨二氧化碳当量以上的企业，都会纳入碳排放交易体系。目前，我国只有电力、钢铁、水泥、有色金属、玻璃、化工、造纸、航空八大行业的企业要求每年报送温室气体排放数据，目前开市后的第一批企业只有电力行业2000余家企业。

5.3.1.3 管理模式

2020年12月生态环境部印发《碳排放权交易管理办法（试行）》，明确生态环境部按照国家有关规定建设全国碳排放权交易市场，全国碳排放权交易市场覆盖的温室气体种类和行业范围，由生态环境部拟订，按程序报批后实施，并向社会公开。生态环境部按照国家有关规定，组织建立全国碳排放权注册登记机构和全国碳排放权交易机构，组织建设全国碳排放权注册登记系统和全国碳排放权交易系统。

全国碳排放权注册登记机构通过全国碳排放权注册登记系统，记录碳排放配额的持有、变更、清缴、注销等信息，并提供结算服务。全国碳排放权注册登记系统记录的信息是判断碳排放配额归属的最终依据。全国碳排放权交易机构负责组织开展全国碳排放权集中统一交易。全国碳排放权注册登记机构和全国碳排放权交易机构应当定期向生态环境部报告全国碳排放权登记、交易、结算等活动和机构运行有关情况，以及应当报告的其他重大事项，并保证全国碳排放权注册登记系统和全国碳排放权交易系统安全稳定可靠运行。全国碳市场运行流程见图35所示。

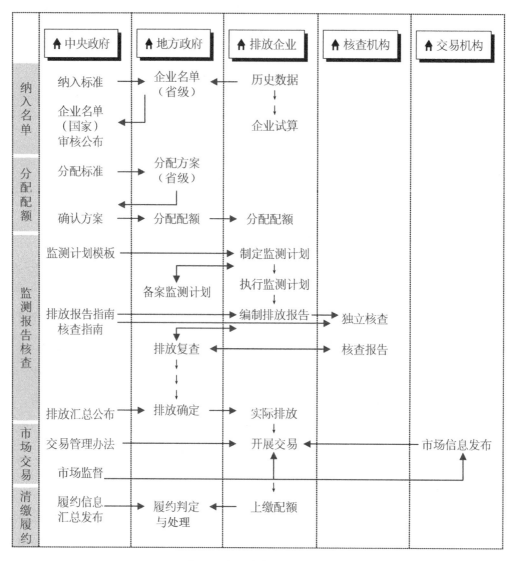

图35　全国碳市场运行流程

生态环境部负责制定全国碳排放权交易及相关活动的技术规范，加强对地方碳排放配额分配、温室气体排放报告与核查的监督管理，并会同国务院其他有关部门对全国碳排放权交易及相关活动进行监督管理和指导。省级生态环境主管部门负责在本行政区域内组织开展碳排放配额分配和清缴、温室气体排放报告的核查等相关活动，并进行监督管理。设区的市级生态环境主管部门负责配合省级生态环境主管部门落实相关具体工作，并根据本办法有关规定实施监督管理。全国碳排放权交易各相关主体的地位和作用见表76。

表76   全国碳排放权交易各相关主体的地位和作用

主体	地位和作用
中央政府	立法机关制定碳排放权交易相关法律、法规； 政府主管部门建立、管理并监督全国碳排放权交易市场，保障国家阶段性碳减排目标的实现； 政府主管部门制定并颁布国家碳排放权交易相关规则和标准
地方政府	贯彻落实国家有关碳排放权交易的法律法规政策要求； 监督管理本区域内企业的碳排放权交易市场
行业组织	参与制定行业碳排放权交易相关规则，开展行业应对气候变化统计工作； 行业自律与服务，开展行业碳排放权交易培训、技术咨询、评价、推广协调工作
第三方机构	受政府、行业、企业委托，从事发电企业碳排放核查等相关活动
集团总部	进行集团内整体碳资产配置； 带动下属企业完成相关能力建设和制度建设； 发挥对所属企业的碳资产调配作用，集团总部可以通过内部碳资产调配，为所属控排企业完成碳排放履约的同时，在集团范围内优化配置碳排放权资源，将集团整体碳资产收益最大化； 强化所属控排企业的碳管理能力，通过集团化管理，充分发挥集团内部资源、市场、技术的优势，克服单个企业在碳资产管理、运作上经验不足的短板效应
下属企业	下属企业作为基本核算单位开展碳排放权交易； 明确与碳排放权交易相关的职能部门和岗位，建立各部门和岗位之间的协调机制；制订内部规范性文件、管理流程和工作手册等管理工具； 完成企业碳排放核算、报告等； 实施减排或市场交易，完成履约，实现碳减排目标； 开展能力建设工作，提升对碳排放权交易的认识和管理水平

5.3.1.4 温室气体重点排放单位

属于全国碳排放权交易市场覆盖行业且年度温室气体排放量达到 2.6 万吨二氧化碳当量的温室气体排放单位应当列入温室气体重点排放单位。

省级生态环境主管部门应当按照生态环境部的有关规定，确定本行政区域重点排放单位名录，向生态环境部报告，并向社会公开。 重点排放单位应当控制温室气体排放，报告碳排放数据，清缴碳排放配额，公开交易及相关活动信息，并接受生态环境主管部门的监督管理。

连续两年温室气体排放未达到 2.6 万吨二氧化碳当量的，或者因停业、关闭以及其他原因不再从事生产经营活动因而不再排放温室气体的，省级生态环境主管部门应当将相关温室气体排放单位从重点排放单位名录中移出。

纳入全国碳排放权交易市场的重点排放单位，不再参与地方碳排放权交易试点市场。

5.3.1.5 配额分配与交易登记

生态环境部根据国家温室气体排放控制要求，综合考虑经济增长、产业结构调整、能源结构优化、大气污染物排放协同控制等因素，制定碳排放配额总量确定与分配方案。

省级生态环境主管部门应当根据生态环境部制定的碳排放配额总量确定与分配方案，向本行政区域内的重点排放单位分配规定年度的碳排放配额。

碳排放配额分配以免费分配为主，可以根据国家有关要求适时引入有偿分配。省级生态环境主管部门确定碳排放配额后，应当书面通知重点排放单位。重点排放单位对分配的碳排放配额有异议的，可以自接到通知之日起七个工作日内，向分配配额的省级生态环境主管部门申请复核；省级生态环境主管部门应当自接到复核申请之日起十个工作日内，作出复核决定。

重点排放单位应当在全国碳排放权注册登记系统开立账户，进行相关业务操作。重点排放单位发生合并、分立等情形需要变更单位名称、碳排放配额等事项的，应当报经所在地省级生态环境主管部门审核后，向全国碳排放权注册登记机构申请变更登记。全国碳排放权注册登记机构应当通过全国碳排放权注册登记系统进行变更登记，并向社会公开。

国家鼓励重点排放单位、机构和个人，出于减少温室气体排放等公益目的自愿注销其所持有的碳排放配额。自愿注销的碳排放配额，在国家碳排放配额总量中予以等量核减，不再进行分配、登记或者交易。相关注销情况应当向社会公开。

5.3.1.6 碳排放权交易

全国碳排放权交易市场的交易产品为碳排放配额，生态环境部可以根据国家有关规定适时增加其他交易产品。

重点排放单位以及符合国家有关交易规则的机构和个人，是全国碳排放权交易市场的交易主体。

碳排放权交易应当通过全国碳排放权交易系统进行，可以采取协议转让、单向竞价或者其他符合规定的方式。

全国碳排放权交易机构应当按照生态环境部有关规定，采取有效措施，发挥全国碳排放权交易市场引导温室气体减排的作用，防止过度投机的交易行为，维护市场健康发展。

全国碳排放权注册登记机构应当根据全国碳排放权交易机构提供的成交结果，通过全国碳排放权注册登记系统为交易主体及时更新相关信息。

全国碳排放权注册登记机构和全国碳排放权交易机构应当按照国家有关规定，实现数据及时、准确、安全交换。

5.3.1.7 碳排放核查与配额清缴

重点排放单位应当根据生态环境部制定的温室气体排放核算与报告技术规范，编制该单位上一年度的温室气体排放报告，载明排放量，并于每年3月31日前报生产经营场所所在地的省级生态环境主管部门。排放报告所涉数据的原始记录和管理台账应当至少保存五年。

重点排放单位对温室气体排放报告的真实性、完整性、准确性负责。重点排放单位编制的年度温室气体排放报告应当定期公开，接受社会监督，涉及国家秘密和商业秘密的除外。

省级生态环境主管部门应当组织开展对重点排放单位温室气体排放报告的核查，并将核查结果告知重点排放单位。核查结果应当作为重点排放单位碳排放配额清缴依据。

省级生态环境主管部门可以通过政府购买服务的方式委托技术服务机构提供核查服务。技术服务机构应当对提交的核查结果的真实性、完整性和准确性负责。重点排放单位对核查结果有异议的，可以自被告知核查结果之日起七个工作日内，向组织核查的省级生态环境主管部门申请复核；省级生态环境主管部门应当自接到复核申请之日起十个工作日内，作出复核决定。

重点排放单位应当在生态环境部规定的时限内，向分配配额的省级生态环境主管部门清缴上年度的碳排放配额。清缴量应当大于等于省级生态环境主管部门核查结果确认的该单位上年度温室气体实际排放量。

重点排放单位每年可以使用国家核证自愿减排量抵消碳排放配额的清缴，抵消比例不得超过应清缴碳排放配额的5%。相关规定由生态环境部另行制定。用于抵消的国家核证自愿减排量，不得来自纳入全国碳排放权交易市场配额管理的减排项目。

5.3.2 地方碳排放权交易试点

5.3.2.1 法律保障

2011年，我国在北京、天津、上海、重庆、湖北、广东、深圳等七个省市开展了碳排放权交易试点。自2013年开始，各试点碳市场陆续开始运营，尽管我国在试点阶段试点数量较少，但覆盖的碳排放量仅小于欧盟排放交易体系。跨越了我国东、中、西部地区的各试点，本身具备的经济结构特征、资源禀赋大不相同，各地方政府根据国家对碳市场建立的总体设计思路，结合本地社会经济发展特征，在总量设定、部门覆盖、配额分配、交易规则、履约机制等多个方面进行了政策实践，为后续全国性市场的建立探索可行路径。

由于七省市在经济发展阶段、产业结构特征、资源禀赋条件等方面存在较大差异，利用碳排放总量控制与交易这一高度市场化工具来解决外部性问题时，既有共性化特征，更有差异化考量。我国碳排放权交易试点地区情况见表77。

表77　中国碳排放权交易试点地区情况

地区	上线交易时间	覆盖行业
深圳	2013 年 6 月	工业：电力、天然气、供水、制造； 非工业：大型公共建筑、公共交通
北京	2013 年 11 月	工业：电力、热力、水泥、石化、其他工业； 非工业：事业单位、服务业、交通运输业
上海	2013 年 11 月	工业：电力、钢铁、石化、化工、有色金属、建材、动织、造纸、橡胶和化纤； 非工业：航空、机场、水运、港口、商场、宾馆、商务办公建筑和铁路站点
广东	2013 年 12 月	电力、水泥、钢铁、石化、造纸、民航
天津	2013 年 12 月	电力、热力、钢铁、化工、石化、油气开采、造纸、航空和建筑材料
湖北	2014 年 2 月	电力、热力、有色金属、钢铁、化工、水泥、石化、汽车制造、玻璃、陶瓷、供水、化纤、造纸、医药、食品饮料
重庆	2014 年 6 月	电力、电解铝、铁合金、电石、烧碱、水泥、钢铁
福建	2016 年 9 月	电力，石化、化工，建材，钢铁，有色金属，造纸，航空和陶瓷

碳交易是强制性地让控排主体参与碳交易市场，强制性地给控排主体分配联排放额度并强制性地履约，因此，碳交易的实施必须有强有力的法律作保障。

发达经济体在碳排放权交易的实践过程中，都建立了相对完善的法律体系，确定了实施碳排放权交易的法律基础，从而保障碳交易的顺利进行。而我国在试点启动前，缺乏国家层面的上位法。因此，试点地区依靠强有力的行政力量推动，不到两年的时间，完成了发达经济体花费六年以上的时间才能完成的制度体系和交易体系的设计并开始交易，基本形成了"1+1+N"（人大立法＋地方政府规章＋实施细则）或"1+N"（地方政府规章＋实施细则）的立法体系。各试点地区碳交易主要规范性文件见表78。

表 78　各试点地区碳交易规范性文件表

试点地区	文件名称	颁布单位	发布时间
北京	《关于北京市在严格控制碳排放总量前提下开展碳排放权交易试点工作的决定》	北京市人大常委会	2013 年 12 月 30 日
	《北京市碳排放权交易管理办法》（京政发〔2014〕14 号文件）	北京市人民政府	2014 年 6 月 30 日
深圳	《深圳经济特区碳排放管理若干规定》	深圳市人大常委会	2012 年 10 月 30 日
	《深圳市碳排放权交易管理暂行办法》（政府令第 262 号）	深圳市人民政府	2014 年 3 月 19 日
广东	《广东省碳排放管理试行办法》（粤府令第 197 号）	广东省人民政府	2014 年 1 月 15 日
天津	《天津市碳排放权交易管理暂行办法》（津政办发〔2013〕112 号）	天津市人民政府办公厅	2013 年 12 月 20 日
上海	《上海市碳排放管理暂行办法》（政府令第 10 号）	上海市人民政府	2013 年 11 月 18 日
湖北	《湖北省碳排放权管理和交易暂行办法》（政府令第 371 号）	湖北省人民政府	2014 年 3 月 17 日
重庆	《关于碳排放管理有关事项的决定》	重庆市人大常委会	2014 年 4 月 26 日
	《重庆市碳排放权交易管理暂行办法》（渝府发〔2014〕17 号）	重庆市人民政府	

　　总体上看，各试点地区立法约束力不足，立法位阶等级不高，大部分试点地区为政府规章和规范性文件。

　　试点地区中，仅有深圳和北京为人大立法，属于地方性法规；而上海、广东和湖北均为通过政府令形式发布管理办法，属于地方政府规章；天津和重庆仅有规范性文件。政府规章和规范性文件的立法位阶低于地方性法规。

　　政府规章只能在上位法已经存在的前提下制定，不能创设实体权利和义务，而地方性法规可以涉及上位法没有调整到的领域，可以创设实体性权利和义务。另一方面，政府规章的制定归属于行政系统，属于抽象行政行为，而地方性法规的制定归属于立法系统，其行为本身是国家立法权在地方的体现。

　　碳交易的本质是政府创设的环境政策工具，因此需要从法律上明确市场参与各方的权利和义务，使碳交易有法可依。

　　北京和深圳通过地方人大立法，实行碳排放总量控制，建立碳排放交易制度，配额可在政府规定的交易平台进行交易，从而确立了碳排放实体的权利和义务，保证了碳交易的合法性。

碳交易制度中的履约机制是形成碳交易市场的根本保证，而对违约行为的严厉惩罚，则是对履约行为的一种保护，这就需要通过立法赋予违约处罚合法性，严格执法保证碳市场的稳定运行。

深圳《深圳经济特区碳排放管理若干规定》的出台，有效避免了立法位阶不高导致处罚制度违法的问题；北京市发改委连续发布《关于责令重点排放单位限期报送碳排放核查报告的通知》《关于开展 2015 年碳排放报告报送核查及履约情况专项监察的通知》等，严格执法确立了碳交易体系的严肃性，行政处罚自由裁量权的规范更保证了执法的透明度。而其他试点地区由于缺乏地方性法规，缺乏执法权，只能通过行政处罚约束控排主体履约，约束力较弱，在实际工作中阻力较大，不利于碳交易的严肃性和减排效果的发挥。

政策文件数量多于法律法规。政策作为非正式法源，虽然在实际中必须遵守，但因其不是依靠国家强制力保障实施的，约束效力不足。在碳交易试点实施方案和管理办法的框架下，试点地区基本完成了技术层面的政策性文件的制定，如碳排放权交易规则和 MRV 指南，但并未以法律法规的形式确定，相关政策在试错中不断调整，特别是配额分配方案，基本上都是在上一年实践基础上对下一年的方案进行修改调整，导致部分政策缺乏连续性，不利于碳市场形成稳定预期。我国碳交易试点政策制度框架见图 36。

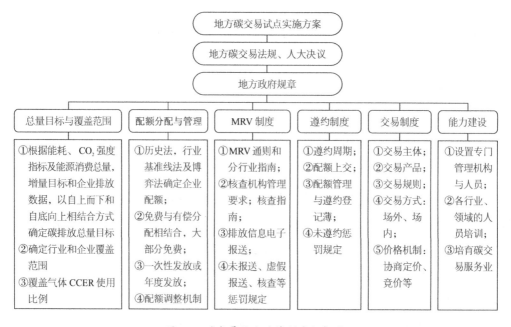

图 36　碳交易试点政策制度框架图

5.3.2.2 覆盖范围

在温室气体纳入范围方面，除了重庆外各碳试点均仅纳入了二氧化碳气体，重庆纳入了六种温室气体（二氧化碳、甲烷、氧化亚氮、氢氟碳化物、全氟碳化物、六氟化硫），各地覆盖温室气体排放的比例在40%~70%之间。此外，国内各碳试点均将间接排放纳入了交易机制中的碳排放核算体系，该点与国际碳市场的普遍做法不同，原因在于我国电力分配市场价格主要由政府主导、为不完全碳市场，被纳入碳市场的电力行业无法把成本转移至下游用电企业。因此将企业用电的间接排放计入其实际排放，有助于从消费端进行减排。

在纳入行业范围方面，各试点均纳入了排放量较高、减排空间较大的工业，如电力生产、制造业等。由于各试点经济结构不同，故纳入碳交易的行业范围差异较大，例如深圳、北京、上海等地第三产业占主导地位，因此将交通运输业、服务业、公共管理部门等纳入其中。由于各试点地区的经济结构差异较大，控排门槛差异也较大，例如深圳、北京工业企业较少且规模有限，故对工业的控排门槛设置低于其他碳试点；另外，与其他碳试点不同，湖北并非先指定行业范围、再设定控排门槛，而是直接通过设置控排门槛的方式判断哪些行业的企业纳入碳交易。

在控排企业数量及配额总量方面，尽管深圳、北京在企业数量上远高于其他碳试点，但配额总量都是八个碳试点中最少的，因此深圳、北京碳市场单家企业排放较小，配额持有更加分散，详见表79。

表79　地方碳排放权交易试点基本情况表

地区	上线交易时间	覆盖行业	企业数量及配额总量	覆盖气体类型及比例	配额分配方法	惩罚机制	市场调控机制
深圳	2013年6月	工业：电力、天然气、供水、制造；非工业：大型公共建筑、公共交通	706（31.45 $Mt CO_2$，2015）	CO_2：（40%）	免费分配＋标杆法（供水、电力及天然气）；免费分配＋历史排放告（其他行业）：拍卖（比例至少为3%，不针对具体行业）充费分配＋标杆法（电力行业、新进入者、热力、水泥行业）	必须补缴等于超额排放量的配额；同时缴纳等于碳市场平均价格3倍乘以超额排放	政府储备：政府预留2%配额，适时进行干预。市场干预：价格波动异常时，政府可以以固定价格购买配额，或回购碳配额（比例不得超过10%）

续上表

地区	上线交易时间	覆盖行业	企业数量及配额总量	覆盖气体类型及比例	配额分配方法	惩罚机制	市场调控机制
北京	2013年11月	工业：电力、热力、水泥、石化、其他工业；非工业：事业单位、服务业、交通运输业	831（约50 Mt CO_2，2018）	CO_2：（40%）	免费分配+历史排放法、历史强度法（其他行业）；拍卖（一小部分核配额，不针对具体行业）免费分配+标打法（热电力生产）	对其未缴纳的差额按照市场均价的5倍予以处罚，对其银行授信和补贴有影响	市场干预：十天内平均核价高于150成低于20元，政府买卖配额进行调节。交易限制：或价通状幅上限为20%；对不同交易主体有头寸限制，政府储备：可最高预留5%用于定期或不定期拍卖
上海	2013年11月	工业：电力、钢铁、石化、化工、有色金属、建材、动织、造纸、橡胶和化纤；非工业：航空、机场、水运、港口、商场、宾馆、商务办公建筑和铁路站点	31（158 Mt CO_2，2019）	CO_2：（57%）	免费分配+历史排放法（机场、商业、部分工业）：免费分配+历史强度法（部分工业、航空、港口、航运和水供应商）：拍卖（一小部分碳配额：不针对具体行业）	处以5万元以上10万元以下罚款：纳入企业信用记录，其补贴政策受到影响	政府储备：政府预留较小一部分配额，适时进行市场干预。交易限制：一天之内变动幅度超过10%或30%，通过暂时中止交易或控制持有份额干预价格

续上表

地区	上线交易时间	覆盖行业	企业数量及配额总量	覆盖气体类型及比例	配额分配方法	惩罚机制	市场调控机制
广东	2013年12月	电力、水泥、钢铁、石化、造纸、民航	24（456 MtCO$_2$，2019）	CO$_2$：（70%）	免费、拍卖分配＋标杆法、历史强度法、历史排放法（不同方法用于覆盖行业的某些工业过程：电力免费比例为95%，航空为100%，其他为97%）	在下一年度配额中扣除未足额清缴部分的2倍配额，并处5万元罚款，对其银行授信有影响	政府储备：政府预留5%的配额，适时进行市场干预。拍卖价格下限：当前定为前三个月配额加权平均价格的90%
天津	2013年12月	电力、热力、钢铁、化工、石化、油气开采、造纸、航空和建筑材料	113（160-170Mt CO$_2$，2014）	CO$_2$：（50%～60%）	免费分配＋历史强度法（热电力、造纸和建筑材料）；免费分配＋历史排放法（其他行业）；不定期拍卖（一小部分碳配额，不针对具体行业）	"责令限期改正"，并在3年内不得享受激励政策；在下一年度配额中扣除未足额清缴部分的2倍配额	市场干预：在碳价波动异常情况下，政府可以通过拍卖或购买的方式调节
湖北	2014年2月	电力、热力、有色金属、钢铁、化工、水泥、石化、汽车制造、玻璃、陶瓷、供水、化纤、遗纸、医药、食品饮料	37（270 Mt CO$_2$，2019）	CO$_2$：（42%）	免费分配＋标杆法（电力、水泥等）；免费分配＋历史排放法（其他行业）	对其未缴纳的差额按照当年度碳排放配额市场均价的1～3倍予以处罚，同时在下一年度分配的配额中予以双倍扣除	政府储备：政府预留8%的配额，适时进行市场干预。市场干预：如果碳价在20天的时间范围内六次达到低点或高点，则采取干预。交易限制：碳价涨跌幅上限为10%

223

地区	上线交易时间	覆盖行业	企业数量及配额总量	覆盖气体类型及比例	配额分配方法	惩罚机制	市场调控机制
重庆	2014年6月	电力、电解铝、铁合金、电石、烧碱、水泥、钢铁	180（97 Mt CO_2，2018）	CO_2, CH_4, N_2O, HFCs, PFCs, SF_6（62%）	免费分配＋历史排放法	按照清缴期届满前一个月配额平均交易价格的3倍予以处罚	交易限制：一天之内变动幅度超过10%或30%，采取暂时中止交易或控制持有份额等稳定碳价；出售额不得超过其年度免费分配额9%
福建	2016年9月	电力、石化、化工、建材、钢铁、有色金属、造纸、航空和陶瓷	269（约220 Mt CO_2，2019）	CO_2：（60%）	免费分配＋标杆法（电力、水泥、铝等行业）；免费分配＋历史排放法（其他行业）；拍卖（仅扣卖过一次，用于市场价格调控）	未能提供足够配额，按近一年内平均碳价的1～3倍缴纳罚款，不超三万元，同时在下一年度分配的配额中予以双倍扣除	政府储备：政府预留10%的配额，适时进行市场干预。市场干预：当碳价连续十个交易日累积涨跌幅超过一定比例，政府进行市场干预

5.3.2.3 配额分配方法

根据表79，从免费还是付费角度来看，当前八大试点中有六家碳试点均可以通过拍卖的方式进行配额的发放，但比例均较低；其次，只有广东碳试点碳配额的拍卖是针对具体行业初始碳配额的分配，其他碳试点设置拍卖的目的均为政府进行市场调控。从初始配额分配计算方法来看，除了重庆碳市场一刀切使用历史排放法外，其他碳试点均针对不同行业或生产过程设置不同的计算方式，例如电力、热力一般均采用了标杆法。其中，广东碳试点更具特色，它对同一行业的不同工业过程进行了详细的拆分，同一行业的不同过程可能使用不同的计算方法。

5.3.2.4 惩罚机制

对于履约期未足额缴纳对应碳配额的企业，从罚款金额上来看，天津碳试点无罚款措施，上海和广东碳市场予以金额较为固定的罚款措施，而其他碳试点的罚款措施均与碳价相关，其中北京碳市场罚款力度最大，对其未缴纳的差额按照市场均价的5倍予以处罚。

从补缴措施上来看，深圳、广东、天津、湖北、福建碳市场均要求未足额履约企业补缴碳配额。其中，深圳碳市场是在主管部门责令限期内，补缴等于超额排放量的配额，若违规企业未按时补缴则再在下一年度配额中予以等量扣除，其余四家碳市场则均是在下一年度配额中予以双倍扣除。

从其他配套惩罚机制上看，北京、上海、广东、天津碳市场还明确了未足额履约企业，在补贴政策或激励政策以及信用记录方面会受到影响。

5.3.2.5 市场调控机制

所有碳试点均会对碳价波动采取一定干预措施。最常见的措施为，当碳价出现波动时，政府通过回购碳配额或出售碳配额的方式进行市场干预，其中深圳碳市场规定了政府具体干预市场时可回购配额的比例上限，北京、湖北、福建碳市场则是明确了当碳价出现何种波动时，政府可以干预市场。另外一种干预市场的措施是交易限制，北京、上海、湖北、重庆碳市场对碳价涨跌幅、交易者头寸或交易量进行了一定控制，以此来稳定碳市场。最后，广东碳市场还通过给配额拍卖价格设定底价的方式，来稳定碳市场。

5.3.2.6 全国地区碳市场交易情况

2020年度全国各地区碳市场配额交易量、成交金额、地区配额成交占比，以及各地区CCER成交量、CCER成交量占比以及历年累计占比的情况见表80所示。

表80 全国2020年度碳市场交易量统计表

地区	配额成交量（万吨）	配额成交金额（亿元）	配额成交占比（%）	CCER成交量（万吨）	CCER成交占比（%）	CCER历年累计占比（%）
深圳	135.13	0.27	1.73	76.93	1	7
北京	533	2.74	6.84	186.35	3	10
上海	594.45	2.34	7.57	2 102.23	33	41
广东	3 303.04	8.46	42.36	1 270.04	20	21
天津	998.71	2.42	12.81	1 909.81	30	8
湖北	1 946.15	5.36	24.96	60	1	3
重庆	191.77	0.28	2.46	0	0	0
福建	99.14	0.17	1.27	514.39	8	5
四川	0	0	0	187.76	3	6

5.4 清洁发展机制

5.4.1 CDM相关规则

清洁发展机制（CDM）是《京都议定书》中引入的灵活履约机制之一，核心内容是允许《联合国气候变化框架公约》附件1的缔约方（即发达国家）与非附件1缔约方（即发展中国家）进行项目级的减排量抵消额的转让与获得，在发展中国家实施温室气体减排项目。即由工业化发达国家提供资金和技术，在发展中国家实施具有温室气体减排效果的项目，项目所产生的温室气体减排量则列入发达国家履行《京都议定书》的承诺见图37所示。

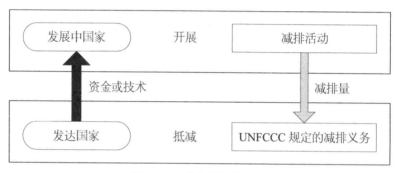

图 37　清洁发展机制原理

CDM 国际管理机构主要由缔约方会议和 CDM 执行理事会构成，如图 38 所示。根据《京都议定书》规定，《框架公约》缔约方会议是 CDM 相关机制的最高权力和指导机构，负责制定 CDM 的基本规则，以及协商解决 CDM 中的重要问题。CDM 执行理事会是 CDM 的监督机构，它在《框架公约》缔约方会议的主管和指导下，监督 CDM，并对缔约方会议负责。

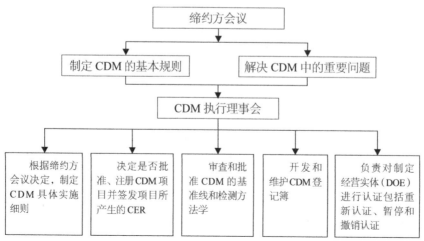

图 38　CDM 国际管理体制图

缔约方会议，是 CDM 的最高决策机构，也是《框架公约》和《京都议定书》下所有问题的最高决策机构。缔约方会议由所有缔约方代表参加，每年召开一次，磋商和解决有关气候变化的问题。

CDM 执行理事会，是 CDM 实施最核心的机构，主要功能为推进、指导和监督 CDM 项目的实施，决定是否批准、注册 CDM 项目并签发项目所产生的核证减排量（Certified Emission Reduction，CER）。其主要职能还包括：①根据缔约方会议的决定和指导意见，制定 CDM 具体实施细则。②提出小型 CDM 项目的简化规则。③审查和批准 CDM 的基准线和检测方法学。④按照相关认证标准，负责认证"指定经营实体"（designated operational entity，DOE），并就 DOE 向缔约方会议提出建议，包括重新认证、暂停和撤销认证的决定，认证程序和标准的实施等。⑤开发和维护 CDM 登记簿，开发和维护可公开查阅的 CDM 项目活动数据库，包括登记的项目设计书、收到的意见、核查报告、CDM 执行理事会的决定和所有发放的 CER 的信息。⑥提出和拟定 CDM 的各种政策并报缔约方会议批准等。

只有《京都议定书》的缔约方才能参加 CDM 项目合作。参与 CDM 合作必须基于自愿，必须有负责 CDM 的国家主管机构。

2002 年，我国由国务院核准《京都议定书》，并以国家发展和改革委员会作为中国开展 CDM 项目的指定国家主管机构。《京都议定书》生效后，在法律资格上，我国已经成为 CDM 的参与方之一。

《清洁发展机制的方式和程序》对 CDM 项目的合格性提出了具体要求：①项目相对于基准线而言必须能够产生温室气体减排量；②项目必须经参与项目的缔约方政府批准；③项目所采取的方法学是经过批准的方法学；④项目如果带来其他环境问题，应提出解决这些环境问题的方法；⑤项目基准线必须以项目为基础，并考虑保守和透明的方式来确定；建立基准线还应该充分考虑国家和行业的政策和规则；⑥项目应该选择合理的边界，并充分考虑项目可能产生的温室气体"泄露"问题等。

5.4.2　CDM项目的具体实施

5.4.2.1　CDM项目参与机构

CDM 项目开发流程又被称为 CDM 项目周期（project cycle），由于 CDM 具有国际性，它不仅仅是单纯的经济投资项目，中间既需要国家机关的批准还需要受到国际机构的监管，在项目实施过程中不仅会涉及更多的实体机构，还需要特别注意审批过程中的方法学要求和基准线的应用。

CDM 项目实施过程中，除 CDM 执行理事会以及缔约方会议外，主要还涉及项目业主、项目所在国政府和核查、核证项目的 DOE。项目实施中各参与方关系见图 39。

图 39 CDM 项目开展各方关系图

（1）项目业主。首先要负责按照 CDM 执行理事会颁布的模板，编制项目设计书，将文件提交给项目所在国批准，并邀请一个获得授权的 DOE 审定项目。在项目通过审定并获得注册后，执行项目，根据项目设计文件所提出的监测方案检测项目实施情况。在项目执行一段时间后，按要求邀请另一家 DOE 对项目所产生的温室气体减排量进行核证。

（2）项目所在国政府。主要是国家主管机构（在中国就是国家发展和改革委员会），负责审批报批的 CDM 项目是否符合国家的可持续发展需求和相关政策要求，决定是否批准所申报的将在其境内实施的项目作为 CDM 项目。项目所在国政府还可以通过颁布政策、建立专门机构等方式，管理其国内机构与其他发达国家机构之间开展的 CDM。

（3）核查 / 核证项目的 DOE。其主要职责是依据 CDM 的各项规则要求，对项目业主所申请的、作为 CDM 的项目进行审定，并在认定合格后提交到 CDM 执行理事会申请注册；负责在项目执行以后对项目所产生的温室气体减排量进行核证、并向 CDM 执行理事会申请签发 CER。

5.4.2.2　CDM项目开发流程

如图 40 所示，各参与方负有不同职责。

1.项目准备

就项目业主而言，首先需要按照 CDM 执行理事会颁布的标准模板，编写项目设计文件（project design document，PDD），然后将 PDD 提交政府批准。国外买方同时也需要向本国政府的国家主管机构申请报批。由于 CDM 执行理事会对 CDM 项目文件做出了详细规定，并定时更新。这也大大加大了我国项目业主自主编写 PDD 的难度，目前，我国项目业主一般会委托专业咨询机构编写 PDD。

2.政府审批

政府主管部门在收到 PDD 后，组织专家评议并召开 CDM 项目审批会（50 天，包括专家评审），对符合条件和 PDD 合格的项目出具政府批准函。

3.项目合格性审查

在政府批准后，项目业主选择一家联合国 CDM 执行理事会授权的 DOE，邀请其对项目合格性进行审定；重点是基准线和检测方法学的应用、基准线的确定、额外性评价、监测计划的编制等。如果合格性审定通过，DOE 将向 CDM 执行理事会申请 CDM 注册。

4.项目注册

《框架公约》秘书处审核 DOE 提交的申请注册项目文件的完整性。确认信息完整后，将项目在《框架公约》官方网站上的 CDM 栏目下公示 8 周。公示期间，如果没有 CDM 执行理事会 3 名或以上成员或项目任一参与方提出疑问，项目可正式获得注册。注册是核查、核证及签发与这一项目活动相关的 CER 的先决条件。

5.项目活动监测

项目获得注册后，项目业主实施项目，按照经注册的 CDM 项目 PDD 中的监测计划，监测和收集所有的相关数据并归档，以便确定基准线排放、测量 CDM 项目活动在项目边界内的温室气体减排量。最终编制检测报告并提交给 DOE。

6.减排量核查、核证

在项目执行一段时间后，项目业主邀请有别于承担初始项目申请的 DOE 对项目所产生的温室气体减排量进行核证。DOE 根据项目监测报告，计算出项目实际产生的温室气体减排量，编写包括温室气体减排量在内的项目核证报告，提交至 CDM 执行理事会，申请签发 CER。

7.CER 签发

《框架公约》秘书处对 DOE 提交的 CER 签发申请进行完整性审核，在《框架公约》官方网站的 CDM 栏目下将签发申请公示 15 天。公示期间，若无 CDM 执行理事会 3 名或以上成员或项目任一参与方提出疑问，该 CER 将顺利获得签发。

8.CER 转移

CER 签发后，暂时存入项目东道国国家账户，在扣除收益提成量后（捐赠给联合国气候变化适应基金的 2%CER，在最不发达国家实施的项目免除收益分成；国内根据项目种类不同需缴纳不同收益提成给国家），其余 CER 转入买家指定账户。

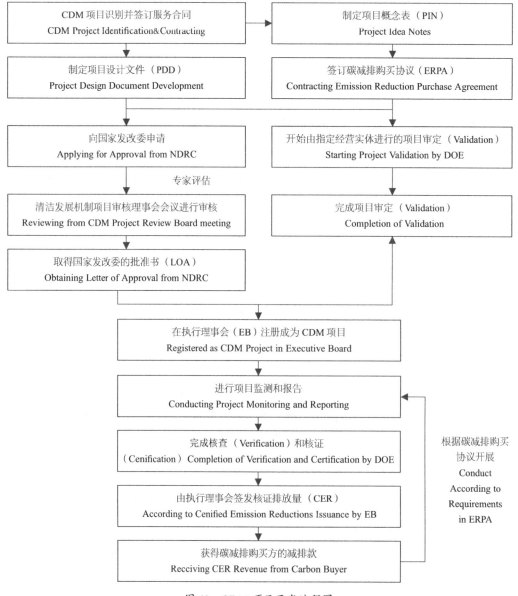

图 40　CDM 项目开发流程图

5.4.3 CDM方法学

5.4.3.1 方法学概念

根据 CDM 的基本概念，CDM 项目产生的减排量指标将从东道国向参与的发达国家缔约方转让，用于完成其在《京都议定书》下的减排义务的部分指标。此类碳交易仅是一种基于"减排信用额"的国际交易，不存在直观的实体，因此必须采用科学的和国际承认的及可操作的方法学进行事前或事后的估算、审定、测量、核查和核证项目产生的减排量。这一方法学关系到整个 CDM 项目的基础，被称为 CDM 方法学，其主要包括如下五个要素。

1. 基准线和检测方法学

这是 CDM 方法学的核心内容，是衡量 CDM 项目减排的基础，一般应用于项目级，按项目的部门和技术分类，要保证减排量的合理性、完整性、准确性、透明性和保守性。

2. 额外性评价与论证

额外性是 CDM 项目合格性的核心，其目的在于确保 CDM 项目减排的全球环境效益的完整性（environmental integrity）。CDM 项目的额外性可以通过以下指标分步骤按程序进行评价：按开始日期筛选、强制性政策法规分析、财务／投资分析、技术障碍分析、融资项目分析、体制障碍分析和普遍性分析等。

3. 项目边界确定

CDM 项目的减排量是项目实施前后的温室气体排放源排放（和／或吸收汇去除）的差，因此需要确定项目边界，确保涵盖所有与项目活动有关的排放源或者吸收，形成"气泡"，防止泄露，维护 CDM 项目开展下的碳平衡。

4. 减排量计算和测量

运用基准线情景和项目活动的温室气体排放计算公式、使用所获得的测量数据和假设条件以及相关资料分别计算基准线情景排放量 B 和 CDM 项目排放量 D 以及可能的泄露项 Δ，由此获得项目减排量等于 B–D ± Δ，当数据参数和假设条件存在不确定性因素时，则按保守性原则进行取舍，使得减排量结果最小。

5. 项目投资、财务分析

这是上述额外性评价和论证的关键步骤，需要对拟议的 CDM 项目在不考虑 CDM 减排量 CER 收益情况下的投资效益财务指标进行详细的现金流分析，以便评价该项目是否具有投资的财务吸引力，项目投资分析本质上是一般的项目工程技术经济和财务分析方法的推广。鉴于 CDM 是基于项目的机制，CDM 项目的减排量需要在 CDM 方法学的指导下，通过逐个实施 CDM 项目才能得到。因此，在《马拉喀什协议》关于 CDM 的模式与程序中对 CDM 的体制建设给予了完整详细描述，包括对 CDM 基准线和监测方法学的内容要求、开发步骤、审批标准、审批机构和程序以及经批准的方法学的应用规定和适用范围等。

5.4.3.2　项目边界

CDM 项目运行过程中，需要确定项目边界，使其能够覆盖所有与项目活动有关的排放源，形成"气泡"，防止泄露，从而达到碳排放的整体平衡。

根据 CDM 执行理事会发布的 CDM 项目对项目边界的定义，CDM 项目边界应该包括：在项目参与方控制下的；数量可观的；合理地归因于该项目活动引起的所有温室气体源的人为排放量。

项目边界有时按项目活动场地的物理位置来描述，可称之为物理边界；也可以按项目活动的地理位置来描述（含地理坐标），称为地理边界。而某些项目类型，如可再生能源发电并网、需求侧管理节电项目等，项目活动的减排量发生在项目所联的电网系统（基准线情景），这时，项目物理位置之外的电力系统的排放源也纳入项目边界范围内，称为系统边界。而泄露定义为项目边界之外的温室气体排放源的人为排放的净变化，它是可测量并可归因于该项目活动所引起的，但往往不在项目参与方控制之下，除非受到不当利益刺激造成的人为泄露。对于人为泄露，可通过设置有针对性的方法学使用条件限制其发生；对于非人为的泄露，则可制定适当的泄漏系数（IPCC 默认值）考虑其贡献，或酌情其量太小而声明忽略不计。

5.4.3.3　基准线

基准线方法学是整个 CDM 方法学的核心内容，也是衡量 CDM 项目减排量的基础。CDM 项目的减排量是基准线情景排放量与项目活动的排放量之差。尽管在没有 CDM 项目时存在很多可能的排放情景，但是基准线情景应该是通常情况下最合理的情景。

1. 基准线情景定义

基准线情景（《马拉喀什协议》制定）就是合理地代表在没有 CDM 项目活动时所出现的人为温室气体排放情景：应包含《京都议定书》所列的六种温室气体；排放部门和排放源类别；在项目边界范围内的排放。

设计项目基准线情景的目的是设置一个具有可比质量、特性和应用领域的相同生产、服务的水平下，CDM项目的"替身"，虽然仅仅是假设情景，但是应当是最有可能的情景。一般而言，就是在东道国的技术条件、财务能力、资源条件和政策法规环境下合理的排放水平；这往往也是一种或几种已经商业化并占国内市场主流地位的技术设备的能效水平及相应的排放水平。

2. 动态与静态基准线及其处理

在CDM项目的规划寿命期间，由于CDM项目类型、市场价格变化、技术进步和政策法规环境的变化等原因会出现静态或动态变化的特征。其中，静态基准线使用与现有设备的节能技改项目活动，在项目寿命期限内，如果不进行设备改造，原有设备的技术效率和排放水平基本维持不变。动态基准线则适用于新建项目，在项目规划寿命期限内，最可能的基准线情景排放水平应呈动态变化以便能够合理地反映当时的技术进步及市场渗透情景（平滑下降曲线）和／或政策法规干预（阶梯状下降曲线）。这需要科学和可靠的预测方法和数据支持以及法规文件佐证，但难以做到，存在很多人为的不确定性和风险见图41所示。

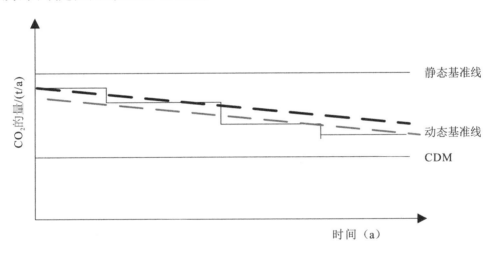

图41　动态基准线及静态基准线

因此，在《马拉喀什协议》关于CDM体制对基准线方法学中的减排量计入期问题采用1×10年固定计入期和3×7年可更新计入期两种办法，由CDM项目开发者根据本项目类型，所在部门的项目基准线的动态变化情况、影响因素和政策法规风险，酌情选择其中之一。

3. 基准线合理性判断

基准线是CDM项目中用以计算、评价、测量和核查减排量、减排额外性以及减排增加成本的基础标准，因此，对基准线方法学要求具有合理性、完整性、准确性、可靠性、透明性、保守性以及可操作性。

一个基准线是否具有合理性，是否能作为项目适用的方法学，还需要经过以下认定：如果一个新基准线方法学是经过《马拉喀什协议》CDM模式和程序（CDM model and program）第38段规定的关于新方法学审批规定的程序步骤而获批的，它就应当被认为是合理的基准线方法；如果一个经过批准基准线方法学在具体CDM项目的应用是经过DOE审定的：即符合《马拉喀什协议》CDM的模式和程序的第37段有关基准线合格性的要求，那么它就应该被认为是合理的基准线。

5.4.3.4 额外性

额外性问题是CDM项目问题的核心，也是CDM基准线方法学的核心问题。CDM项目必须具有额外性，指的是项目减排对于全球环境效益具有额外性，涉及确保CDM项目碳减排量交易的全球环境效益完整性。根据《京都议定书》的规定：CDM项目产生的减排量必须额外于在没有经过注册的项目活动的情况下产生的任何减排量。而《马拉喀什协议》进一步规定，如果CDM项目活动能够将其排放量降到低于基准线情景的排放水平，CDM项目还不属于基准线，将提就是额外的。因此，额外性和基准线是CDM项目合格性问题的两个依存的属性。

CDM项目带来的减排量相对于基准线情景是额外的，该项目在没有外来的CDM支持下（CER收益），存在具体财务效益、融资渠道技术风险、市场普及等方面的障碍因素，依靠国内条件难以实施，因此难以实现相应的减排量，而在CDM项目的支持下，能够实现这些减排，产生的减排量就是额外的。

根据以上定义，则发展中国家在自身发展进程中若是能凭借已有的经济技术条件实现，并且正在实现的减排潜力（"无悔项目"），就不具有CDM项目要求的额外性，不能用于替代发达国家国内减排义务指标。同样的，凡是受到国内强行法的要求，如环境保护或者能源法规必须执行的项目，其产生的减排量也没有额外性。

额外性的要求是CDM项目的减排量必须具有完整性，确保全球环境效益完整，必须带来实质性的减排量。发达国家参加CDM项目，只是换个地方减排，以抵消其在国内的排放（呈一定比例抵消）；发展中国家自身也在进行"无悔"减排，因此，发达国家必须在东道国获得额外的实质性减排，才能抵消其国内份额，只是对发达国家项目参与方而言，减排成本降低了。如果发达国家通过支持东道国的"无悔"减排项目，并以此减排量抵消其国内减排，则实际上这部分非额外的减排量给了发达国家额外排放的机会，事实上增加了全球范围内的碳排放。

CDM执行理事会已经批准两种CDM额外性评价方法工具，一种是额外性论证评价工具；另一种是识别基准线情景和论证额外性的组合工具。

额外性论证评价工具就是提供一系列的分析步骤进行逻辑推理，从正反两个方面，充分必要地论证拟议的CDM项目是否具有额外性以及识别最可能的基准线情形。分析项目是否具有额外性的步骤要点有以下几点：

①根据项目活动开始日期进行初步筛选（步骤0）；

②就拟议的项目活动而言，识别符合现行法律法规的替代方案（步骤1）；

③投资分析（步骤2）；

④障碍分析（步骤3）；

⑤普遍性分析（步骤4）；

⑥CDM注册的影响（步骤5）。

5.4.4　CDM国内管理规则

在1992年6月11日，在巴西里约热内卢召开的UNCED上，中国政府就签署了《框架公约》，并于同年11月17日正式批准《框架公约》，成为最早批准加入《框架公约》的首批缔约方之一。1998年5月29日、2002年8月30日我国政府先后签署、核准了《京都议定书》，成为《京都议定书》第37个签约国，并全面贯彻落实《京都议定书》的相关责任。

2004年5月31日，在我国CDM项目起步阶段，国家发布了《清洁发展机制项目运行管理暂行办法》，一年的试行后，2005年10月12日，正式颁布了《清洁发展机制项目运行管理办法》，《清洁发展机制项目运行管理办法》规定了我国CDM项目申请的许可条件、国家对项目的审批和管理、项目实施程序等，规范项目申请、审批和后期实施流程，保证了项目实施的规范性和有序性。2011年8月3日，根据我国现实情况，国家发展和改革委员会、科学技术部、外交部和财政部对《清洁发展机制项目运行管理办法》进行修订，出台了《清洁发展机制项目运行管理办法（修订）》，进一步推动了CDM在我国的健康有序发展。

此外，对于《清洁发展机制项目运行管理办法》中没有细化规定的一些事项，国家发展和改革委员会发布了一系列补充规定，使国内CDM项目管理制度进一步完善。2006年来，国家发展和改革委员会先后发布了"关于规范中国CDM项目咨询服务及评估工作的重要公告""CDM项目流程及申报审批程序""关于确定中国电网基准线排放因子的公告""关于增加人民币为CER价格单位的公告""香港特别行政区境内清洁发展机制项目的实施安排"等。这些公告作为管理政策的有效补充，为中国

CDM 项目的规范发展进一步奠定了政策基础。

我国 CDM 项目周期如下。

①项目识别 初步判断本项目是否为 CDM 项目。

②项目设计 当项目符合CDM的标准，需要完成项目设计文件（PDD）设计文件□□□□□□□CDM□□□□□□□□□

③项目批准CDM项目需要得到东道国指定的本国CDM主管机构批准，中国的CDM主管机构是国家发展和改革委员会（以下简称国家发改委），中国CDM项目需要获得国家发改委出具的正式批准文件。

④项目审定 项目开发者需要与一个指定的经营实体进行签约，负责其审核认证的工作。完成这项工作，这个项目才能成为合法的 CDM 项目。根据每个项目类型不同，寻找具有审核认证资质的指定的经营实体。

⑤项目注册 签约的指定经营实体确认该项目符合 CDM 的要求，签署审核认证报告，向联合国 CDM 执行理事会提出注册申请，审定报告中需要包含项目设计文件（PDD），东道国的书面批准文件以及对公众意见的处理情况。

在 CDM 执行理事会收到注册请求之日起 8 周内，如果没有 CDM 执行理事会的 3 个或 3 个以上的理事和参与项目的缔约方提出重新审查的要求，则项目自动通过注册。最终决定由 CDM 执行理事会在接到注册申请后的第二次会议之前作出。

⑥项目的实施与监测 监测活动由项目建议者实施，并且需要按照提交注册的项目设计文件中的检测计划进行。

监测结果需要向负责核查与核证项目减排量的指定经营实体报告。一般情况下，进行项目审定和减排量核查核证的经营实体不能为同一家，但小规模 CDM 项目可以申请同一家指定经营实体进行审定、核查和核证。

⑦减排量的核查与核证 核查是指由指定经营实体负责、对注册的 CDM 项目减排量进行周期性审查和确定的过程。根据核查的监测数据、计算程序和方法，可以计算 CDM 项目的减排量。

核证是指由指定的经营实体出具书面报告，证明在一个周期内，项目取得了经核查的减排量，根据核查报告，指定的经营实体出具一份书面的核证报告，并且将结果通知利益相关者。

⑧ 核证减排量（CER）的签发指定的经营实体提交给CDM执行理事会的核证报告，申请CDM执行理事会签发与核查减排量相等的CER。在CDM执行理事会收到签发请求之日起15天之内，参与项目的缔约方或至少三个执行理事会的成员没有提出对CER签

发申请进行审查，则可以认为签发CER的申请自动获得批准。如果缔约方或者三个以上的CDM执行理事会理事提出了审查要求，则CDM执行理事会需要对核证报告进行审查。

清洁发展机制（CDM）项目不仅使我国企业采用先进技术降低了碳排放，并获得了一定的经济收益，而且也积累了丰富的碳交易经验。

5.5 中国自愿减排项目

5.5.1 CCER基本概念

CER 是通过 DOE 认证的 CDM 注册的温室气体减排量，其注册必须通过清洁发展机制执行委员会（Clean Development Mechanism Executive Board）。中国核证减排量（CCER），不仅包括经联合国 CDM 执行理事会注册的在中国的 CER 项目，也可以是通过国家发展和改革委员会注册却未通过联合国 CDM 执行理事会注册的 CER 项目，国家可以给 CCER 项目以信用保证。CCER 类似于 CDM，两者的区别在于前者是在国内市场卖减排量，后者是在国际市场卖减排量。

如同于 CER 是通过 DOE 认证、CDM 项目进行注册，CCER 也是通过国家发展和改革委员会批准的审定与核证机构进行注册通过的。

CCER 交易是我国试点碳市场建设的重要内容，7 个试点碳市场均将 CCER 交易作为碳排放权交易的重要补充形式，用于排放权配额的抵消，并对用于配额抵消的 CCER 做出了具体限定。通过 CCER 完成减排任务的比例在 5%～10%。随着我国碳交易试点工作的进一步深化，基于 CCER 的碳金融衍生品逐渐成为各方关注的焦点。

根据《温室气体自愿减排交易管理暂行办法》，有四类项目可以开发成为 CCER 项目。第一类是采用国家发展和改革委员会备案的方法学开发的减排项目；第二类是获得国家发展和改革委员会批准但未在联合国 CDM 执行理事会或其他国际减排机制下注册的项目；第三类是在联合国 CDM 执行理事会注册前就已题产生减排量的项目；第四类是在联合国 CDM 执行理事会注册但未获的项目。另外还规定，上述四类项目均需在 2005 年 2 月 16 日之后开工建设。

温室气体自愿减排项目经由国家发展和改革委员会按照严格的程序核证后产生 CCER，此后 CCER 就固化为碳资产，作为碳资产，CCER 具有许多显著特点。

第一，CCER 是具有国家公信力的碳资产。CCER 是按照国家统一的温室气体自愿减排方法学并经过一系列严格的程序，包括项目备案、项目开发前期评估、项目监测、减排量核查与核证等，将温室气体自愿减排项目产生的减排量经国家发展和改革委员会备案后产生的，因此，CCER 是国家权威机构核证的碳资产，国家公信力强。

第二，CCER 是消除了地区和行业差异性的碳资产。尽管温室气体自愿减排项目来自中国 30 余个地区，覆盖新能源和可再生能源等七大领域和不同行业，但是温室气体自愿减排项目产生的减排量备案成为 CCER 后，CCER 就不再体现地区差异性和行业差异性，即来源不同温室气体自愿减排项目的 CCER 是同质的、等价的碳资产。

第三，CCER 是多元化的碳资产。（1）CCER 来源多元化，产生 CCER 的温室气体自愿减排项目既可以是按照温室气体自愿减排方法学开发的，也可以源于可转化为温室气体自愿减排项目的三类 pre-CDM 项目，而且温室气体自愿减排项目覆盖领域广、覆盖温室气体种类多。（2）CCER 用途多元化，既可以用于交易，也可以用于企业实现社会责任、碳中和、市场营销和品牌建设等。（3）CCER 交易方式多元化，CCER 交易不依赖法律强制进行，不仅可以场内交易，还可以场外交易，既可以现货交易，还可以发展为期货等碳金融产品交易。

第四，CCER 是同时体现减排和节能成效的碳资产。多数温室气体自愿减排项目通过减少能源消耗实现减少温室气体排放，具有减排和节能一举两得的功效，因此，CCER 实质上是减排和节能的联合载体，既是碳资产，又蕴含着节能量。

5.5.2　CCER项目开发流程

CCER 项目的开发流程在很大程度上沿袭了 CDM 项目的框架和思路，主要包括设计项目文件、项目审定、项目备案、项目实施与监测、减排量核查与核证、减排量签发等步骤。

（1）设计项目文件。设计项目文件是 CCER 项目开发的起点。PDD 是申请 CCER 项目的必要依据，是体现项目合格性并进一步计算与 CER 的重要参考。PDD 的编写需要依据从国家发展和改革委员会网站上获取的最新格式和填写指南，审定机构同时对提交的 PDD 的完整性进行审定。PDD 可以由项目业主自行撰写，也可由咨询机构协助项目业主完成。

（2）项目审定程序。项目业主提交 CCER 项目的备案申请材料后，需经过审定程序才能够在国家主管部门进行备案。审定程序主要包括准备、实施、报告三个阶段，具体包括合同签订、审定准备、PDD 公示、文件评审、现场访问、审定报告的编写及内部评审、审定报告的交付并上传至国家发展和改革委员会网站 7 个步骤。国家主管部门接到项目备案申请材料后，首先会委托专家进行评估，评估时间不超过 30 个工作日，然后主管部门对备案项目进行审查，审查时间不超过 30 个工作日（不含专家评估时间）。

（3）减排量核证程序。经备案的 CCER 项目产生减排量后，项目业主在向国家主管部门申请减排量签发前，应经由国家主管部门备案的核证机构核证，并出具减排量核证报告。核证程序主要包括准备、实施、报告三个阶段，具体包括合同签订、核证准备、监测报告公示、文件评审、现场访问、核证报告的编写及内部评审、核证报告的交付并上传至国家发展和改革委员会网站 7 个步骤。

项目业主申请减排量备案须提交以下材料：减排量备案申请函、监测报告和减排量核证报告。监测报告是记录减排项目数据管理、质量保证和控制程序的重要依据，是项目活动产生的减排量在事后可报告、可核证的重要保证。监测报告可由项目业主编制，或由项目业主委托咨询机构编制。国家主管部门接到减排量签发申请材料后，首先会委托专家进行技术评估，评估时间不超过 30 个工作日，然后主管部门对减排量备案申请进行审查，审查时间不超过 30 个工作日（不含专家评估时间）。

一个 CCER 项目从初期开发到最终投入市场交易，其完整的流程、各方参与机构的分工见图 42 所示。

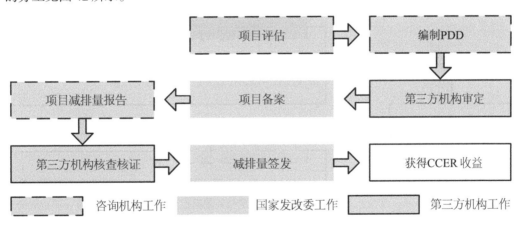

图 42　CCER 项目法定开发流程

5.5.3　CCER项目方法学

5.5.3.1　方法学定义及作用

方法学是指用于确定项目基准线、论证额外性、计算减排量、制定监测计划等的方法南，是审查 CCER 项目合格性以及估算、计算项目减排量的技术标准基础。方法学由基准线方法学和监测方法学两部分构成，前者是确定基准线情景、项目额外性、计算项目减排量的方法依据，后者是确定计算基准线排放、项目排放和泄漏所需监测的数据、信息的相关方法，见图 44 所示。

方法学在 CCER 项目的开发的各个阶段都起着非常重要的作用，见表 81 所示。

表 81　方法学在 CCER 项目的作用

序号	阶段	作用
1	项目设计阶段	必须在 PDD 中选择和应用经过批准的方法学
2	项目审定和备案阶段	DOE 与国家发展和改革委员会专家评审委员会分别对方法学的合理应用进行审查
3	项目监测阶段	将对方法学的具体实施，监测计划的可行性进行检验
4	减排量的核查与核证	DOE 将对监测计划的实施进行严格的审查
5	减排量备案	国家发展和改革委员会专家评审委员会会对监测计划的实施进行严格的审查，如不能满足方法学的要求，减排量将无法备案或遭受一定的减排量损失

因此，无论是 CCER 项目业主，还是 CCER 项目减排量购买方，都应对方法学的应用风险做好防范，如在合同条款中做出相应安排，以降低项目开发成本或减排量交易损失。

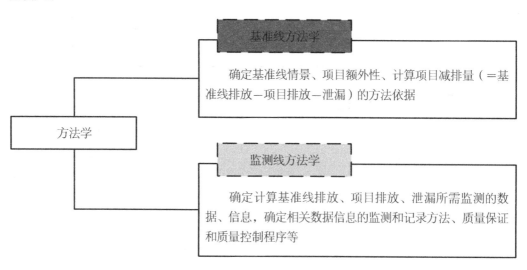

图 43　方法学构成

5.5.3.2　方法学构成

方法学主要包括基准线、额外性、项目边界、减排量计算和监测计划等要素，其中 CCER 项目基准线设定是方法学的核心问题之一。基准线是 CCER 项目额外性分析和项目活动减排量计算的基础。表 82 列出了方法学的各要素，并进行了说明。

表82　方法学各要素

序号	方法学要素	说明
1	适用范围	明确规定方法学的适用条件
2	项目边界	是指一个地理范围，这个地理范围应包括在项目参与方控制范围内的、数量可观并可合理归因于 CCER 项目活动的所有温室气体源人为排放量
3	基准线情景	为了提供和 CCER 项目同样的服务，在没有该项目时将出现的情况（需要针对每一种服务进行定义），可根据所使用的已批准的方法学的要求识别基准线情景
4	基准线	基准线合理代表在不开展 CCER 项目活动的情况下出现的人为温室气体排放情景；是在国内资源条件、财务能力、技术水平和法规政策下，可能出现的合理排放水平。往往代表一种或几种已商业化，在国内市场中主流技术设备的能效水平及排放水平基准线实际上是在基准线情景下的排放轨迹
5	额外性	额外性是指项目活动所带来的减排量相对于基准线是额外的，即这种项目及其减排量在没有外来的 CCER 项目支持情况下，存在财务效益指标、融资渠道、技术风险、市场普及和资源条件方面的障碍因素，依靠项目业主的现有条件难以实现
6	项目排放	项目活动引起的排放
7	基准线排放	基准线情景下将出现的排放
8	泄露	泄漏为项目边界之外出现的并且是可测量的和可归因于 CCER 项目活动的温室气体源人为排放量的净变化。泄漏通常可以忽略
9	监测计划和方法	监测方法和计划提供监测数据的质量控制和质量保障程序，用于估计或测量项目边界内产生的排放量，确定基准线和识别项目边界外的排放量净变化

目前《温室气体自愿减排交易管理暂行办法》中提到的方法学主要有两种，一种是直接使用来自联合国 CDM 执行理事会批准的 CDM 方法学；另一种是国内项目开发者向国家主管部门申请备案和批准的新方法学。这两类方法学在经过委托专家进行评估之后，都可以由国家主管部门进行备案，为自愿减排项目的申报审批等提供技术基础。

截至 2016 年 8 月 10 日，国家发展和改革委员会已在中国自愿减排交易信息平台公布了 9 批共计 193 个已备案的 CCER 方法学，其中由联合国 CDM 执行理事会批准的方法学转化 175 个，新开发 18 个；常规方法学 105 个，小型项目方法学 82 个，农林方法学 5 个（不包括生态修复）。2016 年 3 月 3 日，国家发展和改革委员会公布了 5 个常用的 CCER 方法学修订版本，这些方法学已基本涵盖了国内 CCER 项目的适用领域，为国内 CCER 项目业主和机构开发自愿减排项目提供了广阔的选择空间。见附录 5 至附录 11。

5.5.3.3 新CCER方法学开发流程

对于项目开发者来说，可以应用国家发展和改革委员会已批准的CCER方法学，开发CCER项目，成本低、周期短；如果没有合适的CCER方法学，可以申请对已批准的CCER方法学进行修改或偏离，或者开发新的方法学，向国家主管部门申请备案，并提交该方法学及所依托项目的设计文件。申请备案新的方法学，需要60个工作日的专家技术评估时间和30个工作日的国家主管部门备案审查时间，因而具有周期长、成本高、风险高的劣势，见图44所示。新CCER方法学开发流程见图45所示。

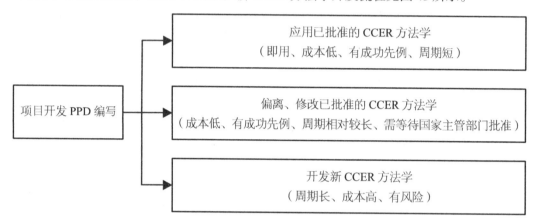

图44 方法学应用与开发

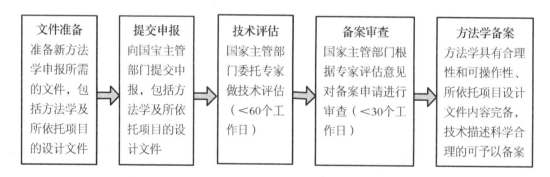

图45 新CCER方法学开发流程图

6 碳金融和碳会计

6.1 碳金融

狭义的碳金融，指企业间就政府分配的温室气体排放权进行市场交易所导致的金融活动；广义的碳金融，泛指服务于限制碳排放的所有金融活动，既包括碳排放权配额及其金融衍生品交易，也包括基于碳减排的直接投融资活动以及相关金融中介等服务。

碳金融市场即金融化的碳市场，它是欧美碳市场的发展主流。碳金融市场的层次结构体现在宏观框架和微观结构两个层面。宏观层面主要指政府政策规制下的碳排放权交易体系；微观层面具体包括二级交易市场、融资服务市场和支持服务市场，二级交易市场是其核心，它又分为场内交易和场外交易；而宏观框架和微观结构的过渡衔接部分，则是一级市场。碳金融市场的层次结构见图46。

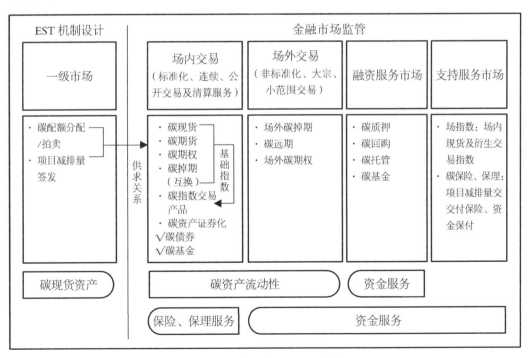

图46　碳金融市场的层次结构

6.1.1 碳金融市场要素

金融市场的构成要素一般包括4个方面：市场主体，即交易参与双方；市场客体，指交易标的及交易产品；市场价格，指在供求关系支配下由交易双方商定的成交价；市场媒介，指双方凭以完成交易的工具和中介，往往包括第三方中介机构及作为第四方的交易场所。

市场主体和市场媒介，共同构成了市场上的各类主要利益相关方。市场客体可以分为基础资产和金融产品两部分，碳排放权交易的基础资产主要包括两类：一是ETS体系下的碳排放权配额，如EU ETS下的欧盟配额（European Union Allowance，EUA）等；二是根据相应方法学开发的减排项目减排量，如清洁发展机制下的核证减排量（CER）、CCER等。

碳金融市场构成主要聚焦于3大关键要素：利益相关方、碳金融产品及价格发现机制。

6.1.2 利益相关方

1.交易双方

指直接参与碳金融市场交易活动的买卖双方，主要包括控排企业、减排项目业主、碳资产管理公司、碳基金及金融投资机构等市场主体。在现货交易阶段，市场主体往往以控排企业为主、碳资产管理公司和金融投资机构为辅；在衍生品交易阶段，金融投资机构尤其是做市商和经纪商将成为市场流动性的主要提供方。

2.第三方中介

指为市场主体提供各类辅助服务的专业机构，包括监测与核查核证机构、咨询公司、评估公司、会计师及律师事务所，以及为交易双方提供融资服务的机构。

3.第四方平台

指为市场各方开展交易相关活动提供公共基础设施的服务机构，主要包括注册登记簿和交易所。其中，交易所除了提供交易场所、交易规则、交易系统、交易撮合、清算交付和信息服务等功能外，还承担着部分市场一线交易活动的日常监管职能。

4.监管部门

指对碳金融市场的合规稳定运行进行管理和监督的各类主管部门，主要包括行业主管部门、金融监管部门及财税部门等。碳金融市场的主要利益相关方构成、作用及影响，见表83所示。

表 83　碳金融市场的主要利益相关方构成、作用及影响

机构类型		作用及影响
交易双方	控排企业	市场交易； 提高能效降低能耗，通过实体经济中的个体带动全社会完成减排目标； 通过主体间的交易实现最低成本的减排
	减排项目业主	提供符合要求的减排量，降低履约成本； 促进未被纳入交易体系的主体以及其他行业的减排工作
	碳资产管理公司	提供咨询服务； 投资碳金融产品，增强市场流动性
	碳基金等金融投资机构	丰富交易产品； 吸引资金入场； 增强市场流动性
第三方中个	监测与核证机构	保证抵消量的可监测、可报告、可核查原则； 维护市场交易的有效性
	其他（如咨询公司、评估公司、会计师及律师事务所）	提供咨询服务； 碳资产评估； 碳排放权交易相关审计
第四方平台	登记注册机构	对碳配额及其他规定允许的抵消量指标进行登记注册； 规范市场交易活动并便于监管
	交易平台	交易信息的汇集发布； 降低交易风险、降低交易成本； 价格发现； 增强市场流动性
监管部门	政府主管部门	制定有关碳减排配额交易市场的监管条例，并依法依规行使监管权力； 对市场上的交易品种、交易所制定的交易制度、交易规则进行监管； 对市场的交易活动进行监督； 监督检查市场交易的信息公开情况； 对违法违规行为与相关部门相互配合进行查处、维护市场健康稳定

6.1.3　碳金融产品

碳金融产品是依托碳配额及项目减排量两种基础碳资产开发出来的各类金融工具，从功能角度主要包括交易工具、融资工具和支持工具三类。这些金融工具可以帮

助市场参与者降低减排成本，拓宽融资渠道，增强碳排放权资产属性，帮助企业达到碳资产保值增值的目的。

1. 交易工具

除了碳配额及项目减排量等碳资产现货外，主要包括碳远期、碳期货、碳掉期、碳期权，以及碳资产证券化和指数化的碳排放权交易产品等。交易工具可以帮助市场参与者更有效地管理碳资产，为其提供多样化的交易方式、提高市场流动性、对冲未来价格波动风险、实现套期保值。

2. 融资工具、服务

主要包括碳债券、碳资产质押、碳资产回购、碳资产租赁、碳资产托管等。融资工具可以为碳资产创造估值和变现的途径，帮助企业拓宽融资渠道。

3. 支持工具

主要包括碳指数和碳保险等。支持工具及相关服务可以为各方了解市场趋势提供风向标，同时为管理碳资产提供风险管理工具和市场征信手段。

6.1.4 价格发现机制

1. 定价因素及工具

碳资产的价格是通过市场交易活动来发现的，当前价格主要由供需决定，未来价格主要由预期决定，当前供需与未来预期往往也会相互影响。碳期货、碳期权、碳远期及碳掉期等碳金融交易产品，本质上都属于反映不同主体风险偏好和未来预期的碳价格发现工具。

2. 价格发现渠道

市场的价格发现渠道除了实际成交价外，还有一条途径是市场报价。例如，作为做市商的金融投资机构有义务和责任为市场交易产品报出买卖价格，并在该价位上接受市场参与方的买卖要求，以此维持市场流动性。这种市场报价，往往是当前供需和未来预期综合作用的结果。

3. 市场价格的特性

一个良好和权威的碳价信号，需要具备三个主要特点：①公允性。即能够被市场参与各方普遍接受，反不被某些参与主体操纵。②有效性。它包括两个层面：最基本的要求是能够反映市场真实供需，最理想的状态是能够反映边际减排成本，只有这样碳价信号才能实际发挥对节能减排和低碳投资的引导作用。由于市场情况复杂，但现实与理想状态一直存在不小的距离，这对市场各方主体都提出了更高的要求。③稳定性。市场价格天然是不断波动的，所谓稳定性指的是碳价波动水平能够保持在市场可承受的范围内，既能实现对各类主体激励与约束的相对均衡，又能在保证市场供需自主定价的同时维持市场的相对稳定，避免出现碳价崩溃等市场极端情况。

6.2 碳会计

6.2.1 碳会计概念

碳会计（carbon accounting），最早由美国学者 Stewart Jones 等人（2008）提出，具体是指碳排放、碳交易及其鉴证等方面所涉及的会计问题。碳会计思想则可以追溯到 1992 年德国 Wuppertal 研究所提出，日后被德、日、英、美等国家广泛采用，定量测度经济系统运行中物质使用量的"物质流账户体系"（material flow accounts，MFA），以及发端于 20 世纪 70 年代、发展成熟于 20 世纪 90 年代的环境会计。

碳会计是会计学的一个分支，也是环境会计重要的组成部分。碳交易或事项（也就是碳交易市场的交易对象）需要及时纳入现行会计核算系统，碳排放权利需要资产化、碳排放义务需要负债化，碳交易过程中所发生的费用或产生的损失和取得的收入需要进行会计确认、计量、记录和报告问题。碳会计主要涉及配额、基准及信用、碳汇及碳固、碳减排量认证、风险及不确定性、收入、成本及相关损益，特别是碳交易中碳排放权的授予、购买和上缴的会计确认、计量、记录和报告等内容。

进一步来说，碳会计有宏观碳会计（即国家层面上的碳会计）、中观碳会计（即区域或行业层面上的碳会计）和微观碳会计（即企业、公司等个体组织层面上的碳会计）之分。

就微观碳会计而言，与传统会计一样，碳会计也是一项管理活动，即一项碳管理活动。所谓碳管理（carbon management）就是将气候变化问题引入到企业管理中来，简言之，就是对 GHG 进行的测量与管理，是企业对气候变化的一种反应、一种应对、一组活动和一项战略。

因此，广义上碳会计还应包括计算产品从原料、储备、生产、销售、消费到废弃物和循环利用等整个生命周期每一环节的"碳足迹"（carbon footprint）和"碳成本"（carbon cost），以及重新架构相关成本项目和核算制度；还应包括引入碳意识，考虑碳因素，涉及愿景使命、总体目标、市场营销、产品开发、定价、渠道促销、国际贸易、供应链管理、风险控制和企业价值等方面的战略管理和决策分析；还应包括对碳会计、碳信息和碳标签等相关问题所进行的碳审计、碳鉴证和第三方评价。

6.2.2 碳会计对象与要素

6.2.2.1 碳会计对象

传统会计对象是资金及其运动，碳会计对象也是如此，是制度参与者在生产经营或消费过程中所涉及的碳价值（或碳资金）及其运动。简单地说，就是碳价值运动，抑或碳活动或碳业务所引起的碳资金运动。这些碳活动主要包括碳交易、碳融资、碳投资、碳营运以及相关的碳效果和碳税收、碳分配等方面。

6.2.2.2 碳会计要素

一般来说，要素是指构成某一事物或某一整体的必要因素，被称为"要素"的因素一定是必要的、不可或缺的。缺少这些要素，该事物就不能称其为该事物，该整体也就不复存在了。以此推论，构成碳会计的要素应该称之为"碳会计要素"。

由于碳会计对象过于概括抽象，不便于进行碳会计核算，需要对其具体化。这种具体化的表现就是碳会计要素。也就是说，碳会计要素是具体化了的碳会计对象。从这个意义上讲，碳会计要素就是碳会计对象的要素。

但是，在信息社会，尤其在资本市场中，碳会计更多的是通过对外提供相关信息而发挥作用的。通过编制碳会计报表提供满足碳会计信息使用者进行决策所需要的有用信息，始终是现代会计的基本目标，而构成这些报表的具体项目就是碳会计要素。从这个意义上说，碳会计要素是碳会计报表的要素。

借鉴会计要素的具体内容，可以将其界定为碳资产、碳负债、碳所有者权益、碳收入、碳费用和碳利润等六个要素。其中，碳资产、碳负债和碳所有者权益及其相互关系构成碳资产负债表，可称之为碳资产负债表要素；碳收入、碳费用和碳利润及其相互关系构成碳利润表，可称之为碳利润表要素。

6.2.2.3 碳会计边界

碳会计的边界，简单地说，就是要回答碳会计主要或至少应涵盖哪些具体碳交易制度的问题。这是由碳交易制度具有的高度国际性、政治性和争议性所决定的。针对当下碳交易市场的发展情况，至少应有以下四种备选方案。

（1）仅包括强制性的碳交易市场，也就是将自愿性碳交易市场和基于项目的各种碳排放认证排除在外。

（2）扩大到自愿性的碳交易市场，即包括所有的碳交易体系：无论是配额交易机制下的碳交易市场，还是基准及信用交易机制下的碳交易市场均包括在内，但是剔除基于项目的各种碳减排机制，因为这类碳交易制度市场发育还不够完善。

（3）进一步扩大到可交易排放认证。

（4）仅包括实际碳排放量超过或低于配额或基准的部分。

很显然，方案（1）和（4）范围比较窄。一方面，准则制定者可能会遇到大量需要紧急解决的问题，影响碳会计准则的总体有效性，因为随着各国政府、企业和社会公众等愈来愈关注全球气候变化问题，碳市场、碳制度和碳工具等的创新一定会不断涌现，各种碳会计问题会随之而来；另一方面，方案（1）和（4）不符合全球碳排放量早已超过大气层自净力的基本事实。绝对地讲，现在任何一个单位的碳排放都是超量的、多余的和边际的。只是相对于企业等制度参与者的承诺或核定任务来讲，才存在所谓的配额或基准的节余或不足等问题。

6.2.3　碳会计信息披露

碳信息是低经济环境下所产生的反映制度参与者从事碳活动的物质和价值过程的重要经济数据或资料。它一般包括碳实物量核算数据和碳货币量核算数据两种含义。前者是对碳足迹或碳足迹链的一种信息表达，即运用环境科学、资源科学等学科的基本原理与方法，综合考虑经济活动中碳的产生和传递，计算出各环节直接的、间接的和综合的碳足迹；后者则是基于碳会计系统而产生的信息，即建立在较为系统、完整的碳会计核算体系之上的信息，亦称为碳会计信息。

6.2.3.1　碳实物量信息披露

（1）碳实物量的信息披露形式

碳实物量的信息披露，主要采用碳足迹报告和碳标签的形式。

通过碳盘查（GHG Inventory），又称碳计算或碳计量，在特定的空间和时间边界内，计算碳足迹的过程。有国家层面、省级层面、区域层面、组织、项目、产品和服务层面进行碳足迹报告。

国家层面上一般采用计算碳足迹的方法标准是《IPCC 国家温室气体清单指南》。

省级层面和区域层面可采用《省级温室气体清单编制指南（试行）》和《广东省市县（区）级温室气体清单编制指南》的技术规范进行碳足迹核算。

组织层面可采用三类技术规范进行碳足迹核算，见表84所示。

表84 组织层面碳足迹核算类型

序号	类型	相关标准和技术规范	应用领域
1	WBCSD/WRI温室气体核算体系	《温室气体盘查议定书－企业核算与报告标准》	碳信息披露，如供应链碳信息披露，可持续发展报告，社会责任报告
2	ISO标准体系	ISO 14064-1:2018温室气体第1部分：组织层面指导量化和报告温室气体排放量和清除量的规范	碳足迹报告，如产品和服务实施碳标签，开展碳减碳活动
3	碳市场交易的MRV体系	《企业温室气体排放报告核查指南（试行）》，相应的行业温室气体排放核算与报告要求的国家标准和行业技术规范	碳排放交易体系要求，如全国碳排放权交易的要求，各省市碳排放权交易的要求

项目层面可采用 ISO 14064-2:2019《温室气体 第2部分：项目层面指导量化，监测和报告温室气体排放量减少或清除量增强的规范》，或者 WBCSD/WRI 温室气体核算体系《项目核算协议和指南》，也可按照 CCER 采用相应的方法学进行碳足迹核算。

产品和服务层面可采用两种方法进行碳足迹核算，如表85所示。

表85 产品和服务层面碳足迹核算类型

序号	类型	相关标准和技术规范	特征
1	ISO标准体系	ISO 14067:2018《温室气体产品的碳足迹．量化的要求和指南》	属于从下到上的方法，生命周期评价LCA方法，要开发具体产品的核算方法学——产品种类规则PCR，属于ISO 14000系列标准体系
2	WBCSD/WRI温室气体核算体系	《产品生命周期核算和报告标准》	属于从上到下的方法体系，应用于供应链信息披露

（2）碳实物量的信息披露示例

《绿色报告声明平台》（http://www.environdec.cn）是中国国内最早依据 ISO 国际标准建立的，面向区域、组织、产品、服务和个人，采用"企业自我声明＋第三方审核＋互联网站信息公开＋社会监督"实施模式，提供"绿色报告声明"的平台。绿色报告包括环境产品声明、碳足迹与碳标签、水足迹与节水、碳排放核查、碳中和声明报告。

产品和服务碳足迹采用国际标准 ISO 14067，ISO 14040 生命周期评价 LCA，ISO 14020 自我环境声明，依据国际产品种类规则 PCR 方法学或者自行研制团体标准，为产品和服务提供碳足迹核算和声明报告及碳标签实施和信息披露，产品涉及机械、石化、建材、家电、电子设备、日化产品、饮料等行业。

《绿色报告声明平台》实施的碳标签类型如 4.6.7 中表59 所示。

6.2.3.2 碳货币量信息披露

在 2008 年英国议会就要求所有上市公司提供经营与财务评论（Operating and Financial Reviews，OFR），特别强调在环境因素中必须包括碳排放，并要求设计相应的指标披露碳排放引起的各种风险。2009 年英国政府发布了指导并强制要求企业报告碳会计信息的《温室气体排放披露指南》，2012 年又发布了《强制碳信息披露报告规则（草案）》，规定从 2013 年 4 月 6 日起，伦敦交易所的上市公司必须披露它们去年的 GHG 排放总量，既包括英国境内的公司，也包括由这些公司实际经营和控制的全球范围内的碳排放源。2009 年加拿大注册会计师协会发布了《关于气候风险披露的解释性指南》要求企业报告碳排放信息。

2003 年由美林、高盛、汇丰银行等在内的 35 家全球主要法人投资机构共同发起设立的独立非营利组织通过向世界 500 强企业发出问卷的形式获得有关碳信息并逐年对外发布的碳报告（Carbon Report）的碳披露项目（Carbon Disclosure Project，CDP），到 2012 年已经由最初的只关注环境敏感型企业所面临的因极端天气、气候法规等所带来的直观风险和初步提出的最佳应对策略等发展成为由碳信息披露报告、碳绩效领导指数、供应链报告、低碳城市报告、水资源报告所构成的较为完整的碳报告体系。

普华永道会计师事务所一直是中介机构推行碳信息规范披露的急先锋，早在 2005 年就独立提供了全球首份服务于企业碳信息披露的范例。侧重于碳货币量信息披露的项目见表 86。

表 86　碳信息披露项目及其基本内容

项目名称	发布机构	披露内容描述
气候风险披露的全球框架（Global Framework for Climate Risk Disclosure）	由气候风险披露倡议（Climate Risk Disclosure Initiative, CRDI）于 2006 年 10 月发布。该组织是由联合国环境规划署等 14 个组织于 2005 年 5 月共同发起成立的，旨在促使企业更好地披露由于气候变化所引起的风险和机遇等方面信息	①过去、现在和未来的碳排放总量情况；②气候变化、碳排放管理和应对气候变化的公司治理安排；③天气、风暴、海平面、水供应及温度等气候变化对公司经营及其供应链带来的有形或直接风险的评估；④与碳排放管制有关的风险分析，特别鼓励披露：a. 有合理可能给公司财务状况和经营成果带来重大影响的任何与气候变化有关的趋势、事件和不确定性；b. 对公司营运具有约束力的碳排放法规等的潜在影响；c. 使 2015 年的碳排放水平比 2000 年降低 5%、10% 和 20% 可能发生的碳成本的估计数

项目名称	发布机构	披露内容描述
可持续发展报告指南（Sustainability Reporting Guidelines）	由全球报告倡议组织（Global Reporting Initiative, GRI）于2000年发布的，目前执行的是2006年发布的第三版（G3）。该组织是由美国非政府组织的环境责任经济联盟（CERE）和联合国环境规划署（UNEP）于1997年联合倡议成立的，旨在制定和推广全球适用的可持续发展报告共同框架	①战略及概括：对企业的战略及分析、机构、报告参数、治理、承诺和参与性管理等总体情况加以介绍； ②管理方针：披露企业如何处理特定议题及其背景资料； ③绩效指标，包括经济、环境和社会三个方面，具体要披露企业因气候变化而采取的行动所带来的影响财务业绩的风险与机会，能源使用效率、可再生能源利用、设计节能产品或服务以及减少非直接能源消耗等方面的信息，即披露企业直接和间接碳排放总量、减排措施及效果等
气候变化报告框架（Climate Change Reporting Framework）	气候披露标准委员会（Climate Disclosure Standards Board, CDSB）是由世界经济论坛等7个组织于2007年1月共同宣布成立的，旨在支持、协调和强化一个全球企业的气候变化报告框架，促进和加强主流报告中气候变化相关信息的披露，而不是建立一个新的标准。其制定的框架共分四部分，每一部分都包含一个披露指引	①公司战略制定过程中的气候变化影响因素考量：a.公司采取了哪些重要行动，以最大限度地利用了与气候变化有关的机遇、减少了哪些声誉风险，b.公司的碳减排目标设定与业绩管理，c.可能影响战略选择的前瞻性信息，d.应对气候变化的治理安排； ②源自气候变化的监管风险：a.影响公司经营的现有与气候变化有关的法规制度，b.这些法规制度在哪些司法管辖区域、以何种方式造成影响，c.有合理的可能会对公司财务状况和经营成果带来重大影响的趋势、承诺和不确定性的说明，d.未来碳减排管制对碳成本等的可能影响，e.碳减排管制如何通过顾客、供应链和国内外市场对公司产生影响； ③来自气候变化的有形风险：a.鉴别、描述和评估公司面临的有形风险，b.按当前、中期和长期进行风险归类，c.描述公司正在和将要实施降低风险的具体行动或计划，d.描述实际和潜在的有形风险的管控措施； ④披露报告期和组织边界内碳排放信息：a.范围1（直接排放）的碳排放当量，b.范围2（与外购电力、蒸汽、制热和制冷有关的间接排放）的碳排放当量，c.相对于公司收益的范围1和范围2的碳排放强度，d.已采用的针对范围1和范围2的减排行动和范围3的碳排放情况

项目名称	发布机构	披露内容描述
碳披露项目（Carbon Disclosure Project, CDP）披露框架	国际非政府组织的碳披露项目从 2003 年开始每年进行碳信息披露的基本框架。该组织由 385 家机构投资者于 2000 年共同发起，旨在为公司高管和投资者提供气候变化所带来的风险与机遇等方面的信息。一般通过世界 500 强企业共同签署问卷方式实现	每年的披露内容有很大的差异，总体上越来越详细和全面。2012 年的报告主要有以下几方面：①从气候变化治理、战略、减排目标和行动、沟通等四个维度关注企业应对气候变化的管理工作；②从法规、有形和其他等三个角度关注气候变化的风险与机遇；③从排放核算方法、排放数据、GHG 细分、能源、排放绩效、排放交易等六个方面关注企业的碳排放核算与管理。鼓励使用国际上较为通用的碳会计核算与报告标准以及进行第三方审验与鉴证
普华永道虚拟的 Typico 公司范例	作为世界著名会计师事务所之一，普华永道着眼于未来业务发展的需要，以虚拟的 Typico 公司为例，提供了全球首份服务于企业气候变化碳信息披露的范例	①管理层评论，主要从管理者角度分析气候变化对企业的影响：a.企业的背景信息及提供碳信息报告的目的，b.应对气候变化的战略目标及措施，c.气候变化对企业财务经营的影响，d.针对气候变化的治理安排，e.碳减排业绩，f.未来展望，g.ETS 下配额、实际上缴数、差异及其对现金流量和损益的影响，h.董事会的责任声明；②碳排放报表：反映报告期内基于范围 1、范围 2 和范围 3 的绝对碳排放信息和实际的碳强度信息以及控制目标与计划执行情况；③碳排放报表附注：a.GHG 的界定、组织、营运、地理等边界的界定方法，b.碳排放数据的计算依据与方法以及碳排放基线，c.分碳排放源、GHG 种类、经营区域的碳排放信息统计，d.并购或分离对碳排放的影响与调整；④独立的或第三方鉴证报告：a.公司董事会的责任与鉴证责任的界定，b.鉴定工作的实施，c.鉴定工作固有的局限，d.发表鉴定意见，e.签章

6.2.3.3　环境、社会及治理（ESG）报告

（1）ESG 报告的概念

环境、社会及治理（environmental，social，and governance，ESG）报告就是环境、社会、公司治理的综合指标。

ESG 报告起源于社会责任投资，是社会责任投资中最重要的三项考量因子。ESG 投资起源于欧美。美国首只 ESG 基金成立于 1971 年，首个 ESG 指数成立于 1990 年。2006 年，联合国成立责任投资原则组织，在建立初期，超 80% 的签署机构来自欧美，ESG 投资彼时在欧美已得到广泛认同。

企业通过编制和发布企业社会责任报告，可以系统梳理、分析面临各种责任风险，推动企业内部管理提升和改进；有利于将企业可持续战略贯彻实施于各项工作；有利于满足各利益相关方需求，提升企业形象和影响力。

（2）ESG 报告的内容

港交所在新版《环境、社会及管治报告指引》中对公司的 ESG 表现及报告如何提升公司的价值进行了诠释，包括以下八项：风险管理、改善集资能力、供应链需求、提升声誉、缩减成本及提高利润率、鼓励创新、保留人才和社会认可。

（3）ESG 报告的作用

ESG 报告的作用主要有：有效的披露，可为企业带来诸多益处；加强环境与社会风险的管理，推动企业可持续发展能力的提升；树立负责任的企业品牌和形象，提高企业声誉；满足政府、行业协会的监管要求，合规且系统展现自身在 CSR/ESG 方面的绩效；选择负责任的供应商，共同维护客户权益，提升客户满意度；注重企业内部员工的成长，吸引并保留人才；持续对社区做出贡献，企业与社会共赢。

（4）ESG 报告的相关标准

ESG 可持续发展报告近 30 年来已经形成了一批代表性框架和标准。

ESG 报告框架提供基于原则的指导，帮助公司确定涵盖的 ESG 主题，并确定如何构建和准备他们披露的 ESG 信息。主要代表性报告框架包括气候相关财务信息披露工作组（Task Force on Climate-related Financial Disclosures，TCFD）和综合报告机构（Integrated Reporting Framework，IR）。

ESG 标准 standards 提供了具体和详细的要求，可帮助公司确定要为每个主题披露哪些具体指标。如欧洲的全球报告倡议组织（GRI）和美国的可持续发展会计准则委员会（SASB）发布的标准。GRI 标准侧重于向各种利益相关者展示可根据当地地理需求量身定制的社会物质信息。SASB 标准侧重于面向全球投资者的行业、具有财务重要性的可持续性信息。国际财务报告准则基金会（IFRS Foundation）目前正在探索建立新的可持续发展标准委员会的举措，拟建立全球、统一和可靠的系统。

在企业社会责任方面，SA8000 社会责任标准（Social Accountability 8000）是全球首个道德规范国际标准。其宗旨是确保供应商所供应的产品，皆符合社会责任标准的要求。主要关注的是人，而不是产品和环境。

国际标准化组织（International Standard Organization，ISO）从 2001 年开始着手进行社会责任国际标准的可行性研究和论证。2004 年 6 月最终决定开发适用于包括政府在内的所有社会组织的"社会责任"国际标准化组织指南标准，由 54 个国家和 24 个国际组织参与制定，编号为 ISO 26000，是在 ISO 9000 和 ISO 14000 之后制定的最新标准体系，这是 ISO 的新领域，为此 ISO 成立了社会责任工作组（WGSR）负责标准的起草工作。2010 年 11 月 1 日，国际标准化组织（ISO）在瑞士日内瓦国际会议中心举办了社会责任指南标准（ISO 26000）的发布仪式，该标准正式出台。2015 年中国修改采用了 ISO 26000，发布了 GB/T 36000-2015《社会责任指南》，2016 年实施。有关 ESG 标准中国还没有发布实施。

6.2.4　碳审计与碳鉴证

6.2.4.1　碳审计

碳审计（Carbon Audit）是产生和发展源于全球气候变暖问题的市场化和资本化，尤其是碳交易市场的形成与发展。对碳会计报告的审计是碳审计的主要业务范畴。

在碳市场环境中，传统审计的审计理念、审计原则、审计程序、审计方法和审计主体或客体都将受到全方位的影响和面临严峻挑战。现代审计作为一种经济监督和经济控制的重要手段、一项经济社会生活中不可或的管理活动，理所当然应该运用自身的知识特点、技术专长和职业能力助推人类社会由工业文明向生态文明的转变。

借助审计手段和方法对 CCER 项目、清洁能源利用、碳排放、低碳或零碳技术创新、供应链或产品"碳足迹"计算、碳社会责任和碳会计信息等内容进行审验、鉴证或第三方评论，也就是要进行碳审计。

碳审计思想可以追溯到 2008 年 Janek Batnatunga 所提出的"企业碳账户在碳交易市场进行交易前须经第三方独立鉴证"的观点。

2007 年荷兰审计院就审查了 2000—2005 年涵盖工业、能源、交通、农业和家庭等多个领域包括碳减排政策目标、政策制定及实施效果的信息提供、相关政策的协调配合等内容的碳减排情况，开创了碳审计实务之先河。

2008 年英国标准协会（BSI）发布了旨在评估产品和服务在整个生命周期内碳排放情况的评估规范（PAS2050），2009 年英国环境审计委员会又提出了对诸如碳的收集与储存、减少运输排放、减少采伐森林造成的排放、碳交易市场、碳收支等低碳问题进行全面审计的《2008—2009 年度工作情况报告》，成为全面碳审计应用之典范。

2009 年美国国家审计署发布报告建议把碳审计的重点放在汽车、房产和生活方式等三个方面；同年，美国众议院通过议案同意投入资金，以检审美国税法中有多少条款在鼓励人们进行碳排放，迈出了政府碳审计之第一步。

我国香港特别行政区在 2008 年推出了《香港建筑物的 GHG 排放及减除的核算和报告指引》，成立了碳审计绿色机构，鼓励政府、企业、社会组织和学校自愿进行"GHG 排放审计"。

国际会计师联合会下属的国际审计与鉴证准则理事会在 2012 年 6 月 6 日发布了《GHG 排放声明鉴证业务》的鉴证业务准则（ISAE3410），要求于 2013 年 9 月 30 日后的报告期间开始生效。这是国际上第一个有关碳审计业务的鉴证准则。

ISAE3410 是为 GHG 排放声明而出台的鉴证准则，不为 GHG 以外（氮氧化物、二氧化硫等）的排放声明、其他与 GHG 相关的信息（碳足迹、假设性基准、关键性绩效指标）和其他用来减排的补偿项目（工具、流程或机制）等提供业务指导。它提供的仅仅是基于责任方认定（Assertion-based）的鉴证业务，而不是直接报告（Direct Reporting）的鉴证业务，目的是在恰当的情况下为 GHG 声明是否存在重大错报、舞弊或欺诈发表鉴证结论。如果 GHG 声明在所有重大方面都遵循了相关标准，就可以提供合理保证业务（Reasonable Assurance Engagement），这是一种积极方式；如果 GHG 声明在所有重大方面并没有违反相关标准，就可以提供有限保证业务（Limited Assurance Engagement），这是一种消极方式，它还详细规定了两种保证业务的鉴证程序、内容和方法。

碳审计是借用审计的一般逻辑，从审计学视域管理碳排放问题的一种新思路、新方法和新举措。具体来说，碳审计是审计主体（包括国家审计机关、社会审计组织和内部审计机构）根据国家法律、法规和政策，运用审计程序与方法对有关国家或地区、组织或个人在生产、经营和消费或生活等过程中消耗含碳元素的自然资源因碳排放所造成的环境影响所进行的独立、客观、公正的审验、鉴证或第三方评论，并出具审计报告或发表审计意见的一种经济监督和经济控制行为。其目的在于通过独立的第三方审验机构的介入，提升各国政府和社会公众对碳信息披露的信心，实现人类活动由单一行为向系统行为的转变，促进人类社会由"高碳"型向"低碳"型的过渡。当下的碳审计业务主要局限于碳鉴证领域。

6.2.4.2 碳鉴证

碳鉴证业务是审计的一个自然领域，为了区别于传统意义上的审计，人们将针对煤炭、木材、石油等这些由碳元素组成的自然资源的消耗所产生的 GHG 排放对环境带来影响的审计行为称为碳鉴证（carbon verification）。

在实践中，鉴于碳排放及其测量的物理性、工程性和技术性，碳鉴证应该由工程技术人员或环境咨询专家进行，还是应该由具有财务会计知识背景的审计人员进行，或者说，碳鉴证是一个工程技术问题，还是一项传统审计业务的延伸，即碳鉴证业务是否审计的一个自然领域，尚存争议，见仁见智。

国内外关于审计行业能否从事碳鉴证业务存在很大的歧义，主要理由可以概括为以下几个方面。

第一，碳鉴证前提的非会计性。碳鉴证前提，也就是碳信息或者碳声明的依据和标准，是缺少会计性的。一方面披露或编制的依据多是以计算为基础（calculation-based）的，充其量是以直接计量为基础（direct measurement-based），不具有应有的会计性。尽管目前确实存在一种从不太精确的计算向比较精确的计算再向更为精确的计量过渡的趋势，但是它不像企业财务报告那样依赖于完整有效的会计信息系统也是一个不争的事实。

另一方面披露或编制的标准除英国出台的《强制碳信息披露规则（草案）》和《GHG 排放（董事会报告）规则（草案）》、美国 SEC 发布的《关于气候变化相关信息披露指南》以及加拿大 CICA 发布的《关于气候风险披露的解释性指南》以外，大部分标准是由可持续发展、资源与环境和标准化组织等非会计机构出于人类社会永续发展、资源可再生利用、环境保护与维持以及环境管理标准化等非会计目的而公布的，基本没有体现现行财务会计概念框架的基本要求。例如，当前比较有影响的气候风险披露倡议组织（CRDI）的《气候风险披露的全球框架》、全球报告倡议组织（GRI）的《可持续发展报告指南》、气候披露标准委员会（CDSB）的《气候变化报告框架》、国际非政府组织的《碳披露项目（CDP）》、世界资源研究所（WRI）和世界可持续发展理事会（WBCSD）的《温室气体议定书》（GHG Protocol）和国际标准化组织（ISO）的 ISO14064 系列标准以及英国标准协会（BSI）的 PAS 系列规范，等等。

现行审计主要还是以会计信息系统和通用审计准则为工作前提的，重点在于关注内控制度的遵守性、会计核算的真实性和会计信息的公允性。

第二，碳鉴证对象的非财务性。碳鉴证对象，也就是碳信息或者碳声明，是缺少财务性和报表性的。一方面他们是对企业的碳源（Carbon Source）、碳汇（Carbon Sink）或碳固（Carbon Sequestration）及其碳排放量和碳清除量的定性和定量描述，是对企业的直接碳排放、间接碳排放和其他的间接碳排放的非货币性量化反映，多是侧重于碳实物量信息的披露，没有应有的财务性。另一方面多数碳信息或者碳声明不是年度财务报告的一部分，甚至没有通过财务报表及其附注等方式披露，只是有的在CDP数据库中披露，有的在可持续发展报告中列示，有的在企业社会责任报告中提及，有的则仅发表一个新闻通稿。这就意味着，碳鉴证业务所需要的主要是工程、环境和计量技术等非财务会计方面的知识，对财务、会计和审计等方面的知识需求不多，依赖度不高。

相反，现行审计对象尽管也涉及经济效益、社会责任和环境资源等内容，但总体上看依然以企业财务报告或者财务报表为主，审核的主要是财务数据，依赖的主要是财务知识和技能，关注的主要是财政、财务收支及绩效。

第三，碳鉴证程序的非规范性。现代审计是受托审计，这就决定了审计是不会接受一个没有合适审计对象的业务的，除非它被认为是恰当的，也就是可识别的、能够按照既定标准进行一致评价或计量的。当下，碳鉴证业务尚不具备这样的条件，不能满足这种要求，缺乏公认的计量和披露准则或恰当的报告框架。因此，现行审计很难在所有重大方面对其发表公允、客观和可信的审计意见。即使勉为其难发表，因其所固有的内在缺陷，也无助于提升碳信息的公信力。

第四，碳鉴证成本的非经济性。一般而言，高质量的审计服务必随高数额的成本付出。审计行业无疑有着高水平的质量控制和严格的道德操守，能够保证鉴证信息的高质量和决策有用，也就意味着审计成本居高不下。目前，碳鉴证绝大部分是自愿性的，鲜有强制性要求，如果代价太大，自然缺乏吸引力，企业等各种组织就不可能有委托外部审计的积极性和主动性。更何况，邀请那些价格相对低廉、且熟悉碳排放物理过程的工程技术人员或环境咨询专家进行碳鉴证业务，也完全可以满足碳监管要求或达到提升社会形象等类似的目的。

6.3 中国碳排放权交易有关会计处理

6.3.1 政策文件

2019年12月23日，财政部正式发布了《关于印发〈碳排放权交易有关会计处理暂行规定〉的通知》（财会〔2019〕22号），就碳排放权交易相关的会计处理进行了规范。本规定自2020年1月1日起施行，重点排放企业应当采用未来适用法应用本规定。

根据《暂行规定》，重点排放企业通过购入方式取得碳排放配额的，应当在购买日将取得的碳排放配额确认为碳排放权资产，并按照成本进行计量。重点排放企业使用购入的碳排放配额履约（履行减排义务）的，按照所使用配额的账面余额，借记"营业外支出"科目，贷记"碳排放权资产"科目。重点排放企业出售购入的碳排放配额的，借记"银行存款""其他应收款"等科目，按照出售配额的账面余额，贷记"碳排放权资产"科目，按其差额，贷记"营业外收入"科目或借记"营业外支出"科目。重点排放企业自愿注销购入的碳排放配额的，按照注销配额的账面余额，借记"营业外支出"科目，贷记"碳排放权资产"科目。

重点排放企业通过政府免费分配等方式无偿取得碳排放配额的、使用无偿取得的碳排放配额履约的、自愿注销无偿取得的碳排放配额的，不作账务处理。重点排放企业出售无偿取得的碳排放配额的，按照出售日实际收到或应收的价款（扣除交易手续费等相关税费），借记"银行存款""其他应收款"等科目，贷记"营业外收入"科目。

6.3.2 适用范围

本规定适用于按照《碳排放权交易管理办法（试行）》等有关规定开展碳排放权交易业务的重点排放单位中的相关企业（以下简称重点排放企业）。重点排放企业开展碳排放权交易应当按照本规定进行会计处理。

年度温室气体排放量达到 2.6 万吨二氧化碳当量和属于全国碳排放权交易市场覆盖行业的企业属于重点排放单位。

根据生态环境部《碳排放权交易管理办法（试行）》文件对温室气体、碳排放、碳排放权和国家核证自愿减排量给出了定义。

温室气体是指大气中吸收和重新放出红外辐射的自然和人为的气态成分，包括二氧化碳（CO_2）、甲烷（CH_4）、氧化亚氮（N_2O）、氢氟碳化物（HFCs）、全氟化碳（PFCs）、六氟化硫（SF_6）和三氟化氮（NF_3）。碳排放是指煤炭、石油、天然气等化石能源燃烧活动和工业生产过程以及土地利用变化与林业等活动产生的温室气体排放，也包括因使用外购的电力和热力等所导致的温室气体排放。

碳排放权是指分配给重点排放单位的规定时期内的碳排放额度。

国家核证自愿减排量是指对我国境内可再生能源、林业碳汇、甲烷利用等项目的温室气体减排效果进行量化核证，并在国家温室气体自愿减排交易注册登记系统中登记的温室气体减排量。

2017 年 12 月全国碳排放交易体系正式启动，目前已陆续发布多个行业碳排放核算报告指南和碳排放核算国家标准。

6.3.3 处理原则

碳排放权是一种可供使用、交易的经济资源，属于由企业过去的交易或者事项形成的、由企业拥有或者控制的、预期会给企业带来经济利益的资源，因而是企业的一项资产。并且，与该资源有关的经济利益很可能流入企业，该资源的成本或者价值能够可靠地计量。因此碳排放权应确认为企业的资产。

重点排放企业通过购入方式取得碳排放配额的，应当在购买日将取得的碳排放配额确认为碳排放权资产，并按照成本进行计量。重点排放企业通过政府免费分配等方式无偿取得碳排放配额的，不作账务处理。

重点排放企业应当设置"1489 碳排放权资产"科目，核算通过购入方式取得的碳排放配额。重点排放企业的国家核证自愿减排量相关交易，参照本规定进行会计处理，在"碳排放权资产"科目下设置明细科目进行核算。"碳排放权资产"科目的借方余额在资产负债表中的"其他流动资产"项目列示。

根据生态环境部发布的《碳排放权交易管理办法（试行）》，由于企业需要在次年 12 月 31 日前完成其配额清缴义务，因此属于"预计在资产负债表日起一年内变现"的流动资产。

6.3.4 账务处理

重点排放企业碳排放配额财务处理见图 47 所示。

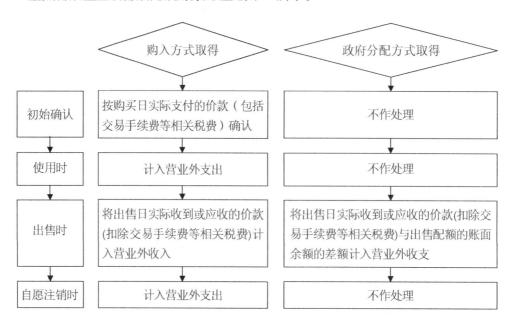

图 47　重点排放企业碳排放配额财务处理示意图

　　重点排放企业购入碳排放配额的，按照购买日实际支付或应付的价款（包括交易手续费等相关税费），借记"碳排放权资产"科目，贷记"银行存款""其他应付款"等科目。

　　重点排放企业无偿取得碳排放配额的，不作账务处理。

　　重点排放企业使用购入的碳排放配额履约（履行减排义务）的，按照所使用配额的账面余额，借记"营业外支出"科目，贷记"碳排放权资产"科目。

　　重点排放企业使用无偿取得的碳排放配额履约的，不作账务处理。

　　重点排放企业出售碳排放配额，应当根据配额取得来源的不同，分别按以下情况进行账务处理。

　　（1）重点排放企业出售购入的碳排放配额的，按照出售日实际收到或应收的价款（扣除交易手续费等相关税费），借记"银行存款""其他应收款"等科目，按照出售配额的账面余额，贷记"碳排放权资产"科目，按其差额，贷记"营业外收入"科目或借记"营业外支出"科目。

　　（2）重点排放企业出售无偿取得的碳排放配额的，按照出售日实际收到或应收的价款（扣除交易手续费等相关税费），借记"银行存款""其他应收款"等科目，贷记"营业外收入"科目。

　　重点排放企业自愿注销购入的碳排放配额的，按照注销配额的账面余额，借记"营业外支出"科目，贷记"碳排放权资产"科目。

　　重点排放企业自愿注销无偿取得的碳排放配额的，不作账务处理。

　　碳排放配额账务处理会计分录表见表87所示。

表87　碳排放配额账务处理会计分录表

交易或事项	通过购入方式取得配额	通过政府免费分配等方式无偿取得配额
初始取得配额	借：碳排放权资产 贷：银行存款、其他应付款	不作账务处理
使用配额履行减排义务	借：营业外支出 贷：碳排放权资产	不作账务处理
出售碳排放配额	借：银行存款、其他应收款 　　营业外支出（差额） 贷：碳排放权资产 　　营业外收入（差额）	借：银行存款、其他应收款 贷：营业外收入
自愿注销配额	借：营业外支出 贷：碳排放权资产	不作账务处理

碳排放配额使用、出售和注销影响损益时计入营业外收支。

根据《关于修订印发 2019 年度一般企业财务报表格式的通知》（财会〔2019〕6 号），"营业外收入"项目，反映企业发生的除营业利润以外的收益，主要包括与企业日常活动无关的政府补助、盘盈利得、捐赠利得（企业接受股东或股东的子公司直接或间接的捐赠，经济实质属于股东对企业的资本性投入的除外）等。"营业外支出"项目，反映企业发生的除营业利润以外的支出，主要包括公益性捐赠支出、非常损失、盘亏损失、非流动资产毁损报废损失等。"资产处置收益"项目，反映企业出售非流动资产而产生的处置利得或损失，"碳排放权资产"属于流动资产，因此不属于"资产处置收益"。

对于通过免费分配获得的排放配额，配额未用完而用于出售，相当于政府通过市场机制对企业节能减排成果的一种奖励，出售时计入"营业外收入"。

6.3.5 财务报表列示和披露

《企业会计准则第 30 号——财务报表列报》规定，性质或功能不同的项目，应当在财务报告中单独列报；根据重要性原则单独或汇总列报项目。由于碳排放权资产的性质较为特殊，在财务报表中单独披露有利于报表使用者的阅读和理解。

"碳排放权资产"科目的借方余额在资产负债表中的"其他流动资产"项目列示。

重点排放企业应当在财务报表附注中披露下列信息。

（1）列示在资产负债表"其他流动资产"项目中的碳排放配额的期末账面价值，列示在利润表"营业外收入"项目和"营业外支出"项目中碳排放配额交易的相关金额。

（2）与碳排放权交易相关的信息，包括参与减排机制的特征、碳排放战略、节能减排措施等。

（3）碳排放配额的具体来源，包括配额取得方式、取得年度、用途、结转原因等。

（4）节能减排或超额排放情况，包括免费分配取得的碳排放配额与同期实际排放量有关数据的对比情况、节能减排或超额排放的原因等。

（5）碳排放配额变动情况，具体披露格式见表 88 所示。

表 88 碳排放配额变动披露表

项目	本年度		上年度	
	数量 （单位：吨）	金额 （单位：元）	数量 （单位：吨）	金额 （单位：元）
1. 本期期初碳排放配额				

项目	本年度		上年度	
	数量 （单位：吨）	金额 （单位：元）	数量 （单位：吨）	金额 （单位：元）
2. 本期增加的碳排放配额				
（1）免费分配取得的配额				
（2）购入取得的配额				
（3）其他方式增加的配额				
3. 本期减少的碳排放配额				
（1）履约使用的配额				
（2）出售的配额				
（3）其他方式减少的配额				
4. 本期期末碳排放配额				

6.4 绿色金融

6.4.1 绿色金融概念和作用

6.4.1.1 绿色金融概念

对于支持资源节约、环境改善与应对气候变化的金融活动称为绿色金融。通过贷款、债券、股票、私募投资、保险、排放权交易等金融服务将社会资金引入清洁能源、清洁交通以及节能、环保等绿色产业的一系列政策、制度制定和相关基础设施建设，称为绿色金融体系。发达国家，与绿色金融相关的制度设定和绿色金融产品和服务的发展已有几十年实践，由此通过绿色投资推动经济结构转型和启动新经济增长点起到了关键作用。与此概念相关的碳金融重点关注气候变化，可持续发展金融，除了关注环境外社会也纳入了考量的范围。

6.4.1.2 绿色金融基础理论

绿色金融的基础理论主要包括：经济外部性、环境估价、生态产权、生态权利和义务。

（1）经济外部性理论

经济外部性有正外部性和负外部性。在社会经济活动过程中，在市场交易没有建立的情况下，一个经济主体的活动行为影响了其他经济主体的经济活动行为。在现实的经济活动过程中，通过补贴和激励产生正外部性的活动行为，提升负外部性活动行为的成本，是绿色金融产品运作的理论基础。从收益角度看，正外部性的收益和负外部性的成本，不仅限于个人或企业的利益，同时也关联社会收益和环境收益。

（2）环境成本和收益估价

环境是提供多种服务的综合资产，其提供的服务应作为成本被估算在内。绿色金融在进行绿色项目融资等活动时就需要考虑环境成本和收益，综合考虑项目环境特性，需要进行环境经济性评价。

（3）生态产权理论

生态产权是一种公共产权，是对可支配的生态资源的使用程度的界定，通过市场手段配置生态资源要素，建立生态权益归属、生态侵权、生态质量、生态影响等方面相应的准则。例如，碳排放权交易的活动就是以生态产权的理论为基础。

（4）生态权利和义务理论

公民享有生态权利的同时需要需履行生态义务，需要法律进行规定。绿色金融的监管需要从行政层面上升到法律层面，需要应用生态法学、环境法学来构建我国绿色金融体系。

6.4.1.3 绿色金融作用机理

在我国供给侧结构性改革视角下，发展绿色金融，就是要通过大力发展资本市场，充分利用金融杠杆的资金导向作用，使经济发展方式转向资源节约型和环境友好型的方向，更多的融资机会转向绿色发展，通过过剩产能的淘汰，资源扭曲和错配的纠偏，要素生产率的提高，产业结构的优化，使得供给体系实时地适应需求变化，转变由政府主导的环保产业财政补贴方式转变为市场化的金融供给，实现新旧动能的转化。

绿色金融的作用机理如图48所示，按照不同视角分为功能层、要求层、途径层、实现层和展现层。从金融系统的四大基本功能延伸，考虑到资源节约和环境友好的要求。首先，融通资金和配置资源两大功能主导下的"产业路径"，绿色金融的融通资金的功能，在需求层面增加资本投入资源节约环境友好的方面，形成资金导向，改变投融资的结构，支持绿色产业的发展。而配置资源功能则可以调节资金的流向，在资源节约和环境友好的要求下，有意识配置资金从污染行业中退出，向绿色环保行业聚集，将有利于推动产业的绿色转型，促进产业升级，提高经济效益。其次，金融系统的提供信息功能主导下的"成本路径"，绿色金融通过提供投融资信息，在资源节约和环境友好的要求下，提高绿色投融资效率和环境效益，降低绿色发展成本，从而起到抑制污染型投资的目的。然后，金融系统的管理风险功能主导下的"市场路径"，在资源节约和环境友好的要求下，例如在进行贷款和资产定价时，面临着传统金融和环境领域的风险，需要政府宏观层面和市场力量的引导，通过不断完善资本市场和环境权益市场，实现分散和降低风险的目的。

通过绿色金融，实现经济效益和环境效益的最大化，实现绿色经济发展的目的。在展现层面表现为政策体系、支撑体系、中介体系、工具体系和市场体系统一协调构成。

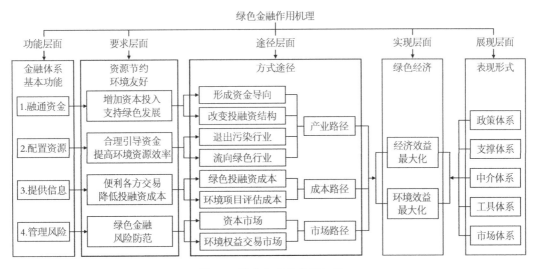

图 48　绿色金融的作用机理

6.4.2　绿色金融市场与产品

6.4.2.1　绿色信贷

绿色信贷统计制度把绿色信贷分为两部分：一是贷款支持节能环保、新能源、新能源汽车战略性新兴产业生产制造端；二是贷款支持节能环保项目和服务。

我们的银监会 2018 年 2 月 9 日公布的数据显示，国内 21 家主要银行机构绿色信贷规模保持稳步增长，从 2013 年末的 5.20 万亿元增长至 2021 年末的 19.5 万亿元。其中，绿色交通、可再生能源及清洁能源、工业节能节水环保项目贷款余额较大并且增幅居前列。

近年来我国出台了一系列重大政策，鼓励和倡导金融机构积极开展绿色信贷，例如《绿色信贷指引》《银行业金融机构绩效考评监管指引》《绿色信贷统计制度》等，基本建立绿色信贷政策体系框架。但是存在流程不统一，环境效益评价方法缺少，环境风险的评估大多没有进行定量分析。环境信息披露存在不透明和不规范，定性的信息多而定量的信息少。

6.4.2.2 绿色债券

2017 年在国内贴标绿色债券发行 2 083.8 亿元，较 2016 年同比增加 1.5%，包括 76 个发行主体发行的金融债、企业债、公司债、中期票据、短期融资券和资产支持证券等各类债券 113 只，非金融企业的绿色公司债、绿色企业债、绿色债务融资工具、绿色熊猫债、绿色资产支持证券发行金额分别为 234.15 亿元、311.60 亿元、111.00 亿元、31.00 亿元、146.05 亿元，占比分别为 11.32%、15.07%、5.37%、1.50%、7.06%。2017 年中国发行人在境外发行 5 只绿色债券，其中以欧元计价的绿色债券合计 39.5 亿欧元，以美元计价的绿色债券合计 18.5 亿美元，全部约合人民币 428.34 亿元，同比增长 63.57%。见表 89 所示。

表 89　绿色债券发行情况

年度	境内		境外	
	发行规模（亿元）	发行数量（只）	发行规模（亿元）	发行数量（只）
2016	2314.18	56	261.87	3
2017	2512.14	118	428.34	5
2018	2221.97	129	453.96	15
2019	3001.37	303	559.94	24
2020	1990.67	221	495.95	18

在当前我国绿色债券发行承销、评级审计、交易流通、结算设施等各环节，主要依靠传统债券生态系统完成。银行、券商、市场基础设施、评级机构、会计师事务所等广泛参与其中。绿色债券的市场规模和参与者依然较小，市场在短期内难于自发形成新型金融生态体系。

2017 年，我国共发行 113 只绿色债券。其中，获得第三方机构绿色评估认证的债券合计 76 只，占新发行绿色债券比例的 66.09%，较 2016 年的 85.7% 有所降低，但仍高于世界平均水平。新发行但未获取第三方机构绿色评估认证的债券主要为国家发改委监管的绿色企业债（合计 21 只），该类债项在申报阶段已通过国家发改委内部的绿色属性评估，故暂无第三方机构绿色评估认证。

2017 年参与我国绿色债券评估认证业务的第三方机构共计 11 家，涵盖会计师事务所、专业评级认证机构、能源环境类咨询机构以及其他学术机构等多机构类型。2017 年末，《绿色债券评估认证行为指引（暂行）》发布，设置了评估认证机构的准入门槛和资质要求。

我国当前绿色债券的评估标准主要是《绿色债券支持项目目录》，这是我国首个

专门针对绿色债券界定和分类的文件，主要为绿色金融债发行制定正式规划。2016年
1月国家发改委印发了《绿色债券发行指引》，对绿色企业债的发行方式、准入条件和
支持项目范围进行了界定。此外，2016年上交所的《关于开展绿色公司债券试点的通
知》、深交所《关于开展绿色公司债券业务试点的通知》及2017年证监会的《关于支
持绿色债券发展的指导意见》也进一步对绿色债券认定标准进行了补充说明。

当前国际市场上对绿色债券进行认定与评估的标准主要为绿色债券原则（GBP）
和气候债券标准（CBS）。绿色债券原则由国际资本市场协会联合130多家金融机构
于2014年推出，列述了绿色债券项目的行业类别范围，为发行人在债券发行前后的行
为标准提供了指引参考。气候债券标准和气候债券认证由气候债券倡议组织于2015年
推出，提供了用于市场统一识别的"绿色认证"的认证流程。

GBP和CBS两项国际标准都将化石能源项目排除在绿色项目范畴外，而《绿色债
券支持项目目录》和《绿色债券发行指引》根据我国现状，将能源高效清洁利用和新
能源汽车纳入绿色项目中。此外在信息披露和第三方认证等方面，国内外标准间也存
在一些差别，见表90。据统计，2017年上半年中国发行的绿色债券中，有78.2%符
合国际绿色债券定义。

目前，国际标准化组织有关绿色债券的标准没有发布，以及相关的标准工作组也
没有成立。气候债券标准的标准体系相对完善，有关流程、核算方法学、核查要求等
方面有相关的国际标准，但是其披露的信息只是针对有关应对气候变化的环境效益。
绿色债券原则符合目前绿色债券发行的要求，但相关配套的标准体系不太完善，需要
进行开发。而我国发布的目录和指引不完善，需要进一步研制相关配套的标准。

表90　国内外主要绿色债券标准比较

标准名称	发布时间	标准化特征	制定方	绿色项目分类相同点	绿色项目分类差异点	信息披露要求	第三方认证要求
绿色债券支持项目目录	2015年12月第一版；2021年7月第二版	政府文件引用的技术文件，没有以国家标准、行业标准或团体标准发布	中国人民银行	可再生能源；节能项目；清洁交通；废弃物处理；污染防治；水资源管理；应对气候变化	包括煤、石油等清洁利用；包括新能源汽车及燃油升级	发行人按季度披露募集资金的使用情况；每年4月前披露上一年资金的使用情况	鼓励独立评估机构出具认证意见

标准名称	发布时间	标准化特征	制定方	绿色项目分类相同点	绿色项目分类差异点	信息披露要求	第三方认证要求
绿色债券发行指引	2015年12月	政府文件，没有以国家标准、行业标准或团体标准发布	国家发改委			未有相关规定	未有相关规定
绿色债券原则（GBP）	2017年6月修订	协会标准，引领绿色金融发展	ICMA	可再生能源；节能项目；清洁交通；废弃物处理；污染防治；水资源管理；应对气候变化	将化石能源项目排除在绿色项目外，不纳入新能源汽车及燃油升级	发行人需公布资金使用方向，每年至少提交一次项目清单，定期对环境效益进行披露	建议进行第三方认证
气候债券标准（CBS）	2017年3月修订	协会标准，引领气候债券发展	CBI			强调发行人自主信息披露	进行第三方认证

6.4.2.3 绿色基金和绿色保险

截至2016年底，在中国基金业协会备案的节能环保、绿色基金共265只，其中由地方政府及地方融资平台参与发起设立的约59只，占比达到22%；成立于2012年及之前的共21只，2013年共成立22只；2014年共成立21只，2015年共成立80只，2016年共成立121只，呈上升趋势。在这265只备案基金中，股权投资基金占比达到60%有159只；创业投资基金有33只；证券投资基金有28只；其他类型基金有45只。2017年新增217只；2018年新增137只；2019年新增77只；2020年新增126只。

绿色产业基金属于纯金融性基金，同一般产业基金相比，区别在于：其投资总额的60%以上必须投资于绿色项目，其管理运作与一般的纯金融性基金没有区别。由于没有专门的环境目标，其绿色项目的选择也主要是根据项目潜在收益的高低，而不是根据其实现环境目标的绩效。项目的绿色性需要环境效益评价方法，开展这项目工作，需要相应一套标准规范，而这项标准化工作目前还没有开展。

在绿色保险领域，重点开展环境污染责任保险试点，主要集中在重大风险污染源，如化工、石化、火电、钢铁、医药、造纸、食品、建材等行业。存在评估标准不完善、评估程序不规范、风险评估机制需要建立等急需要解决的问题。

7 行业碳中和路径

7.1 中国经济社会发展现状和目标

7.1.1 中国经济社会发展现状

中国始终高度重视应对气候变化，坚持绿色发展、循环发展、低碳发展，一直将其作为促进高质量可持续发展的重要战略举措。从"十二五"时期起，以单位 GDP 碳排放强度下降这一系统性、约束性目标为抓手，促进低碳发展，2015 年提出了碳排放2030 年前后达峰并尽早达峰等自主贡献目标，采取了调整产业结构、节约能源和资源、提高能源资源利用效率、优化能源结构、发展非化石能源、发展循环经济、增加森林碳汇、建立运行碳市场、开展南南合作等各方面政策措施，推动全社会加速向绿色低碳转型。与 2005 年相比，2019 年中国单位 GDP 二氧化碳排放下降了 48%，相当于减少二氧化碳排放约 56.2 亿吨，相应减少二氧化硫排放约 1192 万吨、氮氧化物排放约 1 130 万吨。同期，GDP 增长超 4 倍，实现 95% 的贫困人口脱贫，第三产业占比从41.3% 增长到 53.9%，煤炭消费比例从 72.4% 下降到 57.7%，非化石能源占一次能源比例从 7.4% 提高到 15.3%，居民人均预期寿命由 72.9 岁提高到 77.3 岁。

应对气候变化的政策行动不但不会阻碍经济发展，而且有利于提高经济增长的质量，培育带动新的产业和市场，扩大就业，改善民生，保护环境，提高人们的健康水平，发挥协同增效的综合效益。

中国的低碳发展转型还存在巨大的发展空间和发展潜力，面临巨大挑战：一是制造业在国际产业价值链中仍处于中低端，产品能耗、物耗高，增值率低，经济结构调整和产业升级任务艰巨；二是煤炭消费占比较高，仍超过 50%，单位能源的二氧化碳排放强度比世界平均水平高约 30%，能源结构优化任务艰巨；三是单位 GDP 的能耗仍然较高，为世界平均水平的 1.5 倍、发达国家的 2～3 倍，建立绿色低碳的经济系任务艰巨。

中国特色社会主义现代化建设进入新时代，要解决发展不平衡、不充分的问题，协同推进发展经济、改善民生、消除贫困、防治污染等工作任务，实现到 2020 年年底全面建成小康社会、到 2035 年基本实现社会主义现代化、到 2050 年建成富强民主文明和谐美丽的社会主义现代化强国，绿色低碳转型发展是根本的解决之道。

应对气候变化是人类共同的事业。2017 年 10 月 18 日，习近平总书记在中国共产党第十九次全国代表大会上的报告中指出，我国积极引导应对气候变化国际合作，是全球生态文明建设的重要参与者、贡献者、引领者。

放眼全球，绿色低碳已成为各国经济体系、能源体系、技术体系、治理体系不可逆转的发展潮流，是应对人类共同危机的根本途径。以习近平生态文明思想为指导，推动世界范围内的绿色低碳转型，努力构建人类命运共同体，是我国作为发展中大国的责任担当。

7.1.2 中国国家战略部署

党的十九大报告从党和国家事业发展的全局高度和长远角度，对新时代中国特色社会主义发展做出了战略部署，要求既要全面建成小康社会、实现第一个百年奋斗目标，又要乘势而上开启全面建设社会主义现代化国家新征程，向第二个百年奋斗目标进军。在 2020 年到 21 世纪中叶的 30 年间，全面建设社会主义现代化国家分两个阶段来安排，每个阶段 15 年。

第一个阶段（2020—2035 年），在全面建成小康社会的基础上，再奋斗 15 年，基本实现社会主义现代化。

第二个阶段（2036 年到 21 世纪中叶），在基本实现现代化的基础上，再奋斗 15 年，把中国建成富强民主文明和谐美丽的社会主义现代化强国。

7.1.3 中国经济社会发展目标

实现社会主义现代化，中国的经济实力、科技实力将大幅跃升，跻身创新型国家前列；国家治理体系和治理能力现代化基本实现，依法治国得到全面落实，科学立法、严格执法、公正司法、全民守法的局面基本形成；社会文明达到新高度，文化软实力显著增强；人民获得感、幸福感、安全感更加充实、更有保障、更可持续；生态环境根本好转，美丽中国目标基本实现。

展望实现会主义现代化强国的中国，通过坚持不懈地推进"五位一体"总体布局，将全面提升中国特色社会主义物质文明、精神文明、政治文明、社会文明、生态文明。中国作为具有 5000 年文明历史的古国，将焕发出前所未有的生机活力，实现国家治理体系和治理能力现代化，成为综合国力和国际影响力领先的国家，对构建人类命运共同体、推动世界和平与发展将做出更大贡献，中华民族将以更加昂扬的姿态屹立于世界民族之林，实现中华民族伟大复兴的中国梦。

2021—2050 年是中国经济社会转型发展的重要"战略期"。应用生产函数模型和可计算一般均衡模型（CGE），以实现经济社会发展目标，满足潜在增长能力、突破国际环境约束等条件为前提，进行中国中长期经济发展情景预测，测算结果如表 91 所示。

表 91　中国经济社会发展目标预测

经济社会方面	第一个阶段（2020—2035 年）	第二个阶段（2036—2050 年）
经济增长	中国经济总量将超过美国，成功跨越中等收入陷阱，中国将成为世界第一大经济体，到 2030 年基本完成工业化，达到中等发达国家的发展水平	中国将进入后工业化发展阶段，城镇化进程放慢并趋于稳定，经济将进入低速增长阶段，到 2050 年接近中等发达国家的发展水平
产业结构	到 2035 年，中国将彻底完成工业化进程　第二产业比例将降至 28% 左右，第三产业比例将升至 66.5% 左右	到 2050 年，中国将进入世界最发达的服务业强国行列，第二产业比例将降至 24.1% 左右，第三产业比例将突破 72.3%
人口和社会	在 2030 年前后出现人口总量峰值（约为 14.5 亿），2035 年，中国老龄人口将增长到 3.09 亿，中国社会开始处于加速老龄化阶段；中国城镇化率 68.5%，进入城镇化推进的后期阶段	2050 年人口总量将下降至 13.95 亿。老龄人口将增至 3.89 亿，占比达到 27.9%，中国社会处于缓速老龄化阶段，中国城镇化率 75%，总体完成城镇化的任务

7.1.4　减排实施路径

7.1.4.1　减源路径

减源路径是在碳排放源实施减排的方式和途径，主要有节能减排、能替减排和去能减排。

节能是指采取技术上可行、经济上合理、环境和社会可接受的一切措施，提高能源资源的利用效率。节能减排主要通过提高能源利用效率来实现。

能替减排是指利用清洁能源特别是可再生能源替代化石能源以减少能源污染物的排放，是通过转变能源结构实现减排。

去能减排也是当前我国推动能源领域减排工作的重要路径，是指通过"关停并转"等去产能手段实现减能减排。

近年来，随着节能减排工作的不断推进，节能减排的空间越来越小。要实现减排目标和经济发展，应进行减排的三轮驱动，即在能源生产和消费的过程中，综合节能减排、能替减排和去能减排三个方面，通过提高能源利用效率、改变能源结构和减少能源消费规模来减少能源污染物的排放。三者在减少能源污染物的排放方面具有明显的互补性，应该成为能源领域减排工作中三个并驾齐驱的车轮，见图49所示。在不同的发展时期，适应我国碳达峰和碳中和的需要，三者的重要性也会发生变动。

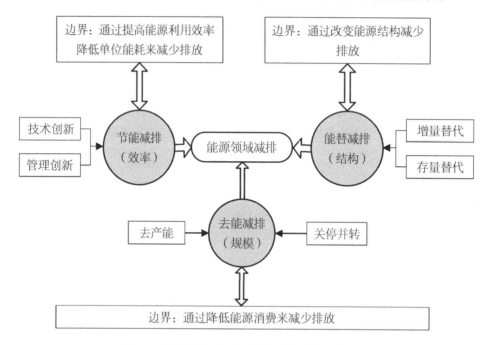

图49 节能减排、能替减排和去能减排三轮驱动

7.1.4.2 增汇路径

1997年《京都议定书》规定在联合履约、排放贸易和清洁发展机制中允许各国通过人工造林、森林及农田管理等人为活动产生的"碳汇"用于抵消本国承诺的碳减排指标后，全球碳源汇的分布特征、机理及其对碳减排的贡献等一系列研究得以迅速发展。

中国作为世界上最大的碳排放国，在应对气候变化方面以创新、协调、绿色的发展理念，积极落实节能减排和低碳发展的政策，把恢复陆地生态系统的碳汇能力作为绿色发展的重要途径。

森林碳汇在区域和全球的碳循环中起着关键作用，研究中国森林生物量变化对于估算区域碳收支和制定应对气候变化的森林管理政策有重要意义。为应对气候变化，中国不仅提出了一系列的温室气体减排承诺目标，而且制定了相应的植树造林和环境保护政策。在这些政策的影响下，中国整体森林面积有了较大的提升。截至2018年，中国森林覆盖率达到22.96%，比2005年增加了5.74%，高于世界平均增速水平；森林蓄积量达到 112.7 亿立方米，比 2005 年增加了 45.6 亿立方米，对减增汇起到了积极的推动作用。

7.2 能源行业碳中和路径

7.2.1 行业现状

7.2.1.1 节能进展

中国的节能进展成效居于全球前列，对促进经济绿色高质量发展发挥了重要支撑作用。2005—2017 年，中国累计节能量占全球总节能量的 48.9%，是同时期全世界节能贡献最大的国家。2005—2018 年，中国以能源消费年均增长 4.5% 支持 GDP 年均增长 8.9%，单位 GDP 能耗累计下降 41.4%；通过节能和提高能效，中国相当于减少能源消费 21.1 亿吨标准煤，减排二氧化碳 45 亿吨，对从源头上降低经济发展的资源环境代价发挥了重要作用。目前，中国已提前两年实现国家自主贡献碳强度降低上限目标，其中节能提效的贡献率达 87%。2005—2018 年，中国通过节能和提高能效，相当于减少二氧化硫排放 1 426 万吨，减少氮氧化物排放 1 526 万吨，减少粉尘 555 万吨。这也间接减少了能源开发、运输过程的生态破坏和环境污染问题，从源头上遏制了环境问题的进一步恶化。节能提效不仅节约了生态环境末端治理的大量投资，而且通过培育壮大节能环保等新兴产业。

通过淘汰落后产能、实施节能技术改造、开展能源管理体系认证等，中国高耗能行业整体技术装备水平显著提升，水泥、电解铝等行业能效水平达到世界先进。目前，中国已处在全球能效技术开发创新的前沿，一些行业技术装备由主要依靠进口发展为世界领先水平，并且成为高附加值产品和先进技术装备出口国，自主能源科技创新能力迈上新台阶。节能环保产业特别是节能服务产业快速发展，成为战略性新兴产业发展的新亮点。

中国能源需求刚性增长压力大，经济增长尚未摆脱资源能源型路径依赖，持续提升能效面临严峻挑战。中国人均能耗只有发达国家平均水平的一半左右，不足美国平均水平的三分之一，城乡区域用能水平亦存在显著差距。

传统经济增长主要建立在高耗能、高排放行业基础上，整体利用效率水平不高，节能体制机制不完善造成大量系统性能源浪费。如果延续传统发展模式，中国到 2050 年的能源消费量可能还要增长一倍，这从资源保障、生态环境、能源安全、气候变化等角度看都难以承受。

作为全球能源生产和消费第一大国，中国有条件成为世界能源技术变革的创新高地，面临深化能源效率革命引领绿色高质量发展的战略机遇。中国先进与落后产能大量并存，在节能技术创新、产业循环链接、能源供需一体化、智慧能源等领域具有较好的产业基础。伴随能源供给侧结构性改革的不断深入，通过发挥市场优势和体制优势，中国有望在全球能源消费革命和绿色低碳转型中发挥引领作用。

7.2.1.2 实施政策

2011 年，我国提出"非化石能源在一次能源消费中的占比"指标，从"十二五"规划中的 2015 年达到 11.4%，至能源发展战略行动计划中的 2020 年达到 15%，再到中美气候变化联合声明中的 2030 年达 20%，直至气候雄心峰会上将 2030 年的比例上调至 25%，该战略目标一直在有力地推动可再生能源和核能的发展。

在国际社会上，我国于 2009 年首次承诺碳减排的定量目标，即 2020 年单位 GDP 碳排放比 2005 年降低 40%～45%。这一目标在 2015 年的国家自主贡献里被进一步扩展到 2030 年，下降比例也提高到 60%～65%。2020 年的气候雄心峰会上，我国又将 2030 年的目标确定在较严格的 65% 水平。

除了强度目标之外，在 2014 年中美气候变化联合声明中我国承诺 2030 年碳排放达到峰值，并在 2020 年的联合国大会上承诺 2060 年实现碳中和。

7.2.1.3 现实问题

相比较欧美等发达国家的能源消费已进入缓慢下降阶段，我国经济和能源需求仍处于增长期，这意味着我国非化石能源的增量不仅需要抵消高碳能源的削减量，还需要满足新增的能源需求，这样才能抑制高碳能源的进一步增长，从而避免碳锁定效应。

我国能源消费体量过于庞大，系统的惯性较大，受到资源环境、生产力、供应链等方面的约束，由于技术进步的不确定性，那么技术扩散呈现出的发展速度是有限性，这意味着我国需要更早采取行动来弥补转型速度上的劣势。

欧美一些发达国家的体制改革是先于能源转型的，并且针对转型出现的新问题来动态调整市场机制。我国的能源体制机制改革与能源转型同时进行，这种叠加不仅增加了我国改革和转型的难度，还抑制了市场驱动作用。

7.2.2 发展趋势

7.2.2.1 情景设置

党的十九大报告对新时代中国特色社会主义发展的战略部署要求，2020 年全面建成小康社会、实现第一个百年奋斗目标，又要乘势而上开启全面建设社会主义现代化国家新征程，向第二个百年奋斗目标进军。在 2035 年前基本实现社会主义现代化；在 2050 年前把中国建成富强民主文明和谐美丽的社会主义现代化强国。

2015 年 6 月 30 日中国向联合国提交了《强化应对气候变化行动：中国国家自主贡献》，根据自身国情、发展阶段、可持续发展战略和国际责任担当，中国提出了到 2030 年的自主行动目标：二氧化碳排放 2030 年左右达到峰值并争取尽早达峰，同时提出了单位国内生产总值二氧化碳排放、非化石能源占一次能源消费比例和森林蓄积量的量化目标，并提出了十五类具体的政策和行动。

2020 年 9 月中国向国际社会提出在 2030 年之前实现二氧化碳排放达峰，到 2060 年实现碳中和目标。这是党中央经过深思熟虑作出的重大战略决策，事关中华民族永续发展和构建人类命运共同体。目前，政府各级部门和行业正在进行相关规划和政策的出台。

《巴黎协定》提出将加强对气候变化威胁的全球应对，在本世纪末把全球平均气温较工业化前水平升高控制在 2 摄氏度之内，并为把升温控制在 1.5 摄氏度之内而努力。全球将尽快实现温室气体排放达峰，本世纪下半叶实现温室气体净零排放。

统筹国际应对气候变化与国内推动能源生产和消费革命两大局，基于以上情况，通常采用展望和倒逼相结合的方式进行情景设计，一般分为以下 4 种情景。能源系统低碳转型情景总体设计见表 92 所示。

（1）政策情景（延续 2030 年的国家自主贡献目标）

此情景以各区域实现"十三五"节能减排和碳减排目标的社会发展情况为基础，人口增长、产业结构、能源利用和节能技术等因素的未来发展速率基于"十三五"实施节能减排及碳减排政策的水平设定。

（2）强化政策情景（自下而上）

此情景在政策情景的基础上，进一步提高政策措施的约束力度，对人口增长、产业结构、能源利用和节能技术等目标的设定更加严格，寻求经济与资源环境的协调可持续发展。

（3）2℃情景

从确保 21 世纪末全球温升相比工业革命前不超过 2℃ 发展目标的角度，按照"共同但有区别的责任""各自能力"等原则。与强化政策情景相比，此情景加大了节能和能源替代力度，2030 年后 GDP 的二氧化碳强度下降速度加快，2040 年前后达到 6%～7%并持续增大。考虑到未来会有更先进技术突破（如氢能、大规模储能等），测算投资需求和减排成本的增加。

（4）"1.5℃情景"（近零排放）

此2℃情景的基础上，进一步强化目标约束，确保到21世纪末地球温升控制在1.5℃以内，人类命运共同体理念被世界各国广泛接受，到2050年全球温室气体接近零排放，碳排放成为全社会各部门、各领域发展的最重要外部约束。

表92　能源系统低碳转型情景总体设计

要素	政策情景	强化政策情景	2℃情景	1.5℃情景
情景内涵	落实并延续2030年国家自主贡献目标	自下而上强化2030年前国家自主贡献目标的减排力度	2050年实现与2℃目标相契合的减排	2050年实现净零碳排放
递增减排技术措施	当前技术政策	快速能效进步 积极电气化 高比例可再生能源 碳定价	快速深度电气化 氢能利用 快速高比例可再生能源 更高碳定价	推广CCUS技术

7.2.2.2　情景边界条件设定

按照上述4种情景的内涵和递增减排技术措施，一般可设定经济社会发展、资源环境约束（碳约束）、技术进步和成本下降、灵活电力系统和竞争性市场建设等方面的情景边界条件。

在经济社会发展方面，从目前到2035年，中国将处于工业化、城镇化中后期阶段，将拥有全球规模最大的制造业、服务业、城市群和中高收入群体，经济增长方式将发生重大改变。2035年后，中国将开启全面建设现代化强国。设定的指标主要是人口数量、城市化率、阶段年平均增速、GDP、人均GDP等指标。

在资源环境约束方面，主要是煤炭、油气、核电、水电、风电、太阳能、生物质能发电的潜力和开发条件，碳排放约束和碳价。

在技术进步和成本下降方面，主要是电炉钢比例、氢气合成氨比例、再生铝比例、乘用车新能源车销售比例、货车新能源车销售比例等。

在灵活电力系统和竞争性市场建设方面，主要是火电机组、需求响应、CCUS应用、电力市场等。

7.2.2.3　情景分析

在以上基础上，可开展终端能源消费低碳化、电力低碳转型路径分析、供热低碳转型路径分析、一次能源需求及供给变化趋势与特征等情景分析。

在终端能源消费低碳化方面，可开展终端能源消费转型趋势、能源消费革命等情景分析。

在电力低碳转型路径分析方面，可开展电力需求发展趋势和结构、电力供应发展趋势和结构、友好型电网发展趋势与结构、电力系统灵活性发展趋势、电力系统经济性发展趋势等情景分析。

在供热低碳转型路径分析方面，可开展供热整体转型路径以及太阳能供热、生物质供热、地热供热等分技术转型等情景分析。

在一次能源需求及供给变化趋势与特征方面可进行能源消费总量和结构，煤炭、石油和天然气等主要化石能源品种消费量、能源消费强度、碳排放情况等情景分析。

7.2.3 实施路径

7.2.3.1 新一代能源体系架构

新一代能源体系由供给侧、需求侧和供需交付三个部分组成，见表93所示。

在供给侧，具有分散性的特征。传统集中式的化石能源体系将演变成以非化石能源为主，储能为辅的分布式体系。非化石能源是一个多能互补的集合，包括风能、太阳能、水能、核能、生物质能等多种用能形式，其中，风能和太阳能将共同成为未来的主导能源。可再生能源的间歇性特点要求系统需具备较强的灵活性，电化学储能、电力多元化转换（如电制氢）、抽水蓄能等储能技术将辅助风光实现能源的安全稳定供应。可再生能源的分散性特点使得连接在用户端的分布式能源将大幅增长，包括屋顶太阳能光伏、微型风力涡轮机、热泵、插电式电动汽车等多种能源载体。

在需求侧，具有电气化的趋势。终端用能部门需实现极高的电气化率，形成以电为主，新型燃料为辅的新一代终端用能体系。但用能体系的形成是多方面转型的综合结果，包括产业结构的调整、能源利用效率的提高以及终端用能方式和用能行为的转变。对于水泥、化工、航空、海运等难以完全电气化的部门，可以利用氢能、生物燃料等新型燃料实现转型，但具体的技术路线仍存在高度的不确定性。

在供需交付方面，具有数字化和智能化特征。传统的能源传输方式和调度方式都将发生变革。新一代能源供应体系更依赖于电网，且供需两侧的信息交互更加频繁。灵活性资源的快速响应、分布式能源的聚合以及需求侧管理均对系统的数字化、智能化提出了更高的要求。

表93 新一代能源体系架构组成表

架构组成	供给侧	供需交付	需求侧
特征	分散化	数字化、智能化	电气化
内容	以风光为主导的非化石能源供给体系； 电化学储能，抽水储能等大规模储能技术； 直接面向用户的分布式能源	以电网为主的能源交互体系； 灵活性资源的快速响应、分布式能源的聚合，以及需求侧管理	以电为主，新型燃料为辅的终端用能体系； 以服务业为主的产业结构高水平的能源利用效率； 绿色消费行为和理念，需求响应行为

7.2.3.2 中国能源转型路线

从当前的能源体系向新一代能源体系转型是一个漫长且艰难的过程，需要在市场机制和政策、市场主体的创新活力、绿色消费行为和理念方面需要政府、企业和消费者共同发力。

（1）加速能源系统的体制机制改革，破除垄断，理顺能源价格。

电力和天然气行业，在竞争性环节放开价格管制，形成竞争性市场。电力交易机构和电力调度机构独立运营，电网企业的配售业务分离，建立电力辅助服务市场和电力零售市场。不断提高间歇性风光发电占比，突出辅助服务市场在激励灵活性资源部署和创新方面的优势。

（2）完善碳市场和绿证市场的政策制定和实施

碳市场和绿证市场，需要充分发挥其外部性定价和激励作用。我国的碳市场和绿证市场均处于起步阶段，其配额分配机制、跨期存储机制、补充机制、新设备认定机制等都需要通过实践来动态调整。在两者协同方面，应明确制度边界，避免可再生能源项目的重复核算，同时协调两者的总量控制目标以保障政策的有效性。与此同时，财政激励的着力点应从风光装机投资逐渐转向分布式、多能互补、储能等技术的研发，并在上述领域积极开展绿色金融吸引社会多元投资主体，激活企业创新活力。

（3）创新关键技术及其与之相配套的商业模式和系统运行模式。

我国短期内，能效技术、电厂的灵活性改造等传统的转型措施仍是节能潜力和结构优化潜力的技术创新主要领域。电化学储能、氢能、光热发电、生物燃料等技术更具创新潜能，能够在新一代能源体系中解决间歇性可再生能源的消纳问题，并助力难以完全电气化的部门实现深度脱碳。

（4）对全社会绿色行为和理念的引导

第一层次是对绿色理念宣传；第二层次是绿色行为政策设计；第三层次是价格机制引导能源消费与供给。

7.2.3.3 电力行业减碳路径

我国电力行业碳排放需要最早达峰并快速下降，至2050年争取实现零排放甚至负排放。提高电气化率对终端部门节能提效促进作用，并可以带来减碳放大效果。从挖掘技术节能潜力，逐步转变到挖掘系统节能潜力和控制能效总量并重方向。

电网系统需要考虑通过灵活发电、改进电网基础设施、需求侧响应以及部署储能技术提高电网灵活性，建立并完善电力现货市场，通过电力市场改革增加跨省绿电交易。预计至2050年时可再生能源发电占总发电量比例升至70%。

在发电行业，除了识别并关停燃煤电厂中的一小部分老旧、高污染且低效率的电厂，也将继续增加非化石燃料发电的比例（到2025年提高至45%左右）；通过完善碳捕获与封存利用（CCUS）政策，以促进新的化石燃料电厂采用CCUS技术，和/或在现有电厂进行CCUS改造。电力部门脱碳是实现碳中和的先行条件，主要的低碳/脱碳技术见表94。

表94 电力行业减碳技术

减碳路径	行动方向	碳减排技术
电力脱碳化（能替减排）	低碳能源与可再生能源	持续扩大可再生能源发电规模
		提升风电光伏资源利用效率和转化效率
	储能	抽水蓄能电站
		机械储能（飞轮、压缩空气）
		液流电池储能
		绿电－氢储能
	智能电网	利用可再生电力储能提供辅助服务
		推广需求侧响应、虚拟电厂
	发展分布式可再生能源	分布式风能、分布式光伏
		需求侧储能、分布式储能技术
		动力电池梯级利用与储能
可持续消费（节能减排）	降低线损	利用AI优化主干网潮流降低线损技术
		更新线路、断路器和变电站，或应用直流系统供电，减低线损
	需求侧响应	虚拟电厂与负荷交易，降低火电辅助服务

7.3 工业行业碳中和路径

7.3.1 行业现状

随着中国整体进入工业化中后期发展阶段，工业部门用能总量与结构出现明显变化。中国正面临工业绿色转型升级的挑战，也具备以节能低碳、信息技术、智能化等改造提升传统产业的潜力。

2014—2017年，工业部门终端能源消费总量下降了150万吨标准煤，工业部门的煤炭和焦炭消费总量及占比出现"双下降"。从总体上来看，工业仍在国民经济发展中处于主导地位，但工业用能已进入高位平台，基本不存在大幅增长的可能性。

伴随新兴工业行业用能的快速增长，以及中国布局建设一批石油化工和煤化工项目，工业用能还将持续增长，工业用能形态、方式和结构将出现深刻变革。

7.3.2 发展趋势

通过强化结构升级、需求减量、技术提升，工业部门终端能源需求将在2025年前达到峰值，并在中长期持续降低。

在政策情景下，2025年工业部门能源需求峰值为23.9亿吨标准煤，比2015年增加3.3亿吨标准煤，到2050年降至21.3亿吨标准煤，下降约11%；在强化政策情景下，2025年工业部门能源需求峰值为23.3亿吨标准煤，到2050年降至17.7亿吨标准煤，下降约24%；在2℃情景下，2025年工业部门能源需求峰值为23.2亿吨标准煤，到2050年降至15.1亿吨标准煤，下降约35%。

工业部门不仅需要消除产能过剩，优化工业结构，提高效率和创新能力，也需要采取需求管理措施，控制工业产品产量，优先部署节能技术，控制并降低总能源需求。各工业领域将通过能效提高、材料替代和循环经济途径降低能源需求；通过数字化转型以及从化石燃料转向电力，特别是替代煤炭的使用，持续提高工业电气化水平，并降低碳强度；对于难以实现电气化的设施，以绿氢或生物质能替代化石燃料；对于在产生高浓度 CO 的设施，需要应用碳捕获与封存利用技术。

7.3.3 实施路径

工业部门近中期的节能低碳技术发展要与污染物减排、节水等技术加强协同，而中长期的节能低碳技术发展要与材料技术、先进制造、信息化等融合创新。

为实现工业部门低碳发展目标，要从结构转型与需求减量、工艺革新与循环经济、技术进步与管理提升、电气化与用能结构调整等多方面挖掘节能减碳潜力。工业行业减碳技术见表95。

表95　工业行业减碳技术

减碳路径	子系统	碳减排技术
可持续消费 （节能减排）	动力系统	变频调速节能技术
		高压变频调速技术
	能源与能耗系统	企业能源综合管控系统
		全功率匹配节能数控柔性联动技术
	配电系统	动态谐波抑制及无功补偿节能技术
		可控自动调容调压配电变压器技术
	热力系统	非稳态余热回收及饱和蒸汽发电技术
		钢铁高炉炉顶煤气循环
		余热锅炉尾部增加受热面
		聚能燃烧技术
		无引风机无换向阀蓄热燃烧节能技术
再次电气化 （能替减排）	工艺过程	钢铁电解铁矿石工艺
	能源与能耗系统	锅炉"煤改电"
电力脱碳化 （能替减排）	能源与能耗系统	分布式光伏发电
		分布式风能发电
原料低碳化 （节能减排）	工艺过程	铝加工中提高再生铝比例
		钢铁原料中提高废钢比
		钢铁新型熔融还原工艺
		水泥行业的熟料替代
		提高再生原料利用技术
燃料低碳化 （能替减排）	能源与能耗系统	垃圾发电技术
	热力系统	煤改气技术
		油改气技术
负排放措施 （增汇）	工艺过程	CO_2 捕集并耦合微生物合成或农业
		CO_2 捕集并用于预制混凝土制品
		CO_2 捕集注入油井封存并驱油

（1）产业结构升级与新业态培育。大力发展服务型制造和生产性服务业，降低对高耗能、高排放行业的依赖。优化进出口贸易模式和商品结构，减少高载能、低附加值产品出口，由当前的"大进大出"向"优进优出"转变，降低出口商品携带的"隐

含能源"。推动国际产能合作及技术交流，鼓励行业龙头企业高水平"走出去"，构建全球供应链。

（2）需求减量与新材料应用。杜绝大拆大建等浪费现象，提高材料强度和质量，从源头上减少高耗能产品需求。推进资源综合利用，积极发展循环经济，减少原生资源路线的工业产品产量。以"减量化、资源化、无害化"为目标，对产业发展、产业链构建和生产力布局进行重新设计，对物质流、能源流进行系统优化。从"建链、补链、强链"入手，实施工业园区循环化改造，提高园区公共基础设施建设水平，建设循环经济网络体系，构建产业链共生、企业间耦合的网络化发展格局。

（3）生产方式变革与能效倍增。以"技术可行、经济合理"为原则，推动节能减碳技术设备的普及。选择钢铁、水泥、化工等行业，建设一批复合型工厂，在生产主产品的同时，高值化利用工艺副产品。提升企业用能的精细化、智能化水平，挖掘智慧用能和"大数据"节能潜力。

（4）用能形态革新与低碳能源替代。鼓励利用热泵技术满足工业低温热力需求，推进"煤改电""煤改气"等清洁能源替代工程，减少工业散煤利用。提升工业电气化水平，因地制宜利用可再生能源和生物质能替代煤炭。发挥绿色氢能作为低碳原料和绿色能源的"双重属性"，扩大氢能、生物质能在石化、化工、钢铁等工业行业的应用。

7.4 建筑行业碳中和路径

7.4.1 行业现状

中国建筑部门能源需求的快速增长，直接和间接地导致了大量能源消耗和碳排放。2000—2017 年，中国建筑部门终端能源消费量从 2.0 亿吨标准煤增长到 6.3 亿吨标准煤，增长了 2 倍多。2017 年，建筑部门终端能源消费量占全国终端能源消费量的比例约为 19.3%。从发展趋势来看，中国人均建筑能耗强度、单位面积建筑能耗强度还远低于发达国家水平，伴随着城镇化进程的进一步推进，中国建筑规模将继续增长，建筑服务水平持续升级，建筑部门能源消费和碳排放将进一步攀升。

7.4.2 发展趋势

从近中期来看，伴随建筑节能理念的发展和建筑节能技术的推广应用，以及清洁取暖工作的深入推进，建筑能源利用效率将持续提高，建筑部门用能结构不断优化，这将在一定程度上抑制建筑部门能耗和碳排放量的过快增长。

从中长期来看，伴随建筑能源服务日趋普及、建筑面积和用能需求逐步饱和，以及建筑能效水平持续提升和用能结构持续优化，建筑部门能源需求和碳排放量有望达峰并有所下降。

通过不断强化政策努力，建筑部门终端能源需求有望较早实现较低峰值，同时用能结构趋于无煤化、高电气化。

在政策情景下，建筑部门终端能源消费在2050年前没有峰值；在强化政策情景下，建筑部门终端能源需求在2040年前后达到峰值，峰值约为9.4亿吨标准煤，到2050年降至8.1亿吨标准煤，下降约15%；在2℃情景下，建筑部门终端能源需求在2030年前后达到峰值，峰值水平约为8.0亿吨，到2050年降至5.8亿吨标准煤，下降约28%。在各个情景下，建筑部门的用能结构都将持续优化。政策情景、强化政策情景和2℃情景下2050年的煤炭消费占比将分别下降至4.3%、0.7%和0。电气化率将分别提升至55.0%、65.8%和75%。

7.4.3 实施路径

建筑部门将通过城市更新、建筑节能改造延长既有建筑寿命，提升建筑能效和可再生能源利用率会成为主要技术应用领域。通过完善建筑照明、空调、取暖以及家电能效标准、纳入智能技术以实现系统节能、鼓励使用自然通风和照明等被动技术持续降低建筑行业能耗强度。建筑行业减碳技术见表96。

表96　建筑行业减碳技术

碳中和路径	子系统	碳减排技术
可持续消费 （节能减排）	建筑系统	软件模拟能耗优化技术
		优化建筑朝向
		优化建筑平面布局
		优化建筑总体布局
		装配式建筑应用
	空调系统	建筑冷热输配系统的节能技术
		温湿度独立控制空调技术
		蓄冰空调技术
		选用合适的冷热源
	能源系统	余热、废热利用技术
	通风系统	对流通风

碳中和路径	子系统	碳减排技术
可持续消费 （节能减排）	通风系统	风帽
		混合通风
		冷巷通风
		热压通风
	围护结构	构件遮阳技术
		架空屋面技术
		建筑自遮阳设计手法
		节能门窗技术
		立体绿化表皮
		外墙、屋面材料隔热技术
		智能遮阳系统
	照明系统	LED 节能照明灯具
		导光管技术
		照明智能控制技术
		自然采光最大化
再次电气化 （能替减排）	能源系统	地源热泵技术
		空气源热泵技术
		水源热泵技术
电力脱碳化 （能替减排）	能源系统	风力发电技术
		太阳能供热水技术
		太阳能光伏发电技术
		太阳能空调技术
		太阳能与建筑一体化技术
燃料低碳化 （能替减排）	能源系统	生物柴油三联供技术
		生物质锅炉技术
原料低碳化 （节能减排）	围护结构	生物基墙体材料技术
		再生混凝土骨料、高性能混凝土技术
负排放措施 （增汇）	二氧化碳捕获与固定	利用混凝土矿化固定 CO_2 技术

电气化也是建筑部门碳中和的主要路径，通过持续提高建筑设计标准，预计到 2050 年，75% 甚至更高比例建筑能耗应实现电气化。

推动建筑部门节能低碳发展，需要从引导建面积合理增长、推广超低能耗建筑、普及高效建筑用能设备和系统、优化建筑终端用能结构等方面挖掘节能降碳潜力。建筑部门的减排潜力主要来自提高建筑本体性能、提升设备效率、合理控制建筑面积规模、利用清洁低碳能源等，重点是实现先进技术与合理消费模式相耦合。

（1）科学进行城乡规划，引导面积总量合理增长。合理设定人均建筑面积发展目标，尽早实施全国建筑面积总量控制，明确提出不同时期全国城镇建筑面积总量，力争 2050 年将全国建筑面积控制在 860 亿平方米以内，并在充分考虑地方实际的基础上，对不同省份提出差别化的建筑面积总量控制要求。推动发展紧凑型城市，积极优化城市空间布局，合理配比不同功能建筑面积，开发融合居住、工作场所、生活服务场所、休闲娱乐场所于一体的综合社区。

（2）加强技术创新研发，加快推广超低能耗建筑。研究超低能耗建筑系统设计方法、施工和质量控制办法等新技术、新工艺，开发真空隔热板、双层 LOW-E（低辐射）玻璃、玻璃窗膜、可光控玻璃窗户、空气密封、光伏屋顶等先进围护结构部件或技术，研究开发高性能的绿色建材，推动优质建筑材料、高性能围护结构部件、高效用能设备等产业发展。普及一体化和被动式设计理念，出台一体化和被动式设计的技术指南，开发建筑能效综合评估工具，加强对超低能耗建筑施工人员的培训。

（3）持续提升标准，加快普及高效用能设备和系统。建立基于实际用能的建筑节能标准体系，制定更加细化可行的建筑能耗定额标准。抓紧出台国家层面的超低能耗建筑标准，以及配套的技术规范、施工工法等，并逐步强制推行。制修订各类建筑用能设备能效限额标准，扩大标准覆盖面。将标准更新纳入法制体系，明确更新周期，制定标准提升路线图、时间表。推行建筑用能设备能效"领跑者"制度，不断提高准入目标，促进设备能效提升。严格强制性建筑节能标准的执行监管，加强对中、小城市实施情况的核查，逐步将农村地区纳入强制执行范围。

（4）依托市场化机制，推进电气化率提高和可再生能源建筑应用。完善峰谷电价、季节性电价、阶梯电价、调峰电价等电价政策，促进提升建筑用能电气化水平；完善可再生能源电力上网政策，鼓励就地发电并网，提高建筑光伏发电装机和可再生电源比例等；研究制定有利于推进工业余热供暖的热费结算机制等。加强农村电网、城镇天然气管网等能源基础设施建设，为建筑部门提高电气化水平、应用清洁能源创造条件。积极发展分布式能源及微网系统，鼓励可再生能源就地发电并网，开展主动式产能型建筑的试点、示范。

7.5 交通行业碳中和路径

7.5.1 行业现状

中国交通运输部门的能耗和碳排放量一直呈现稳步增长趋势，并且带来了能源安全、城市环境污染等问题挑战。2017年，中国交通运输部门能源消费为4.47亿吨标准煤，碳排放量为9.8亿吨二氧化碳，能耗和碳排放量占终端能耗的比例也逐年提升。

近年来，通过运输结构优化、交通运输装备能效水平提升、燃料结构改善、制度创新与技术应用等领域的突破，交通运输部门能效水平不断提升。但总体来看，中国交通运输部门能耗占终端能耗的比例、人均交通用能、车辆保有量水平与发达国家仍存在巨大差距，货运强度偏高，运输结构不合理，交通运输整体能源效率有待提升。

7.5.2 发展趋势

通过不断强化政策努力，交通运输部门终端能源需求有望在2035年前后达到峰值，用能结构趋向去油化、电气化。在政策情景下，交通运输部门能源需求没有出现峰值；在强化政策情景和2℃情景下，交通运输部门能源需求在2035年达到峰值，强化政策情景下峰值水平为6.4亿吨标准煤，2℃情景下为5.8亿吨标准煤，随后开始出现不同程度的下降态势。

交通运输部门用能的电气化趋势明显，石油占交通运输部门能源需求的比例不断下降。在政策情景下，电气化率从2015年的1%提升至2050年的6%，油品消费占终端能耗的比例从2015年的93%下降至2050年的76%。在强化政策情景下，电气化率提高更快，2050年会达到23%，油品消费占终端能耗的比例到2050年会下降到49%。在2℃情景下，电气化率到2050年为33%，油品消费占比到2050年会下降至27%，氢能会有较快的发展，占比到2050年将增长到25%。

7.5.3 实施路径

交通运输部门的深度减排需要整合推进交通强国建设与能源革命，加快交通运输网络、分布式能源网络、信息网络融合提升，系统挖掘高效化、电气化、智能化等潜力。

通过在基础设施和交通工具中广泛应用大数据、5G、人工智能、区块链和超级计算机等创新技术，推动构建电气化、智能化和共享的交通系统；强化交通需求管理的政策创新，大力发展智能交通，显著提高交通能效结合交通规划实现综合管理，提升交通系统效能。

对于货运领域，通过加大铁路和水路利用率，加快长途货运结构的调整；对于城市客运，将加快发展以"公共交通＋骑自行车/步行"为重点的绿色出行系统；持续发展以新能源汽车为重点的等低碳交通工具，加速向包括电力、可持续生物燃料和氢能低碳能源转型。交通运输行业减碳技术见表97。

推动交通运输部门节能降碳，需要从降低周转量水平、运输结构转型优化、电气化和用能结构调整、技术进步与燃油效率提升等方面挖掘节能减碳潜力。

（1）重构工业化和城镇化模式，减少不必要的交通运输需求。优化工业生产力布局，促进高附加值产业和服务业的发展，减少货运周转量增长速度，推动经济增长与货物运输需求逐步脱钩。以精明增长和新城市主义理念引领城市发展，引导各类型城市合理布局、协同发展，倡导交通引导城市发展的模式，坚持"公交优先"方针，积极发展在线办公、电子商务等，减少不必要的机动化出行需求。把充换电设施作为城市基础设施的重要组成部分，推动交通转型与能源变革融合发展。

（2）优化交通运输结构，建设以铁路和高铁为骨架的交通主干线。推进铁路系统的市场化改革步伐，建成完善的高铁和铁路的全国性网络，实现普通铁路的改造升级，使普通铁路有更多运力进行长途货运，释放铁路的运输潜力，提升运行效率。提高多式联运比例，构建铁路和水运长距离运输、公路短距离灵活机动运输的多式联运模式。

（3）加快普及节能与新能源汽车，促进交通燃料的多元化发展。加大电动汽车技术研发力度，在电池续航里程、使用寿命、可靠性、电网储能方面实现技术突破。完善补贴政策，加快普及节能与新能源汽车。出台基于车辆足迹的燃油经济性标准，鼓励天然气生物液体燃料等替代油品，积极发展氢能在交通领域的应用。

（4）优化物流组织管理，形成高效智能的交通运输网络。构建基于大数据和信息化的物流平台，实现物流链和物联网的最优化、运输路程和空车回程路线的最小化，实现物流运输体系的最优化。推动信息通信技术与交通体系加快融合，推广智能交通系统（Intelligent Transportation System，ITS）、全球定位系统（Global positioning system，GPS）、射频识别技术（Radio Frequency Identification，RFID）等信息技术，提高交通运输体系的运行效率和运行方式，支撑智慧城市和智慧中国发展。

表 97　交通运输行业减碳技术

减碳路径	子系统	碳减排技术
可持续消费（节能减排）	道路交通	道路低碳化设计
		交通智慧管理技术
		发动机节能技术
		行驶效率提高技术
	港口交通	船体设计优化
		绿色船舶营运技术
		负载控制柴油机转速技术
		起重机势能回收和超级电容
	轨道交通	车体轻量化
		新材料节能技术
		新型节能机车
		牵引、辅助及控制系统高效节能技术
		再生制动节能
		重载运输节能技术
	航空交通	地面节能滑行技术
		机场协同决策系统
		轻质替代材料技术
再次电气化；燃料低碳化（能替减排）	道路交通	电动汽车
		燃料电池汽车
	港口交通	"油改电"技术
		绿色动力技术
		岸电使用
		天然气、电力驱动机械
	航空交通	高效清洁发动机技术
		燃料电池技术
		太阳能电池技术
		推广实施 GPU
	道路交通	氢能源汽车
	航空交通	生物燃料、电子燃料技术

8 碳中和行动

8.1 碳中和倡议及行动

英国 2010 年发布的《关于碳中和承诺的规范》（PAS 2060）中提出了碳中和的概念。近 10 年来，联合国气候变化组织、澳大利亚、法国、英国、哥斯达黎加、中国等在气候中性、碳中和方面开展了很多实际行动，也发布了许多规范与指南，例如中国生态环境部 2019 年发布的《大型活动碳中和实施指南（试行）》，澳大利亚 2019 年发布的为组织、产品和服务、活动、建筑、区域制定的碳中和标准，英国 2014 年版 PAS 2060 等。

在国际标准化方面，ISO 环境管理技术委员会温室气体管理分委会（TC207/SC7）已于 2021 年 2 月成立工作组（WG15）制定国际标准"碳中和及相关声明 实现温室气体中和的要求与原则"（ISO14068），目前处于草案阶段。

联合国气候变化组织于 2015 年发起了"现在就实现气候中性"倡议，鼓励社会每个人采取行动，帮助在本世纪中叶实现《巴黎协定》所倡导的气候中性。

8.2 联合国碳中和行动

联合国气候变化框架公约（UNFCCC）秘书处负责组织实施这一倡议。参与的签约者可以在 UNFCCC "现在就实现气候中性"网站上展示自己的标识，使用"现在就实现气候中性"的标志（更多信息见：https://unfccc.int/Climate-Action/Climate-Neutral-Now），可能受邀参加 UNFCCC 组织的活动，增加对气候行动所做贡献的辨识度。截至 2020 年 1 月，已经有 355 个签约者，包括各类组织、活动、国际和政府间机构、联合国机构、个人等。

在技术层面，该倡议提供了相关模板，邀请组织、政府和个人通过三步方法解决自己的气候足迹，努力实现全球气候中性。

第一步，量化和报告他们的温室气体排放量，也称为碳足迹。

（1）量化温室气体排放量。签约者自我选择量化标准（需要在报告中声明），同时 UNFCCC 网站上给出了在线气候足迹计算器、航空旅行碳排放计算器、酒店碳足迹工具、绿色建筑和食品碳足迹估算工具。

（2）选定承诺中的温室气体种类。

（3）设定承诺的时间段（例如1年或5年）。

（4）报告所估算的温室气体排放量。

第二步，通过自己的行动尽可能减少温室气体排放。

（1）设计并报告所实施的减少温室气体排放的活动，包括相关的实践、制定的商业政策、减排目标等。

（2）确定出虽然已经付出全力进行减排但仍然不能避免的剩余温室气体排放量。

第三步，抵消所有剩余排放量，包括联合国核证的减排量（CER）。

（1）抵消所有不能避免的温室气体排放量。

（2）其中至少20%的抵消量推荐采用CER。可以在UNFCCC碳抵消平台上选择相应的项目，付款购买CER。

（3）报告抵消的排放量及CER，并提供取消、停用这些CER的证据。

8.3 欧洲碳中和行动

欧盟2019年年底发布《欧洲绿色协议》，承诺于2050年前实现碳中和，并出台了能源、工业、建筑、交通、食品、生态、环保等七个方面的政策和措施路线图，坚持绿色复苏。英国2020年实现了两个多月的"无煤发电"运行。美国众议院在2020年6月发布的《气候危机行动计划》报告中也提出要为全球1.5℃温升控制目标努力，将应对气候变化作为国家的首要任务，要实现2050年温室气体排放比2010年减少88%、二氧化碳净零排放目标，并从经济、就业、基础设施建设、公共健康、投资等领域详细阐述了未来拟采取的措施。

8.3.1 英国碳中和行动

英国2019年6月在新修订的《气候变化法案》中明确到2050年实现温室气体"净零排放"的目标。世界上第一个碳中和规范（PAS 2060）是英国标准学会（BSI）2010年发布的，英国是世界上最早开始碳中和实践的国家。英国政府也制定了《碳中和指南》，实现碳中和的步骤有三步，即：碳排放核算、碳减排、抵消。这和UNFCCC、澳大利亚的项目步骤是一致的。

在实施方面，作为英国政府支持的碳信托公司，负责对各类组织、产品、活动提供符合 PAS 2060 的标准认证。认证表明该组织致力于可持续发展和减少碳排放，并支持环境项目。符合严格的碳中和标准的各类组织和场所可以获得碳中和证书。特定产品或服务可以获得碳中和产品证书。在产品上可以使用证书标识。

在抵消方面，碳信托仅认可将黄金标准（Gold Standard）、自愿碳标准（Voluntary Carbon Standard）和《英国林地减碳守则》（Woodland Code Uk）的碳信用额度用于抵消。

8.3.2 法国碳中和行动

2020 年 3 月，欧盟公布《欧洲气候法》草案，提出了到 2050 年实现温室气体排放净额为零（气候中性）的具有法律约束力的目标。该目标是在《欧洲绿色协议》中设定的。草案要求，欧盟所有机构和成员国都采取必要措施以实现上述目标。草案还规定了采取何种措施来评估成果，以及分步实现 2050 年目标的路线图。在行业方面，2020 年 5 月，欧洲水泥协会发布水泥及混凝土价值链气候中和路线图，称到 2050 年欧洲水泥和混凝土价值链将实现净零排放。

为了更好实现《巴黎气候协定》，法国咨询公司"碳 4"（Carbone 4）于 2018 年提出了净零倡议项目，汇集了各种行业和规模的 9 家公司作为合作伙伴参与，成立了高级别独立技术委员会，提供技术支持和行动建议。该倡议目标是在气候行动方面，通过搭建最佳框架和方法学，鼓励合作伙伴和其他愿意接受挑战目标的组织开展实际行动，从而实现气候中性的全球目标。

该倡议的主要原则认为碳中和或净零仅指达到排放和清除平衡的全球目标，而不适用于组织。组织只能通过减排或增加碳汇促进实现全球碳中和。其他原则还包括："对全球气候中性的贡献"的概念扩大到包括低碳产品和服务的营销；碳融资可以促进可避免的排放或负排放，但不能去"抵消"组织的运营排放。这在国际上是第一次将减少其他组织排放、碳金融引入到碳中和项目中。

按照倡议，组织应采取减少直接和间接排放、减少其他组织的排放和增加碳汇三项行动。在减少其他组织的排放的行动中，包括通过营销低碳解决方案（在某些条件下）和通过为其产业链之外的低碳项目进行融资的行动。在增加碳汇行动中，包括为了促进全球移除量的增加，包括通过在其运营和产业链中开发碳汇项目，以及通过为其产业链之外的碳封存项目进行融资的行动。

每一项行动由三部分组成，即核算、设定减排目标、动态管理和报告。针对这些行动，该倡议主要是推荐已有的标准规范或方法学，有些正在由高级别独立技术委员会进行开发。（详见：http://www.netzero-initiative.com/en）

8.4 澳大利亚碳中和行动

"气候主动"是澳大利亚政府与澳大利亚企业之间持续不断的合作伙伴关系，一致推动自愿性气候行动。该行动代表了澳大利亚为测量、减少和抵消碳排放量而做出的集体努力，以减少对环境的负面影响。

该行动包括按照相关碳中和标准进行的"气候主动"认证和实现的碳中和声明。为了实现碳中和，组织计算其活动所产生的温室气体排放量，例如燃料或电力使用以及旅行。他们通过投资于新技术或改变其运行方式来尽可能减少这些排放。然后通过购买碳补偿来"抵消"任何剩余的排放。碳补偿量是通过防止，减少或消除温室气体排放到大气中的活动而产生的。当组织购买的抵消量等于产生的排放量时，它们就是碳中和的。

组织采取积极的气候行动计划，无论规模大小或行业，都可以通过气候主动认证。气候主动认证适用于：组织、产品、服务、活动、建筑物、行政区域，获得认证需要通过如下六个步骤。

第一步，签订和维护许可协议。签订许可协议确认组织致力于实现碳中和并使组织了解自身的认证义务。许可协议持续两年；但是，组织有机会每年重新承诺并达成新协议。

第二步，计算排放量。依据标准，计算所有的排放量。设定基准年以便进行排放的对比。

第三步，制定和实施减排战略。认证的一个关键组成部分是在抵消前进行减排。减排战略确定了组织计划开展的活动，以减少在规定期间内的排放。组织需要报告每年的排放，并确定减排活动在其中做出了贡献。

第四步，购买抵消量。购买抵消量是为了补偿不能减少或避免的排放量。气候主动行动仅允许满足严格标准的抵消量，以确保做到真正的减排。

第五步，安排独立验证。独立验证有助于提高碳中和声明的可信性。独立验证包括数据的审核、定期的碳中和声明的技术评估等。

第六步，发布公开声明。该声明使感兴趣的相关方可以进行查验，确保了透明性，并有助于建立公众对声明的信任。要求每年都要发布声明。

气候主动碳中和标准与相关国际标准相协调，由澳大利亚政府监督管理，适用于组织、产品和服务、活动、建筑、行政区域，提供了有关如何测量、减少、抵消、验证和报告排放的指南和最低要求，详细提供了如何进行碳中和声明和认证的指导，并提供了符合条件的碳抵消信用额度，如澳大利亚碳信用额度（ACCUs）， 符合 CDM 和黄金标准的碳信用等。目前已注册产品 41 项、服务 26 项、组织 217 项、活动 9 项、建筑 21 项和商业区 1 项（详见：https://www.climateactive.org.au）。

8.5 哥斯达黎加碳中和行动

哥斯达黎加拥有 6% 的世界生物多样性、52% 的森林覆盖率和高达 98% 的可再生能源占比，在 2021 年成为世界上第一个实现碳中和的国家。

在实践方面，到 2020 年 3 月为止，已有 161 个组织、23 个社区声明实现了碳中和，累计温室气体减排量达到了 24.5 万吨（二氧化碳当量）（详见：https://cambioclimatico.go.cr/metas/descarbonizacion/）。

项目实施步骤分为量化、报告和核查。量化分为碳排放核算、碳减排行动、碳抵消三步。核查分为碳核算、碳减排、碳减排＋、碳中和、碳中和＋等五步，每步都由第三方进行核查。核查频率为每 3 年 1 次。

哥斯达黎加 2016 年发布了标准《碳中和示范要求》（INTE B5：2016）， 产品和活动的标准正在制定过程中。在核算方面，针对组织，采用国际标准（ISO 14064-1）；针对社区，采用世界资源研究所（WRI）的《全球社区协议—温室气体清单》（GPC）。而在核查方面，则遵循 ISO 14064-3、ISO 14065 和 ISO 14066。

8.6 中国碳中和实践及国际经验启示

中国开展碳中和实践可追溯到 2008 年的北京奥运会。其他国内的大型赛事和活动开展的碳中和工作，主要有 2010 年联合国气候变化天津会议、2014 年北京 APEC 会议及 2016 年 G20 杭州峰会等。据统计，从 2010 年到目前为止，由中国绿色碳汇基金会组织实施的碳中和项目达到了 62 项，包括组织和活动（会议、展览会、音乐节、电影节、马拉松、婚礼、企业出行）两类。

生态环境部于 2019 年 6 月发布的《大型活动"碳中和"实施指南（试行）》规范了大型活动的碳中和实施。该实施指南中将"碳中和"定义为"通过购买碳配额、碳信用的方式或通过新建林业项目产生碳汇量的方式抵消大型活动的温室气体排放量。" 指南规定，如采用获取碳配额或碳信用的中和方式，碳中和实现的时间不得晚于大型活动结束后 1 年内。

地方标准 DB11/T 1861-2021《企事业单位碳中和实施指南》； DB11/T 1862-2021

《大型活动碳中和实施指南》；团体标准有 T/GDES 2060-2021《碳中和声明规范》。

综上所述，我国碳中和实践有相似之处，也有不同，表98对国内碳中和实践进行了对比分析。

表98　国内外碳中和实践项目对比表

地区	碳中和类型	运行机制	形式	关键步骤	费用（不包括购买抵消碳信用）	依据的标准规范
UNFCCC	组织、活动	UNFCCC秘书处负责	在UNFCCC网站上声明	（1）量化和报告他们的温室气体排放量，也称为碳足迹； （2）通过自己的行动尽可能减少温室气体排放； （3）抵消所有剩余排放量，包括联合国核证的减排量（CER）	不收费	（1）签约者自我选择量化标准（需要在报告中声明）， （2）UNFCCC提供的模板
英国	组织、产品、活动	政府授权的机构	认证	（1）碳排放核算； （2）碳减排； （3）抵消； （4）认证	收费	（1）PAS 2060； （2）抵消方面，黄金标准、自愿碳标准、《英国林地减排守则》
法国	组织	碳4公司和9家合作伙伴	碳排放披露项目（CDP）公布	（1）减少直接和间接碳排放； （2）减少其他组织碳排放； （3）增加碳汇	不收费	核算方面： （1）法国环境与能源控制署的方法（Bilan Carbone） （2）ISO 14064 （3）GHG protocol
澳大利亚	组织、产品和服务、活动、建筑、行政区域	政府授权的机构	认证	（1）签订和维护许可协议； （2）计算排放量； （3）制定和实施减排战略； （4）购买抵消量； （5）安排独立验证； （6）发布公开声明	收费	澳大利亚碳中和系列标准

地区	碳中和类型	运行机制	形式	关键步骤	费用（不包括购买抵消碳信用）	依据的标准规范
哥斯达黎加	组织、产品、活动	政府	核证	（1）碳排放核算； （2）碳减排； （3）抵消； （4）核查 （5）声明	收费	（1）哥斯达黎加标准 INTE B5：2016（碳中和示范要求） （2）核算 ISO 14064-1（组织）；WRI GPC（社区） （3）核查 ISO 14063，ISO 14065 和 ISO 14066
中国	组织、产品、服务、活动、建筑、区域	自愿性	自我承诺或第三方评价	（1）碳中和计划 （2）实施碳减排行动； （3）量化碳排放； （4）碳中和活动； （5）碳中和评价	第三方评价收费	（1）生态环境部《大型活动碳中和实施指南（试行）》； （2）DB11/T 1861-2021 企事业单位碳中和实施指南；DB11/T 1862-2021 大型活动碳中和实施指南 （3）T/GDES 2060-2021 碳中和声明规范

8.7　碳中和领跑行动联盟

8.7.1　联盟提出

"路漫漫其修远兮，吾将上下而求索。"——屈原《离骚》

1992 年通过的《联合国气候变化框架公约》是世界上第一个为全面控制二氧化碳等温室气体排放，以应对全球气候变暖给人类经济和社会带来不利影响的国际公约，也是国际社会在对付全球气候变化问题上进行国际合作的一个基本框架。

1997 年通过的《京都议定书》是气候变化国际谈判中的里程碑式的协议，自 2005 年 2 月 16 日起正式生效。它的主要内容是限制和减少温室气体排放，规定了 2008—2012 年的减排义务。在随后实施过程中，美国、日本、加拿大等发达国家纷纷退出《京都议定书》。

2015 年通过的《巴黎协定》建立了自主减排机制，形成 2020 年后的全球气候治理格局。是灵活务实地创造了全球治理的新范例，通过国家自主决定贡献的方式实行减排义务，在体现各国主权的基础上，充分地提升了各国减排的积极性。

"俱往矣，数风流人物，还看今朝！"——毛泽东《沁园春·雪》

在国家自主决定贡献方式实行减排义务的机制下，各国国内纷纷批准了《巴黎协定》，宣布本国的国家自主贡献。2020 年 9 月，中国向世界宣布了国家自主贡献。在这种机制的影响下，国际上一些公司也纷纷宣布了自己的碳中和目标。

遵循以上的理念做法和启示，在 2021 年 10 月 22 日第 18 届中国标准化论坛上，由中国标准化协会见证，广东省节能减排标准化促进会和佛山市顺德区产品质量协会等 20 多家单位发起成立了"碳中和领跑行动联盟"，率先开展碳中和领跑行动实践。

8.7.2 联盟理念和模式

联盟宗旨：共谋全球生态文明，构建人类命运共同体——习近平《习近平谈治国理政》。

思想来源：源于《巴黎协议》提出的建立自主减排机制，倡导国家自主贡献，实行"自下而上"的减排。

基本理念：基于组织自主贡献，开展碳中和领跑行动，通过碳中和承诺声明，落实碳中和实现声明。

实施模式："企业自我声明＋第三方审核＋互联网站信息公开＋社会监督"。

8.7.3 领跑宣言

碳中和领跑行动宣言节选（详见 http://www.environdec.cn/tzhsmpt）。

为了应对气候变化，实现碳达峰碳中和的目标，我们宣言开展碳中和领跑行动实践。

依据碳核算、碳控排、碳减排到碳中和的技术路线，开展一系列有关碳足迹声明、碳交易和碳资产管理、自愿性减排行动、碳中和承诺与实践的管理活动，在行业内创新知识，提升技能，领跑行业！

路漫漫其修远兮，吾将上下而求索……

俱往矣，数风流人物，还看今朝！

今天，我们一起成立碳中和领跑行动联盟，搭建了碳中和声明平台（http://www.environdec.cn/tzhsm），宣言碳中和领跑行动，为了人类共同生活的美好家园，我们将致力于地球公民的责任和义务，领跑行业。

（Carbon Neutral Declaration on Forerunner Action：In order to actively tackle climate change and safeguard a bright future for humanity, and achieve carbon peak and neutrality goals, we declare to promote carbon neutral forerunner action. According to the technological path on the carbon emission reduction from carbon emission accounting and carbon emission controlling and carbon emission reduction to carbon neutrality, we declare to develop carbon footprint declaration, carbon trading and carbon asset management, voluntary emission reduction actions and carbon neutrality declaration, to innovate knowledge and improve skills and lead the industry!The way was long, and wrapped in gloom did seem. As I urged on to seek my vanished dream.All are past and gone! For pioneer companies Look to this age alone.Today, we establish carbon neutral union on forerunner action, build website about carbon neutral declaration platform（http://www.environdec.cn/tzhsm），at the same time publish carbon neutral declaration on forerunner action. For a better home for human beings to live together, we will devote ourselves to the responsibilities and obligations of earth citizens and lead the industry.）

8.7.4 路线图

8.7.4.1 碳中和领跑行动路线图

碳中和领跑行动路线图见图50。碳中和领跑分为四个阶段：标准引领、领跑联盟、行动宣言和领跑行动。

标准引领是碳中和领跑行动的战略措施和实施抓手。通过标杆企业的碳中和领跑行动，总结经验，标准示范，引领行业碳中和实践。目标是碳中和意识、知识和能力的提升、领跑承诺和实施。目前我国已发布 T/GDES 2030-2021《碳排放管理体系要求》和 T/GDES 2060-2021《企业碳中和声明规范》两项核心标准，详见 8.7.4.2 节和 8.7.4.3 节。

领跑联盟是碳中和领跑行动的领导组织和实施平台。通过发起单位牵头，碳中和领跑行动的企业参与，组成碳中和领跑行动联盟，开展相关活动，目标是以联盟为平台，开展碳中和领跑行动。详见碳中和领跑行动平台（碳中和声明平台）http://www.environdec.cn/tzhsmpt。

行动宣言是碳中和领跑行动的战略举措和标杆示范。通过发布碳中和领跑行动宣言，启动碳中和领跑活动，目标是集体行动，公开宣言，引起社会关注。详见碳中和领跑行动平台（碳中和声明平台）http://www.environdec.cn/tzhlphdxy。

领跑行动是碳中和领跑行动的战略布局和战略实施，通过开展建立碳中和学院作为能力提升机构，开展行业碳中和示范场景建设，形成行业碳中和实施案例，建立行业碳中和标准体系，发布行业碳中和应用方案，目标是示范场景、实施案例、标准体系和应用方案来实施碳中和领跑行动。行业碳中和示范场景建设详见8.7.4.4节。

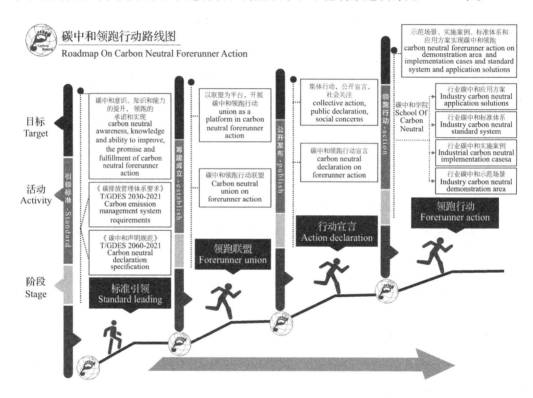

图 50 碳中和领跑行动路线图

8.7.4.2 碳排放管理体系要求

2016 年广东省节能减排标准化促进会发布了团体标准 T/GDES 4-2016《碳排放管理体系 要求及使用指南》，这是该促进会发布了广东省第一个团体标准 T/GDES 1-2016《企业碳排放权交易会计信息处理规范》后，也是在广东省科技项目《广东省碳排放权交易标准体系研究》（编号：2013B070206086052）的研究成果"广东省碳排放权标准体系路线图"基础上研制发布相关系列标准之一。

T/GDES 2030-2021《碳排放管理体系要求》是在 T/GDES 4-2016《碳排放管理体系 要求及使用指南》实施的基础上，结合标准 T/GDES 4-2016 实施过程中的一些问题以及当前企业管理体系运行和认证的问题，特别是在当前大数据和工业互联网的迅猛发展的趋势下企业如何通过数字化转型拥抱数字经济的问题，广东财经大学刘华教授研究团队联合 20 多家企事业单位，研制和发布了 T/GDES 2030-2021《碳排放管理体系要求》标准。

随着当今新冠肺炎疫情全球蔓延和人工智能、工业互联网等新技术的发展，企业如何实现高质量绿色发展，实现低碳化和数字化转型的现实问题，研究组通过广泛的调研发现，普遍存在认证和实际运行"两张皮"，各种管理体系交叉重叠难以实现一体化管理体系的问题，是企业数字化转型必须解决的关键问题。

首先，该标准采用国际标准化组织 ISO 管理体系高阶结构，为整合质量、环境职业健康安全、能源等管理体系实现一体化管理体系奠定了基础。对组织建立、实施、保持和改进一体化管理体系要求如下：

①关注组织环境，兼顾内外部因素影响问题；②立足市场经济，考虑相关方的需求和期望；③着眼战略格局，方针目标与战略方向一致；④基于风险思维，强调应对风险和把握机遇；⑤融入业务活动，通过过程控制获预期成果；⑥注重应用效果，强调体系的适宜充分有效。

其次，该标准推荐使用"企业自我声明＋第三方审核＋互联网站信息公开＋社会监督"实施模式，适应当前区块链和大数据的趋势，破解认证机构为了自身利益而无动力开展多体系审核认证和一体化审核认证的研究和实践的难题，助力企业解决"两张皮"和管理体系交叉重叠问题，加快企业自主创新开展数字化转型。

详细内容可参考碳中和能力提升系列丛书《面向数字化转型碳排放管理体系：理论、标准和应用》。

8.7.4.3 碳中和声明规范

2015 年《联合国气候变化框架公约》缔约国一致通过了《巴黎协定》，创新地建立了自主减排机制，各国自主制定贡献的目标和方案。随后，各国国内纷纷批准了《巴黎协定》，宣布本国的国家自主贡献。2020 年 9 月，中国向世界宣布了国家自主贡献：2030 年前实现碳达峰 2060 年前实现碳中和的目标。

《巴黎协定》自主减排机制的建立，是灵活务实地创造了全球治理的新范例，通过国家自主决定贡献的方式实行减排义务，在体现各国主权的基础上，充分地提升了各国减排的积极性。

随着当今新冠肺炎疫情全球蔓延和人工智能、工业互联网等新技术的发展，在碳达峰和碳中和国家战略目标下，企业如何实现高质量绿色发展，实现低碳化和数字化转型的现实问题，广东财经大学刘华教授研究团队联合 20 多家企事业单位研制和发布了 T/GDES 2060-2021《碳中和声明规范》标准。

T/GDES 2060-2021《碳中和声明规范》标准，在充分借鉴《巴黎协定》自主减排的做法，以建立组织自主减排机制为目标，依据碳核算、碳管控和碳减排的碳管理技术路线，通过碳中和声明活动，推动组织建立碳排放管理体系，开展碳足迹核算、碳交易和碳资产管理和自愿性减排行动，在行业内创新知识，提升技能，领跑行业。

T/GDES 2060-2021《碳中和声明规范》标准推荐采用"企业自我声明＋第三方审核＋互联网站信息公开＋社会监督"实施模式，以适应当前区块链和大数据的趋势，克服了相关机构缺少碳中和知识及其相应的能力，加快企业自主创新开展低碳化和数字化转型。

为了应对气候变化，实现碳达峰碳中和的目标，碳中和领跑行动联盟率先开展碳中和领跑行动实践，以"重视过程与关注结果"的基本理念，以 T/GDES 2030-2021《碳排放管理体系要求》规范组织碳排放过程管理，推进组织的碳核算、碳管控和碳减排活动，提升组织过程管理质量水平；以标准 T/GDES 2060-2021《碳中和声明规范》规范组织碳中和声明，倡导建立行业碳中和示范场景，开发行业碳中和实施案例，研制行业碳中和标准体系，推广行业碳中和应用方案，树立行业碳中和标杆，领跑行业碳中和。

详细内容可参考碳中和能力提升系列丛书《碳中和声明理论和实践》

8.7.4.4 行业碳中和示范场景建设

随着工业互联网和人工智能等新技术迅猛发展，面对当今新冠肺炎疫情的新环境，在双碳目标的背景下，企业如何通过数字化转型拥抱数字经济实现高质量绿色发展的问题，碳中和领跑行动联盟发布的《碳中和领跑行动路线图》，在原有"工业化"和"信息化"两化融合概念的基础上，提出了以"低碳化"和"数字化"两化融合的新概念，作为行业碳中和示范场景建设途径，具体实施措施如下。

（1）战略导向。制定和实施企业碳管理战略规划，依据标准《碳中和声明规范》T/GDES 2060-2021，建立组织自主减排的目标和机制。依据碳核算、碳管控和碳减排的碳管理技术路线，通过碳中和声明活动，推动组织建立碳排放管理体系，开展碳足迹核算、碳交易和碳资产管理和自愿性减排行动，在行业内创新知识，提升技能，领跑行业。

（2）体系建设。依据标准《碳排放管理体系要求》T/GDES 2030-2021，建立碳排放管理体系，提升碳中和意识、知识和能力，针对各种管理体系交叉重叠的问题，通过整合建立一体化的企业管理体系。

（3）低碳设计。在一体化企业管理体系的基础上，进一步开展流程体系建设，以流程驱动的方式，实现企业在线、业务在线；建立行业数字化转型企业架构，以数据驱动和智能驱动的方式，实现低碳设计、绿色设计和生态设计，实现"低碳化"和"数字化"两化融合。

（4）行业示范。建立"低碳化"和"数字化"两化融合的行业碳中和示范场景；出版企业碳中和示范场景实施案例；研制《碳目标设定指南》T/GDES 2032-2022、《碳战略管理规划实施指南》T/GDES 2031-2022、《碳资产管理体系要求》T/GDES 2034-2022、《碳预算管理规范》T/GDES 2033-2022、《组织自愿性碳减排项目开发指南》T/GDES 2061-2022 等标准；建立行业碳中和学院，在行业内开展碳中和知识和技能培训，推广行业碳中和应用方案。

详细内容可参考碳中和能力提升系列丛书《行业碳中和示范场景》。

8.7.5 碳中和领跑行动平台

碳中和领跑行动平台互联网地址：http://www.environdec.cn/tzhsmpt，该平台是在绿色报告声明平台（http://www.environdec.cn/）的基础上，根据碳中和领跑行动的需要而搭建的。主要内容有：碳中和领跑行动联盟、行业碳中和领跑行动宣言、组织碳中和领跑行动宣言和资料下载四个模块。

碳中和领跑行动联盟由碳中和领跑行动联盟简介、碳中和领跑行动路线图、碳中和领跑行动宣言组成。

行业碳中和领跑行动宣言由工业领域、交通领域、建筑领域和金融领域组成。

组织碳中和领跑行动宣言由碳中和声明承诺和碳中和声明实现组成。

微信公众号：碳中和领跑行动联盟。

9 碳中和标准化

9.1 国际碳中和标准化

9.1.1 国际标准化活动

1. 国际标准化组织 ISO/TC207/SC7

国际标准化组织环境管理技术委员会温室气体管理及相关活动分技术委员会（ISO/TC207/SC7）是 ISO 在应对气候变化标准化方面最主要的技术委员会，负责有关温室气体标准化的活动。从 2006 年起在温室气体量化、报告、核查等方面发布了一系列重要的国际标准，涉及组织、项目、产品等多个层面，构成了国际通行的温室气体核算标准体系（具体见附件 1）。

目前，ISO/TC207/SC7 正在制定国际高度关注的碳中和国际标准（ISO 14068）《碳中和及相关声明实现温室气体中和的要求与原则》的工作组草案。

2. 国际标准化组织 ISO/TC 265

国际标准化组织二氧化碳捕获、运输与封存技术委员会（ISO/TC265），共设立了二氧化碳封存组、运输组、捕集组等 5 个标准工作组，并开展了四届工作会议，目前已通过的工作项目有 4 项。

3. 国际电工委员会 IEC/TC 111

在应对气候变化方面，IEC 还没有公开披露碳中和标准制定的相关信息，其市场战略委员会在 2021 年 6 月提出了基于可再生能源的零碳电力系统白皮书的提案。电工电子产品与系统的环境标准化技术委员会下设的温室气体工作组（TC111/WG4）发布了两项关于电工电子产品与系统的温室气体排放量化方法指南和基于项目基准线的电工电子产品与系统的温室气体减排量化方法指南。具体详见附件 1。

4. 国际电信联盟 ITU

国际电信联盟（International Telecommunication Union，ITU）曾在 2018 年内部提出了 ICT 行业的碳中和技术标准的研究立项，但最终没有通过。ITU 在 2021 年 4 月的工作会议上，由中国工业和信息化部提出了"ICT 技术在实现碳中和的最佳解决方案中的应用"的提案。

9.1.2 国外标准化活动

1.WBCSD/WRI 温室气体核算体系

温室气体核算体系（GHG Protocol，简称 GHGP）是国际上最为广泛使用的温室气体核算工具，旨在帮助政府和企业理解、测量与管理温室气体排放。由世界资源研究所（WRI）和世界可持续发展工商理事会（WBCSD）历经十余年合作开发，温室气体核算体系与世界各地的企业、政府以及环境组织一起，建立应对气候变化的可信、有效的新一代计划。温室气体核算体系主要标准见表 99。

表 99　温室气体核算体系主要标准

序号	标准英文名称	标准中文名称
1	Corporate Accounting and Reporting Standards （Corporate Standard）	企业核算和报告标准（企业标准）
2	Project Accounting Protocol and Guidelines	项目核算协议和指南
3	Corporate Value Chain （Scope 3） Accounting and Reporting Standard	企业价值链（范围 3）核算和报告标准
4	Product Life Cycle Accounting and Reporting Standard	产品生命周期核算和报告标准
5	The Land Use, Land-Use Change, and Forestry Guidance for GHG Project Accounting	土地使用和森林的温室气体项目核算指南
6	Guidelines for Quantifying GHG Reductions from Grid-Connected Electricity Projects	电网项目温室气体减排量化指南

2.PAS 2050 和 PAS 2060 标准

PAS 2050 规范是由英国标准协会（BSI）、英国碳信托机构（Carbon Trust）和英国环境、食品与农村事务部（Defra）发布，与之配套的还有《〈PAS 2050 规范〉使用指南》。此标准主要用于计算产品和服务在整个生命周期内（从原材料的获取到生产、分销、使用和废弃后的处理 ） 温室气体排放量。标准中分别对企业 – 到 – 企业（Business to Business，B to B）以及企业 – 到 – 消费者（Business to consumer，B to C）两种评价模式下的产品碳足迹评价提出了具体要求，是全球首个具有公开具体的计算方法产品碳足迹标准。目前，被全球广泛应用于评价其商品和服务的温室气体排放。

PAS 2060 是由英国标准协会（BSI）独立制定的证实碳中和的规范。该标准是以现有的 ISO 14000（环境管理体系）系列和 PAS 2050 等环境标准为基础，以包容性、可及性、开放性为三大原则，提出了通过温室气体排放的量化、减量和抵消来实现和实施组织所必须符合的规定。

3.IPCC 方法学

世界气象组织（WMO）和联合国环境规划署（UNEP）于 1988 年建立了政府间气候变化专门委员会（IPCC）。它对联合国和 WMO 的全体会员开放。IPCC 主要产品是：评估报告、特别报告、方法报告和技术报告。

IPCC 方法学体系中，尚未纳入碳中和相关的指南或方法学，但 IPCC 的评估报告为全球碳中和的时间节点给出了明确的预期。IPCC 方法学是碳排放计算的基础，因此是碳中和的前置工作。IPCC 清单方法学不仅适用于国家排放清单的编制，同时也广泛被应用于各类组织的碳排放计算工作中，统一的计算方法使得不同国家、地区和组织的碳排放量化结果之间具有可比性和一致性。

4. 清洁发展机制（CDM）方法学

清洁发展机制（CDM）是《联合国气候框架条约》（UNFCCC）第三次缔约方大会 COP3（京都会议）通过的附件 1 缔约方（发达国家）在境外实现部分减排承诺的一种履约机制，该机制允许发达国家通过向发展中国家提供资金和技术的方式，与发展中国家展开项目级的合作，在发展中国家进行既符合可持续发展政策要求、又产生温室气体减排效果的项目投资，由此获取投资项目所产生的部分和全部减排额度，作为其在本国以外地区取得减排的抵消额。其目的是协助未列入附件一缔约方（发展中国家）实现可持续发展和有益于《公约》的最终目标，并协助附件一所列缔约方（发达国家）实现遵守第三条规定的其量化的限制和减少排放的承诺。核心是允许发达国家和发展中国家进行项目级的减排量抵消额的转让与获得。

CDM 项目产生 CERs 是国家或组织抵消其剩余排放量，是实现碳中和的一种方式。在几乎所有的碳中和标准或规范中，都明确将 CDM 列为合格的抵消项目，如 PAS 2060。

5. 交易标准

在自愿减排体系中碳信用的形成绝大多数需要第三方的标准认证，全球碳抵消市场中大部分的交易量来自经过第三方标准核证的 VER（Voluntary Emission Reduction，自愿减排信用）。目前被运用较多的标准有：核证碳减排标准（Verified Carbon Standard，VCS）、气候行动储备标准（Climate Action Reserve，CAR）、芝加哥气候交易所抵消项目标准（Chicago Climate Exchange Offsets Program Standard，CCX）、黄金标准（Gold Standard，GS）、美国碳登记处标准（American Carbon Registry，ACR）、ISO14064 标准、社会碳标准（Social Carbon）、气候社区和生物多样性标准

（Climate，Community and Biodiversity）、以及少量的其他标准如温室气体友好标准（GHG Friendly，GF）、Plan Vivo 标准、自愿核证减排标准（VER+）、CDM/JI 标准、绿色 e 气候标准（Green-e Climate, GC）、CarbonFix 标准等。

9.1.3　国际范围内碳中和标准化趋势

从开发主体看，包括国际标准化组织、区域性联盟、英国标准化协会和其他机构。从应用主体看，包括企业或组织层次、项目层次、产品和服务层次，以及整个企业价值链。从覆盖范围看，国际标准化组织开发的碳排放标准较为系统完整，涵盖了从量化、报告组织、项目和产品等不同层次的碳排放，到审定、核查不同应用主体的碳排放，而且对审定和核查团队的能力建设也出台了相应标准；其他机构更专注于碳排放核算方法学的开发与应用。

从碳中和标准化和实践看。英国 2010 年发布的《关于碳中和承诺的规范》（PAS 2060）中提出了碳中和的概念。近 10 年来，联合国气候变化组织、澳大利亚、法国、英国、哥斯达黎加、中国等在气候中性、碳中和方面开展了很多实际行动，也发布了相关的规范与指南，如澳大利亚的碳信用额度 ACCUs 等系列碳中和标准、法国环境与能源控制署的方法 Bilan Carbon、GHG protocols、英国 2014 年版 PAS 2060、哥斯达黎加标准 INTE B5:2016、中国生态环境部《大型活动碳中和实施指南（试行）》等。并在此基础上，在组织、产品、服务、社区、建筑物、活动等方面开展了碳中和项目认证的实践。

9.2　国内碳中和标准化

在国家标准方面，2008 年 10 月，全国环境管理标准化技术委员会温室气体管理分技术委员会（SAC/TC 207/SC7）成立，主要负责温室气体管理等领域的国家标准制修订工作，对口国际标准化组织环境管理技术委员会温室气体管理和相关活动分技术委员会（ISO/TC 207/SC7）开展有关温室气体方面标准的制修订。2014 年 4 月，全国碳排放管理标准化技术委员会（SAC/TC 548）成立，主要负责碳排放管理术语、统计、监测；区域碳排放清单编制方法；企业、项目层面的碳排放核算与报告；低碳产品、碳捕获与碳储存等低碳技术与装备；碳中和与碳汇等领域的国家标准制修订工作。截至目前，TC548 标委会立项的标准制修订计划共包括 42 项，其中行业企业温室气体核算与报告标准 28 项、项目减排量核算标准 4 项、核查系列标准 3 项、企业碳管理系列标准 3 项、单位产品碳排放限额标准 4 项，（国家标准制定情况可详见附件 2）。近日，国家标准《建筑产品与服务环境声明（EPD）通则》通过审查，这是国内首个面向建筑产品与服务领域的环境声明标准。

中国碳交易市场上除了碳配额之外，还有另一种产品，便是中国核证自愿减排量（Chinese Certified Emission Reduction，以下简称为"CCER"），其作用是抵消碳排放量，对碳配额交易形成有益补充。但 2017 年 3 月，国家发改委暂缓受理新的 CCER 备案，至今未重启。CCER 方法学开发情况可详见附件 10。

在行业标准方面，例如 JT/T 827—2012《营运船舶 CO2 排放限值及验证方法》、SH/T 5000-2011《石油化工生产企业 CO2 排放量计算方法》等标准。2019 年，生态环境部发布《大型活动碳中和实施指南（试行）》，规范了大型活动的碳中和实施，填补了我国在这方面的空白。2021 年 9 月 15 日，国家工信部将申请立项的《石油和化工行业碳排放核查技术规范》等 197 项碳达峰相关行业标准项目予以公示。

在地方标准方面，随着各试点省市碳排放权交易机制的建立，各省市制定了部分急需的量化和报告标准，但对于碳盘查、核证、认证机构资质等方面主要还是采用国际标准化组织及国外的标准，以及国家标准，或行业主管部门发布的规范性文件。各省市的地方标准制定情况可见附件 3。

在团体标准方面，根据全国团体标准信息平台上的不完全统计，目前在低碳管理领域发布实施了 70 多项，主要发布社会团体包括广东省节能减排标准化促进会、中关村生态乡村创新服务联盟、中国电子节能技术协会、中国建筑材料联合会等十多个社会团体。团体标准制定情况可详见附件 4。

表格索引

表 1　碳税和碳交易对比表..5

表 2　应对气候变化的主要国际组织..22

表 3　国际应对气候变化谈判进程...25

表 4　《联合国气候变化框架公约》所规定的缔约方类别.............................29

表 5　《巴黎协定》对中国的影响...35

表 6　中国在国际气候变化谈判中的历史分期和角色定位表.........................36

表 7　世界主要国家或地区碳中和目标..42

表 8　《欧洲绿色新政》主要七大行动..44

表 9　英国《绿色工业革命十点计划》主要内容...44

表 10　日本《绿色增长战略》主要内容..45

表 11　我国 2005 年温室气体排放总量..47

表 12　我国 2005 年温室气体排放构成..47

表 13　我国 2005 年二氧化碳、甲烷和氧化亚氮排放清单...........................48

表 14　我国 2005 年能源活动温室气体排放量..50

表 15　我国 2005 年煤炭开采相关活动甲烷逃逸排放量..............................51

表 16　中国"十一五"以来主要节能减排指标及完成情况............................52

表 17　中国"十四五"规划纲要涉及内容..54

表 18　实现碳中和的关键技术..55

表 19　能量储存的形式和天然的能量资源..60

表 20　能源革命分类及标志...62

表 21　大气的组成成分及其作用...64

表 22　干燥清洁空气的成分...64

表 23　气溶胶态污染物的分类..68

表 24　气态污染物分类...68

表 25　自然界水的分布表..70

表 26　环境规制的分类和特点..75

表 27　常见温室气体辐射效率及相对于 CO_2 的 GWP.............................78

表 28　不同升温幅度对各种系统可能造成的影响.......................................80

表 29　我国循环经济发展历程..88

表 30　废物循环与产品循环的比较 90

表 31　产品循环的三种类型 91

表 32　产品服务主种类型 92

表 33　我国不同发展模式的碳排放的特征及可能性结果 94

表 34　全球具有较大影响的几类可持续发展定义 103

表 35　可持续发展的分类特征 107

表 36　碳中和关键技术 114

表 37　碳中和产业经济形态 114

表 38　足迹划分类型 117

表 39　常见足迹的定义和基本内容对比表 117

表 40　温室气体清单编制方法比较 123

表 41　IPCC 国家温室气体清单核算部门 126

表 42　温室气体清单编制方法学结构 127

表 43　排放因子的类型 137

表 44　活动数据的类别和等级标准 139

表 45　排放因子的类别和等级标准 139

表 46　排放总量质量等级 140

表 47　不确定性原因一览表 140

表 48　生命周期评价国际标准 143

表 49　生命周期评价的术语示例 148

表 50　产品 / 服务碳足迹评价相关标准 149

表 51　标准 ISO 14067 与 PAS 2050 的比较表 150

表 52　各种环境标志对比表 158

表 53　部分国内外 Ⅰ 型环境标志 159

表 54　国际标准 Ⅱ 型环境标志的内容 160

表 55　各国碳标签摘要 161

表 56　碳标签的相关国际标准 163

表 57　碳标签推广的核心要素 164

表 58　碳足迹的分类 165

表 59　绿色报告声明平台实施的标签类型 167

表 60　外部性的主要特征 171

表 61　公共物品的特性 174

表 62　碳税和碳交易的区别 180

表 63　配额和项目交易机制的联系和区别 186

表 64　部分国际碳排放权交易体系覆盖行业情况 192

表 65　部分国际现行主要碳排放权交易体系纳入标准情况 193

表66 中国各试点省市配额分配方法对比 195

表67 部分国际主要碳排放权交易体系配额分配方法示例 196

表68 中国碳排放权交易试点交易主体 198

表69 中国碳排放权交易试点碳市场交易规则及配套实施细则 199

表70 风险控制措施 201

表71 中国碳排放权交易试点处罚要求 202

表72 国际主要现行碳排放权交易体系的抵消机制 205

表73 我国碳排放权交易试点抵消机制设计 207

表74 全国碳排放权交易市场的政策文件表 211

表75 行业核算技术规范表 212

表76 全国碳排放权交易各相关主体的地位和作用 215

表77 中国碳排放权交易试点地区情况 218

表78 各试点地区碳交易规范性文件表 219

表79 地方碳排放权交易试点基本情况表 221

表80 全国2020年度碳市场交易量统计表 225

表81 方法学在CCER项目的作用 240

表82 方法学各要素 241

表83 碳金融市场的主要利益相关方构成、作用及影响 245

表84 组织层面碳足迹核算类型 250

表85 产品和服务层面碳足迹核算类型 250

表86 碳信息披露项目及其基本内容 251

表87 碳排放配额账务处理会计分录表 261

表88 碳排放配额变动披露表 262

表89 绿色债券发行情况 266

表90 国内外主要绿色债券标准比较 267

表91 中国经济社会发展目标预测 271

表92 能源系统低碳转型情景总体设计 276

表93 新一代能源体系架构组成表 278

表94 电力行业减碳技术 279

表95 工业行业减碳技术 281

表96 建筑行业减碳技术 283

表97 交通运输行业减碳技术 288

表98 国内外碳中和实践项目对比表 294

表99 温室气体核算体系主要标准 303

图片索引

图 1　UNFCCC 及其相关系列活动时间表......................................22

图 2　IPCC 报告撰写流程......................................23

图 3　IPCC 研究进展......................................24

图 4　IPCC 报告体系......................................25

图 5　能源活动分部门二氧化碳排放构成......................................50

图 6　工业生产过程二氧化碳排放构成......................................51

图 7　全球温室气体分类排放源占比......................................54

图 8　自然资源的分类......................................59

图 9　能源分类......................................60

图 10　新电改后市场主体之间的关系......................................63

图 11　全球碳循环示意图......................................65

图 12　环境规制分类图......................................77

图 13　我国绿色发展的核心问题......................................87

图 14　循环经济的目标、方法与操作原则......................................89

图 15　循环经济内涵的演变历程......................................90

图 16　产品经济与服务经济的区别......................................91

图 17　基于循环经济的物质流......................................92

图 18　"环境高山"与脱钩关系示意图......................................111

图 19　足迹研究的四个发展阶段......................................116

图 20　足迹的综合框架模型......................................118

图 21　IPCC 国家温室气体清单指南系列产品......................................126

图 22　组织运行边界示意图......................................131

图 23　生命周期评价的阶段......................................144

图 24　LCIA 阶段的要素......................................146

图 25　产品系统的影响类型......................................147

图 26　类型参数概念（ISO 14044）......................................147

图 27　生命周期解释阶段的要素与其他阶段之间的关系......................................148

图 28　产品生命周期定义......................................154

图 29　标志的分类......................................157

图 30　排放权交易体系形成与发展示意图...................................182

图 31　MRV 体系的运行机理示意图 189

图 32　碳排放配额分配方法分类情况......................................194

图 33　碳市场参与主体关系图..198

图 34　全国碳排放权交易市场路线图......................................210

图 35　全国碳市场运行流程..214

图 36　碳交易试点政策制度框架图..220

图 37　清洁发展机制原理..226

图 38　CDM 国际管理体制图 226

图 39　CDM 项目开展各方关系图 228

图 40　CDM 项目开发流程图 230

图 41　动态基准线及静态基准线..233

图 42　CCER 项目法定开发流程 239

图 43　方法学构成..240

图 44　方法学应用与开发..242

图 45　新 CCER 方法学开发流程图..242

图 46　碳金融市场的层次结构..243

图 47　重点排放企业碳排放配额财务处理示意图............................260

图 48　绿色金融的作用机理..265

图 49　节能减排、能替减排和去能减排三轮驱动............................272

图 50　碳中和领跑行动路线图..298

参考文献

[1] 陈迎. 碳达峰、碳中和 100 问 [M]. 北京：人民日报出版社，2021.

[2] 汪军. 碳中和时代：未来 40 年财富大转移 [M]. 北京：电子工业出版社，2021.

[3] 安永碳中和课题组. 一本读懂碳中和 [M]. 北京：机械工业出版社，2021.

[4] 胡炜. 法哲学视角下的碳排放交易制度 [M]. 北京：人民出版社，2013.

[5] 中环联合（北京）认证中心. 中国环境标志培训教程 [M]. 北京：中国环境科学出版社，2009.

[6]《碳排放权交易（发电行业）培训教材》编写组. 碳排放权交易（发电行业）培训教材 [M]. 北京：中国环境出版集团，2019.

[7] 王爱国. 碳交易市场、碳会计核算及碳社会责任问题研究 [M]. 桂林：广西师范大学出版社，2017.

[8] 李在卿. 良好企业社会责任实践—IFC《环境与社会可持续性绩效标准在国内的应用》[M]. 北京：中国标准出版社，2019.

[9] 段茂盛，吴力波. 中国碳市场发展报告—从试点走向全国 [M]. 北京：人民出版社，2018.

[10] 计军平，马晓明. 碳排放与碳金融 [M]. 北京：科学出版社，2018.

[11] 邓立. 温室气体排放核算工具 [M]. 西安：西安交通大学出版社，2017.

[12] 王文堂，吴智伟. 企业碳减排与碳交易知识问答 [M]. 北京：化学工业出版社，2017.

[13] 杨宏伟，郭敏晓. 钢铁行业温室气体减排机会指南 [M]. 北京：中国经济出版社，2019.

[14] World Meteorological Organization. "United in sine 2020" [EB/OL].（2000-07-20）[2021-05-07]. https://libraiy.wmo.int/doc num.php?explnum id=l 0361.

[15] IPCC 官网 https://www.ipcc.ch/

[16] Bell Y J, Poushter J, Fagan M, Huang C. "Tn response to climate change, citizens in advanced economies are willing to alter how they live and work" [EB/OL].（2021-09-14）[2021-10-14]. https://www.pewresearch.org/global/wp-content/uploads/sites/2/2021/09/PG2021.09.14 Climate FT NAL.pdf.

[17] 习近平在中共中央政治局第三十次集体学习时强调加强和改进国际传播工作展示真实立体全面的中国 [EB/OL].（2021-06-05）[2021-06-05].http://www.xinhuanet.com/politics/202l-06/01/c_1127517461.htm.

[18] 唐更克，何秀珍，本约朗. 中国参与全球气候变化国际协议的立场与挑战 [J]. 世界经济与政治，2002,（8）:34-40.

[19] 张海滨. 中国在国际气候变化谈判中的立场：连续性与变化及其原因探析 [J]. 世界经济与政治，2006,（7）:36-43.

[20] 严双伍，肖兰兰. 中国参与国际气候谈判的立场演变 [J]. 当代亚太，2010,（1）:89-90.

[21] 肖兰兰. 中国在国际气候谈判中的身份定位及其对国际气候制度的建构 [J]. 太平洋学报，2020,

（2）:69-78.

[22] 肖兰兰. 互动视域下中国参与国际气候制度建构研究 [M]. 北京：人民出版社，2019.

[23] 薄燕. 合作意愿与合作能力：一种分析中国参与全球气候变化治理的新框架世界经济与政治，2013,（1）:135-155.

[24] 庄贵阳. 中国在全球气候治理中的角色定位与战略选择 [J]. 世界经济与政治，2018,（4）:15-27.

[25] 薄凡、庄贵阳. 中国气候变化政策演进及阶段性特征 [J]. 阅江学刊，2018,（8）:14-24.

[26] Wikipedia. Carbon neutrality[DB/OL].（2021-04-26）[2021-05-0]. https://en.wikipedia.org/wiki/Carbon_ neutrality.

[27] DARBY M,GERRETSEN I. Which countries have a netzero carbon goal？[EB/OL].（2019-06-14）[2021-05-01].https://www.climatechangenews.com/ 2019/06/14/countriesnet-zero-climate-goal/.

[28] Ministerio de Ambiente y,Desarrollo Sostenible de laArgentina. Segunda contribución determinada a nivelnacional de la República Argentina[DB/OL].[2021-05-02].https: //www4.unfccc.int/sites/ndcstaging/ PublishedDocuments/Argentina%20Second/Argentina_Segunda%20Contribuci%C3%B3n%20Nacional.pdf.

[29] FARAND C. Austria swears in coalition government withstrengthened climate plan[EB/OL].（2020-01-07）[2021-05-02].https://www.climatechangenews.com/2020/01/07/austriaswears-coalition-government-strengthened-climate-plan/.

[30] GERRETSEN I. Brazil sets 'indicative' goal of carbonneutrality by 2060[EB/OL].（2020-12-09）[2021-05-02].https://www.climatechangenews.com/2020/12/09/brazil-setsindicative-goal-carbon-neutrality-2060/.

[31] FARAND C. Canada sets out to enshrine 2050 net zeroemissions goal in law[EB/OL].（2020-11-20）[2021-05-02].https://www.climatechangenews.com/2020/11/20/canada-setsenshrine-2050-net-zero-emissions-goal-law/.

[32] 习近平在第七十五届联合国大会一般性辩论上的讲话 [EB/OL].（2020-09-22）[2021-05-02]. http://m.xinhuanet.com/2020-09/22/c_1126527652.htm.

[33] TIMPERLEY J. Denmark adopts climate law to cutemissions 70% by 2030[EB/OL].（2019-12-06）[2021-05-02]. https://www.climatechangenews. com/2019/12/06/denmark-adopts-climate-law-cut-emissions-70-2030/.

[34] MATHIESEN K. EU agrees 'climate neutral' target for 2050，but Poland stands alone[EB/OL].（2019-12-13）[2021-05-02].https://www.climatechangenews.com/2019/12/13/eusets-climate-neutral-target-2050-poland-stands-alone/.

[35] Submission by Croatia and the European Commission onbehalf of the European Union and its member states[DB/OL].（2020-03-06）[2021-05-02].https://unfccc. int/sites/default/files/resource/HR-03-06-2020%20EU%20Submission%20on%20Long%20term%20strategy.pdf.

[36] DARBY M. Finland to be carbon neutral by 2035. One ofthe fastest targets ever set[EB/OL].（2019-06-03）[2021-05-02].https://www.climatechangenews. com/2019/06/03/finland-carbon-neutral-2035-one-fastest-targets-ever-set/.

[37]FELIX B.France sets 2050 carbon-neutral target with newlaw[EB/OL].（2019-06-28）[2021-05-02].https://www.reuters. com/article/us-france-energy/france-sets-2050-carbon-neutral-target-with-new-law-idUSKCN1TS30B.

[38]DARBY M. Hungary sets 2050 climate neutrality goal inlaw，issues green bond[EB/OL].（2020-06-04）[2021-05-02].https://www.climatechangenews. com/2020/06/04/hungary-sets-2050-climate-neutrality-goal-law-issuesgreen-bond/.

[39]APPUNN K，WETTENGEL J. Germany's climate actionlaw[EB/OL].（2021-04-29）[2021-05-02]. https://www.cleanenergywire. org/factsheets/germanys-climate-actionlaw-begins-take-shape.

[40]GERRETSEN I.Japan net zero emissions pledge puts coalin the spotlight[EB/OL].（2020-10-26）[2021-05-02].https://www.climatechangenews. com/2020/10/26/japannet-zero-emissions-pledge-puts-coal-spotlight/.

[41]JAMES S.Climate change response（zero carbon）amendment bill[EB/OL].[2021-05-02].https://www. parliament.nz/en/pb/bills-and-laws/bills-proposed-laws/document/BILL_87861/climate-change-response-zero-carbon-amendment-bill.

[42]DARBY M.How will Norway go carbon neutral from 2030? [EB/OL].（2016-06-14）[2021-05-02].https://www.climatechangenews. com/2016/06/14/how-will-norway-gocarbon-neutral-from-2030/.

[43]Charting Singapore's low-carbon and climate resilient future[DB/OL].[2021-05-02]. https：//unfccc.int/sites/default/files/rcsource/SingaporeLongtermlowemissionsdevelopmentstrategy.pdf.

[44]South Africa's low-emission development strategy 2050[DB/OL].（2020-02）[2021-05-02]. https://www.environment.gov. za/sites/default/files/docs/2020lowemission_developmentstrategy.pdf.

[45]GERRETSEN I. South Korea formally commits to cuttingemissions to net zero by 2050[EB/OL].（2020-10-28）[2021-05-02].https://www.climatechangenews.com/2020/10/28/south-korea-formally-commits-cutting-emissions.net-zero-2050/.

[46]FARAND C. Spain unveils climate law to cut emissions to net zero by 2050[EB/OL].（2020-05-18）[2021-05-0]. https://www.climatechangenews. com/2020/05/18/spainunveils-climate-law-cut-emissions-net-zero-2050/.

[47]DARBY M. Sweden passes climate law to become carbon neutral by 2045[EB/OL].（2017-06-15）[2021-05-02].https://www.climatechangenews. com/2017/06/15/swedenpasses-climate-law-become-carbon-neutral-2045/.

[48]Switzerland's information necessary for clarity□transparency and understanding in accordance withdecision 1/CP. 21 of its updated and enhanced nationally determined contribution（NDC）under the Paris Agreement（2021-2030）[DB/OL].[2021-05-02].https：//www4.unfccc.int/sites/ndcstaging/Published Documents/Switzerland%20First/Switzerland_Full%20NDC%20Communication%202021-2030%20incl%20ICTU.pdf.

[49]LO J. Stuck in the middle□Ukraine aims for net zero butstruggles to access finance[EB/OL].（2021-03-25）[2021-05-02].https://www.climatechangenews.com/2021/03/25/stuck-middle-ukraine-aims-net-zero-

struggles-accessfinance/.

[50]UK becomes first major economy to pass net zero emissions law[EB/OL].（2019-06-27）[2021-05-02].https://www.gov.uk/government/news/uk-becomes-first-major-economy-topass-net-zero-emissions-law.

[51]The White House.Executive order on tackling the climate crisis at home and abroad[EB/OL].（2021-01-27）[2021-05-02].https://www.whitehouse. gov/briefing-room/presidential-actions/2021/01/27/executive-order-on-tacklingthe-climate-crisis-at-home-and-abroad/.

[52]Department of Business.Energy and Industrial Strategy.The ten point plan for a green industrial revolution[EB/OL].（2020-11-18）[2021-05-02].https://www.gov. uk/government/publications/the-ten-point-plan-for-a-greenindustrial-revolution.

[53]経済産業省.2050 年カーボンニュートラルに伴うグリーン成長戦略を策定しました [EB/OL].（2020-12-25）[2021-05-04]. https://www. meti. go. jp/press/2020/12/20201225012/20201225012.html.

[54]新华社.中华人民共和国国民经济和社会发展第十四个五年规划和 2035 年远景目标纲要 [EB/OL].（2021-03-13）[2021-05-04].http://www.xinhuanet.com/politics/2021lh/2021-03/13/c_1127205564.htm.

[55]Goldman Sachs Research.Carbonomics：China net zero——The clean tech revolution [R]. New York：Goldman Sachs，2021.

[56]清华大学气候变化与可持续发展研究院.中国低碳发展战略与转型路径研究 [R]. 北京：清华大学气候变化与可持续发展研究院，2020.

[57]IPCC. AR4 climate change 2007：Synthesis report [EB/OL]. [2021-05-01].https://www.ipcc.ch/report/ar4/syr/.

[58]李少林，杨文彤.碳达峰、碳中和理论研究新进展与推进路径探索 [EB/OL]. 东北财经大学学报，https://kns.cnki.net/kcms/detail/21.1414.F.20210824.1431.002.html.

[59]McKinsey & Company. Climate math：What a 1.5-degree pathway would take [R]. New York：McKinsey & Company，2020.

[60]McKinsey & Company.The 1.5-degree challenge[EB/OL].[2021-05-05]. https：//www.mckinsey.com/businessfunctions/sustainability/our-insights/interactive-the-1-point-5-degree-challenge.

[61]国家应对气候变化战略研究和国际合作中心. 低碳发展和省级温室气体清单编制培训教材 [R]，2013.

[62]Haberl H, Erb K H, Krausmann F. Quantifying and mapping the human appropriation of net primary production in earth's terrestrial ecosystems [J]. Proceedings of the National Academy of Sciences of the United States of America, 2007, 104（31）：12942-12947.

[63]WWF, ZSL, GFN. Living planet report 2010: biodiversity, biocapacity and development[EB/OL]. [2011-10-05].http://wwf.panda.org/about_our_earth/all_publications/living_planet_report/living_planet_report_timeline/2010_lpr2/.

[64]Moore D, Cranston G, Reed A, Galli A. Projecting future human demand on the Earth's regenerative capacity [R]. Ecological Indicators, 2012, 16: 3-10.

[65] Rees W E. Ecological footprints and appropriated carrying capacity: what urban economics leaves out[J]. Environment and Urbanization, 1992, 4（2）: 121-130.

[66] Wackernagel M, Rees W E. Our Ecological Footprint: Reducing Human Impact on the Earth[M]. Gabriola Island: New Society Publishers, 1996.

[67] Ferng J J. Toward a scenario analysis framework for energy footprints[J]. Ecological Economics, 2002, 40（1）: 53-69.

[68] Wiedmann T, Minx J. A definition of 'carbon footprint'[R]. ISAUK Research Report 07-01, Durham: ISAUK Research & Consulting, 2007.

[69] Hoekstra A Y, Hung P Q. Virtual water trade: A quantification of virtual water flows between nations in relation to international crop trade//Value of Water Research Report Series （No. 11）[R]. Delft: UNESCO-IHE Institute for Water Education, 2002.

[70] Panko J, Hitchcock K. Chemical Footprint Ensuring Product Sustainability[EB/OL]. [2021-10-04]. http://chemrisknano.com/-chemrisk/images/stories/Chemical_Footprint_Ensuring_Product_Sustainability. pdf.

[71] Leach A M, Galloway J N, Bleeker A, Erisman J W, Kohn R, Kitzes J. A nitrogen footprint model to help consumers understand their role in nitrogen losses to the environment[J]. Environmental Development, 2012, 1（1）: 40-66.

[72] Smith G, McMasters J, Pendlington D. Agri-biodiversity indicators: a view from unilever sustainable agriculture initiative//Agriculture and biodiversity: developing indicators for policy analysis[R]. Zurich: Organisation for Economic Co-operation and Development, 2001.

[73] Zhao S, Li Z Z, Li W L. A modified method of ecological footprint calculation and its application[J]. Ecological Modelling, 2005, 185（1）: 65-75.

[74] Chen B, Chen G Q. Modified ecological footprint accounting and analysis based on embodied exergy-a case study of the Chinese society 1981-2001[J]. Ecological Economics, 2007, 61（2）: 355-376.

[75][26] Niccolucci V, Bastianoni S, Tiezzi E B P, Wackernagel M, Marchettini N. How deep is the footprint? A 3D representation[J]. Ecological Modelling, 2009, 220（20）: 2819-2823.

[76] 方恺. 足迹家族: 概念、类型、理论框架与整合模式 [J]. 生态学报, 2015, 35（6）: 1647–1659.

[77] 朱松丽, 蔡博峰, 朱建华, 等. IPCC 国家温室气体清单指南精细化的主要内容和启示 [J]. 气候变化研究进展, 2018, 14（1）: 86-94.

[78] 中国应对气候变化的政策与行动 [EB/OL]. [2021-12-25]. http://www.gov.cn/zhengce/2021-10/27/ conten t_5646697.htm.

[79] 中国长期低碳发展战略与转型路径研究课题组, 清华大学气候变化与可持续发展研究院. 读懂碳中和 [M]. 北京: 中信出版社, 2021, 8.

附录1：国际标准

序号	标准号	标准英文名称	标准中文名称
国际标准化组织 ISO 制定的相关标准			
1	ISO 14064-1:2018	Greenhouse gases - Part 1: Specification with guidance at the organization level for quantification and reporting of greenhouse gas emissions and removals	温室气体 第1部分：组织层面指导量化和报告温室气体排放量和清除量的规范
2	ISO 14064-2:2019	Greenhouse gases - Part 2: Specification with guidance at the project level for quantification, monitoring and reporting of greenhouse gas emission reductions or removal enhancements	温室气体 第2部分：项目层面指导量化，监测和报告温室气体排放量减少或清除量增强的规范
3	ISO 14064-3:2019	Greenhouse gases - Part 3: Specification with guidance for the verification and validation of greenhouse gas statements	温室气体 第3部分：指导温室气体声明的验证与确认的规范
4	ISO 14065:2020	General principles and requirements for bodies validating and verifying environmental information	验证和核实环境信息机构一般原则和要求
5	ISO 14066:2011	Greenhouse gases -- Competence requirements for greenhouse gas validation teams and verification teams	温室气体 用于对温室气体审定组和核查组的能力要求
6	ISO 14067:2018	Greenhouse gases - Carbon footprint of products - Requirements and guidelines for quantification	温室气体 产品的碳足迹，量化的要求和指南
7	ISO/WD 14068	Carbon neutrality and related statements requirements and principles for achieving greenhouse gas neutrality	碳中和及相关声明实现温室气体中和的要求与原则
8	ISO/TR 14069:2013	Greenhouse gases - Quantification and reporting of greenhouse gas emissions for organizations - Guidance for the application of ISO 14064-1	温室气体 组织机构应用 ISO 14064-1 标准导则的温室气体排放量化和报告
9	ISO 14080:2018	Greenhouse gas management and related activities - Framework and principles for methodologies on climate actions	温室气体管理和相关活动，气候行动方法论的框架和原则

序号	标准号	标准英文名称	标准中文名称
10	ISO 14090:2019	Adaptation to climate change — Principles, requirements and guidelines	适应气候变化　原则，要求和指南
11	ISO 14091:2021	Adaptation to climate change - Guidelines on vulnerability, impacts and risk assessment	适应气候变化 - 脆弱性、影响和风险评估准则
12	ISO/TS 14092:2020	Adaptation to climate change - Requirements and guidance on adaptation planning for local governments and communities	适应气候变化　地方政府和社区适应计划的要求和指南
13	ISO 14097:2021	Greenhouse gas management and related activities - Framework including principles and requirements for assessing and reporting investments and financing activities related to climate change	温室气体管理和相关活动 - 框架，包括评估和报告与气候变化有关的投资和融资活动的原则和要求
14	ISO 19694−1:2021	Stationary source emissions - Determination of greenhouse gas emissions in energy-intensive industries - Part 1: General aspects	固定源排放　能源密集型工业中温室气体排放的测定　第1部分：一般方面
15	ISO/AWI 19251	Capture, transport and geological storage of CO_2 -- Vocabulary	二氧化碳的获取，运输和地质储存 — 术语
16	ISO/AWI 19253	Geological storage of carbon dioxide	二氧化碳的地质储存
17	ISO/AWI TR 19273	Carbon dioxide capture -- Carbon dioxide capture systems, technologies and processes	二氧化碳获取系统，技术和过程
18	ISO/AWI 19274	Carbon dioxide capture, transportation and geological storage – Pipeline ransportation systems	二氧化碳获取，运输和地质储存 - 管道运输系统
国际标准化组织 IEC/TC 111 制定的相关标准			
19	IEC/TR 62725 Ed. 1.0	Analysis of quantification methodologies of greenhouse gas emissions for electrical and electronic products and system	关于电工电子产品与系统的温室气体排放量化方法
20	IEC/TR 62726 Ed. 1.0	Quantification Methodology of greenhouse gas emission（CO_2e）reductions for electrical and electronic products and systems from the project baseline	基于项目基准线的电工电子产品与系统的温室气体减排量化方法

附录2：中国国家标准的制定情况一览表

序号	标准号	标准名称
1	GB/T 24020—2000	环境管理 环境标志和声明 通用原则
2	GB/T 24021—2001	环境管理 环境标志和声明 自我环境声明（Ⅱ型环境标志）
3	GB/T 24024—2001	环境管理 环境标志和声明 Ⅰ型环境标志 原则和程序
4	GB/T 24031—2001	环境管理 环境表现评价 指南
5	GB/T 24015—2003	环境管理 现场和组织的环境评价（EASO）
6	GB/T 24050—2004	环境管理 术语
7	GB/T 24040—2008	环境管理 生命周期评价 原则与框架
8	GB/T 24044—2008	环境管理 生命周期评价 要求与指南
9	GB/T 21453—2008	工业清洁生产审核指南编制通则
10	GB/T 24025—2009	环境标志和声明 Ⅲ型环境声明 原则和程序
11	GB/T 24256—2009	产品生态设计通则
12	GB/T 24062—2009	环境管理 将环境因素引入产品的设计和开发
13	GB/T 26450—2010	环境管理 环境信息交流 指南和示例
14	GB/T 29156—2012	金属复合装饰板材生产生命周期评价技术规范（产品种类规则）
15	GB/T 29157—2012	浮法玻璃生产生命周期评价技术规范（产品种类规则）
16	GB/T 30052—2013	钢铁产品制造生命周期评价技术规范（产品种类规则）
17	GB/T 32150—2015	工业企业温室气体排放核算和报告通则
18	GB/T 32151.1—2015	温室气体排放核算与报告要求 第1部分：发电企业
19	GB/T 32151.2—2015	温室气体排放核算与报告要求 第2部分：电网企业
20	GB/T 32151.3—2015	温室气体排放核算与报告要求 第3部分：镁冶炼企业
21	GB/T 32151.4—2015	温室气体排放核算与报告要求 第4部分：铝冶炼企业
22	GB/T 32151.5—2015	温室气体排放核算与报告要求 第5部分：钢铁生产企业
23	GB/T 32151.6—2015	温室气体排放核算与报告要求 第6部分：民用航空企业
24	GB/T 32151.7—2015	温室气体排放核算与报告要求 第7部分：平板玻璃生产企业
25	GB/T 32151.8—2015	温室气体排放核算与报告要求 第8部分：水泥生产企业
26	GB/T 32151.9—2015	温室气体排放核算与报告要求 第9部分：陶瓷生产企业
27	GB/T 32151.10—2015	温室气体排放核算与报告要求 第10部分：化工生产企业

续上表

序号	标准号	标准名称
28	GB/T 32161—2015	生态设计产品评价通则
29	GB/T 32162—2015	生态设计产品标识
30	GB/T 32163.1—2015	生态设计产品评价规范 第1部分：家用洗涤剂
31	GB/T 32163.2—2015	生态设计产品评价规范 第2部分：可降解塑料
32	GB/T32163.3—2015	生态设计产品评价规范 第3部分：杀虫剂
33	GB/T 32163.4—2015	生态设计产品评价规范 第4部分：无机轻质板材
34	GB/T 24001—2016	环境管理体系 要求及使用指南
35	GB/T 33859—2017	环境管理 碳足迹 原则、要求与指南
36	GB/T 34341—2017	组织碳足迹评价和报告指南
37	GB/T 24004—2017	环境管理体系 通用实施指南
38	GB/T33755—2017	基于项目的温室气体减排量评估技术规范 钢铁行业余能利用
39	GB/T 33756—2017	基于项目的温室气体减排量评估技术规范 生产水泥熟料的原料替代项目
40	GB/T 33760—2017	基于项目的温室气体减排量评估技术规范 通用要求
41	GB/T 32151.11—2018	温室气体排放核算与报告要求 第11部分：煤炭生产企业
42	GB/T 32151.12—2018	温室气体排放核算与报告要求 第12部分：纺织服装企业
43	GB/T 37756—2019	产品碳足迹评价和报告指南

附录3：各省市的地方标准制定情况一览表

序号	标准号	标准名称	所属省市
1	DB44/T 1448-2014	电子电气产品与组织的温室气体排放评价 术语	广东省
2	DB44/T 1449.1-2014	电子电气产品碳足迹评价技术规范 第1部分：移动用户终端	
3	DB44/T 1503-2014	家用电器碳足迹评价导则	
4	DB44/T 1506-2014	企业温室气体排放量化与核查导则	
5	DB44/T 1381-2014	纺织企业温室气体排放量化方法	
6	DB44/T 1382-2014	企业（单位）二氧化碳排放信息报告通则	
7	DB44/T 1383-2014	钢铁企业二氧化碳排放信息报告指南	
8	DB44/T 1384-2014	水泥企业二氧化碳排放信息报告指南	
9	DB44/T 1874-2016	产品碳足迹 产品种类规则 巴氏杀菌乳	
10	DB44/T 1941-2016	产品碳排放评价技术通则	
11	DB44/T 1945-2016	企业碳排放核查规范	
12	DB44/T 1976-2017	火力发电企业二氧化碳排放信息报告指南	
13	DB44/T 1977-2017	石化企业二氧化碳排放信息报告指南	
14	DB44/T 1942-2016	小功率电动机产品碳排放基础数据采集技术规范	
15	DB44/T 1943-2016	有色金属企业二氧化碳排放信息报告指南	
16	DB44/T 1944-2016	碳排放管理体系 要求及使用指南	
17	SZDB/Z 66-2012	《低碳管理与评审指南》	广东省深圳市
18	SZDB/Z 69-2018	《组织的温室气体排放量化和报告指南》	
19	SZDB/Z 70-2018	《组织的温室气体排放核查指南》	
20	SZDB/Z 75-2013	《低碳酒店评价指南》	
21	SZDB/Z 76-2013	《低碳景区评价指南》	
22	DB42/T 727-2011	《温室气体（GHG）排放量化、核查、报告和改进的实施指南（试行）》	湖北省
23	DB32/T 1935-2011	《非建设用地温室气体排放核算规程》	江苏省

序号	标准号	标准名称	所属省市
24	SH/MRV-001-2012	上海市温室气体排放核算与报告指南（试行）	
25	SH/MRV-002-2012	上海市电力、热力生产业温室气体排放核算与报告方法（试行）	
26	SH/MRV-003-2012	上海市钢铁行业温室气体排放核算与报告方法（试行）	
27	SH/MRV-004-2012	上海市化工行业温室气体排放核算与报告方法（试行）	
28	SH/MRV-005-2012	上海市有色金属行业温室气体排放核算与报告方法（试行）	上海市
29	SH/MRV-006-2012	上海市纺织、造纸行业温室气体排放核算与报告方法（试行）	
30	SH/MRV-007-2012	上海市非金属矿物制品业温室气体排放核算与报告方法（试行）	
31	SH/MRV-008-2012	上海市航空运输业温室气体排放核算与报告方法（试行）	
32	SH/MRV-009-2012	上海市旅游饭店、商场、房地产业及金融业办公建筑温室气体排放核算与报告方法（试行）	
33	SH/MRV-010-2012	上海市运输站点行业温室气体排放核算与报告方法（试行）	
34	DB11/T 1563-2018	农业企业（组织）温室气体排放核算和报告通则	
35	DB11/T 1559-2018	碳排放管理体系实施指南	
36	DB11/T 1558-2018	碳排放管理体系建设实施效果评价指南	北京市
37	DB11/T 1860-2021	北京市电子信息产品碳足迹核算指南	
38	DB11/T 1861-2021	企事业单位碳中和实施指南	
39	DB11/T 1862-2021	大型活动碳中和实施指南	
40	DB43/T 662-2011	组织机构温室气体排放计算方法	湖南省
41	DB43/T 721-2012	区域温室气体排放计算方法	
42	DB64/T 725-2011	静态箱法测定水稻田温室气体技术规程	宁夏回族自治区

附录4：团体标准制定情况一览表

团体名称	标准编号	标准名称
广东省节能减排标准化促进会	T/GDES 1-2016	企业碳排放权交易会计信息处理规范
	T/GDES 2-2016	产品碳足迹声明标识
	T/GDES 3-2016	企业碳排放核查规范
	T/GDES 4-2016	碳排放管理体系 要求及使用指南
	T/GDES 5-2016	广东省有色金属企业二氧化碳排放信息报告指南
	T/GDES 6-2016	环境产品声明标识
	T/GDES 7-2016	企业碳排放管理 术语
	T/GDES 26-2019	碳足迹标识
	T/GDES 20001-2016	产品碳足迹 评价技术通则
	T/GDES 20002-2016	产品碳足迹 产品种类规则 巴氏杀菌乳
	T/GDES 20003-2016	产品碳足迹 小功率电动机基础数据采集技术规范
	T/GDES 20004-2018	家用洗涤剂产品碳足迹等级和技术要求
	T/GDES 20005-2019	产品碳足迹 产品种类规则 合成洗衣粉
	T/GDES 60001-2016	环境产品声明 产品种类规则 陶瓷砖
	T/GDES 60002-2016	环境产品声明 产品种类规则 电饭锅（煲）
	T/GDES 60003-2016	环境产品声明 产品种类规则 家用燃气灶具
	T/GDES 60004-2018	环境产品声明 产品种类规则 家用洗涤剂
	T/GDES 60005-2019	环境产品声明 产品种类规则 机动车儿童乘员用约束系统
	T/GDES 60007-2019	环境管理 生命周期评价 敏感性分析要求与指南
	T/GDES 60008-2019	环境管理 生命周期评价 数据质量评估与控制指南
	T/GDES 60009-2019	环境产品声明 产品种类规则 曳引驱动电梯
	T/GDES 60010-2019	环境产品声明 产品种类规则 自动扶梯与自动人行道
	T/GDES 60011-2020	环境产品声明 产品种类规则 房间空调器用压缩机
	T/GDES 498-2021	环境产品声明 产品种类规则 凉茶植物饮料
	T/GDES 20308-2021	碳排放管理体系要求
	T/GDES 20608-2021	企业碳中和声明规范

续上表

团体名称	标准编号	标准名称
中关村生态乡村创新服务联盟	T/ZGCERIS 000118-2018	农田土壤固碳核算技术规范
	T/ZGCERIS 000128-2018	农业有机废弃物（畜禽粪便）循环利用项目碳减排量核算指南
	T/ZGCERIS 000138-2018	农业企业（组织）温室气体排放核算和报告通则
	T/ZGCERIS 000148-2018	种植农产品温室气体排放核算指南
	T/ZGCERIS 000158-2018	畜牧产品温室气体排放核算指南
	T/ZGCERIS 00018-2019	餐厨废弃物资源化还田项目温室气体减排量核算技术规范
	T/ZGCERIS 00028-2019	利用园林废弃物生产有机肥还田项目温室气体减排量核算技术规范
	T/ZGCERIS 00038-2019	泌乳奶牛日粮调控项目温室气体减排量核算技术规范
中国电子节能技术协会	T/DZJN 0048-2019	碳标签标识
	T/DZJN 0038-2019	电器电子产品碳足迹评价移动通信手持机
	T/DZJN 0028-2019	电器电子产品碳足迹评价微型计算机
	T/DZJN 0018-2019	电器电子产品碳足迹评价电视机
	T/DZJN 0028-2018	电器电子产品碳足迹评价 LED 道路照明产品
	T/DZJN 0018-2018	电器电子产品碳足迹评价通则
中国建筑材料联合会	T/CBMF 278-2018	预拌混凝土 低碳产品评价方法及要求
	T/CBMF 288-2018	蒸压加气混凝土砌块 低碳产品评价方法及要求
	T/CBMF 418-2018	硅酸盐水泥熟料单位产品碳排放限值
	T/CBMF 428-2018	建筑卫生陶瓷单位产品碳排放限值
	T/CBMF 538-2019	建材行业碳排放管理体系实施指南 玻璃企业
	T/CBMF 548-2019	建材行业碳排放管理体系实施指南 水泥企业
	T/CBMF 558-2019	建材行业碳排放管理体系实施指南 建筑卫生陶瓷企业
	T/CBMF 568-2019	建材行业低碳企业评价技术要求 平板玻璃行业
	T/CBMF578-2019	建材行业低碳企业评价技术要求 水泥行业
中国纺织工业联合会	T/CNTAC 118-2018	纺织产品温室气体排放核算通用技术要求
	T/CNTAC 128-2018	纺织企业温室气体排放核算通用技术要求
	T/CNTAC 138-2018	纺织企业温室气体减排评定技术规范
	T/CNTAC 328-2019	温室气体排放核算与报告要求 羊绒制品生产企业
中国技术经济学会	T/CSTE 00018-2019	出租车智能调度系统温室气体减排量评估技术规范
	T/CSTE 00738-2020	猪粪资源化利用替代化肥非二氧化碳温室气体减排量核算指南

团体名称	标准编号	标准名称
中国科技产业化促进会	T/CSPSTC 518-2020	智慧零碳工业园区设计和评价技术指南
中国钢铁工业协会	T/CISA 0278-2020	钢铁企业低碳清洁评价标准
中国印刷技术协会	T/PTAC 003-2016	印刷企业温室气体排放核算与报告要求
中国石油和化学工业联合会	T/CPCIF 00738-2020	低碳脂肪胺清洁生产技术规范
广东省低碳发展促进会	T/GDLC 0018-2019	低碳宜居社区评价标准
	T/GDLC 0028-2019	社区碳排放核算与报告方法
	T/GDLC 0048-2021	园区低碳餐饮评价指南
北京低碳农业协会	T/LCAA 018-2020	发电行业温室气体排放监测技术规范
	T/LCAA 028-2020	水泥行业温室气体排放监测技术规范
	T/LCAA 0038-2020	种植企业（组织）温室气体排放监测技术规范
	T/LCAA 0048-2020	养殖企业温室气体排放监测技术规范
	T/LCAA 0078-2021	种植企业（组织）温室气体排放核查技术规范
浙江省国际数字贸易协会	T/ZIFA CC0018-2019	绿色集成仓储二氧化碳排放核算方法
	T/ZIFA CC0018-2020	浙江省绿色物流节能降碳评价标准
武汉碳减排协会	T/WCRA 00018-2018	低碳学校（中小学）建设指南

附录5：大型项目方法学

序号	编号	方法学名称
1	AM 0001	HFC23 废气焚烧分解（V5.2）
2	AM 0007	生物质能热电联产最低成本季节运行分析（V1.0）
3	AM 0009	焚烧排空油田伴生气回收利用（V4.0）
4	AM 0014	天然气块装热电联产（V4.0）
5	AM 0017	改进凝气阀和回收冷凝物提高蒸汽系统效率（V2.0）
6	AM 0018	优化蒸汽系统（V2.2）
7	AM 0019	可再生能源（生物质能除外）替代单个火电厂部分发电量（V2.0）
8	AM 0020	提高抽水效率（V2.0）
9	AM 0021	现有己二酸厂的 N_2O 分解（V3.0）
10	AM 0023	减少 NG 管道压缩机和门站泄漏（V4.0.0）
11	AM 0024	水泥厂余热回收发电（V2.1）
12	AM 0025	采用废物处理替代方法避免有机废弃物的排放（V12.0）
13	AM 0026	智利或其他采取优化调度国家的可再生资源零排放并网发电（V3.0）
14	AM 0027	无机化合物生产中以源自生物质的 CO_2 替代源自化石和矿物的 CO_2（V2.1）
15	AM 0028	硝酸或己内酰胺生产尾气中 N_2O 的催化分解（V5.1.0）
16	AM 0029	天然气并网发电（V3.0）
17	AM 0030	减少生铝电解槽阳极效应 PFC 排放（V3.0）
18	AM 0031	快速公交车项目（V3.1.0）
19	AM 0034	硝酸厂氨氧化塔中 N_2O 催化减排（V5.1.1）
20	AM 0035	电网 SF6 减排（V1.0）
21	AM 0036	工业锅炉生物能替代化石燃料（V3.0）
22	AM 0037	油气炼制中减少火炬和回收利用尾气（V2.1）
23	AM 0038	提高现有埋弧电炉炼硅锰的能源效率（V3.0.0）
24	AM 0039	采用组合堆肥方法减少废水和固态有机生物甲烷排放（V2.0）
25	AM 0041	减少木炭生产中木质碳化的甲烷排放（V1.0）
26	AM 0042	种植专供薪柴建新并网发电厂（V2.1）
27	AM 0043	采用聚乙烯管替代旧铸铁管或无阴极保护钢管减少天然气管网泄漏（V2.0）

序号	编号	方法学名称
28	AM 0044	工业锅炉和集中供热锅炉技改或更新以提高能效（V1.0）
29	AM 0045	独立电力系统联网（V2.0）
30	AM 0046	向居民推广节能灯（V2.0）
31	AM 0048	新建热电联产机组替代高碳排放的并网或离网电力和蒸汽生产，向多用户供电和／或蒸汽（V3.0）
32	AM 0049	工业设施采用气体燃料生产电和／或热（V3.0）
33	AM 0050	氨－尿素生产的原料替代（V2.1）
34	AM 0051	硝酸生产 N_2O 二级分解（V2.0）
35	AM 0052	现有水电站决策支持系统优化提高发电量（V2.0）
36	AM 0053	向天然气输配管网喷射生物基甲烷提高天然气质量（V2.0）
37	AM 0054	引入油／水乳化技术提高锅炉效率（V2.0）
38	AM 0055	炼厂气回收利用（V2.0.0）
39	AM 0056	采用锅炉替代或改造、燃料替代以提高化石燃料蒸汽锅炉效率（V1.0）
40	AM 0057	造纸原料采用生物质废料以避免 GHG 排放（V3.0）
41	AM 0058	引进新的主集中供热系统（V3.1）
42	AM 0059	减少生铝电解槽 GHG 排放（V1.1）
43	AM 0060	高效致冷机节电（V1.1）
44	AM 0061	现有电厂的技改和／或提高能效（V2.1）
45	AM 0062	电厂汽轮机／燃气机改造提高能效（V2.0）
46	AM 0063	回收工业设施尾气中 CO_2 替代使用化石燃料生产的 CO_2（V1.2.）
47	AM 0064	地下、岩石、稀有和贱金属矿甲烷回收利用（V2.0）
48	AM 0065	替代镁工业生产使用的包容气体 SF6（V2.1）
49	AM 0066	海绵铁生产流程利用余热预热原材料减少 GHG 排放（V2.0）
50	AM 0067	配电电网安装高效变压器（V2.0）
51	AM 0068	铁合金生产技术革新提高能源效率（V1.0）
52	AM 0069	生物基甲烷用作生产城市燃气的原料和燃料
53	AM 0070	民用节能冰箱的改造
54	AM 0071	使用低温室效应制冷剂的家用制冷机器的制造和服务（V2.0）
55	AM 0072	供热中使用地热替代石化燃料
56	AM 0073	通过将多个地点的粪便收集后进行集中处理减排温室气体
57	AM 0074	利用以前燃放或排空的渗漏气为燃料信件联网电厂
58	AM 0075	回收、处理沼气并提供给终端用户产热

序号	编号	方法学名称
59	AM 0076	在现有工业设施中实施的化石燃料三联产项目
60	AM 0077	回收排空或燃放的油井气并供应给专门终端用户
61	AM 0078	在 LCD 制造中安装减排设施减少 SF6 排放
62	AM 0079	从检测设施中使用气体绝缘的电气设备中回收 SF6
63	AM 0080	好养污水处理厂污水处理过程中减少温室气体的排放（V1.0）
64	AM 0081	炼焦厂通过将废气转化为二甲醚燃料减少排放（V1.0）
65	AM 0082	通过建立一个新的铁矿石还原系统，在铁矿石还原阶段使用来自种植的可再生生物质的木炭（V1.0）
66	AM 0083	通过垃圾填埋区的原位通风避免垃圾填埋气的排放（V1.0）
67	AM 0084	安装热电联供系统向新的和现有的消费者提供电力和冷却水（V1.0）
68	AM 0086	安装零能量净水器达到安全饮水（V1.1.0）
69	AM 0087	向电网或单一消费者供电的新天然气发电厂的建设（V2.0）
70	AM 0088	从液化天然气汽化过程中回收冷能实现空气分离（V1.0）
71	AM 0089	以柴油和植物油混合原料为燃料的柴油机生产（V1.1.0）
72	AM 0090	货物运输方式从公路运输转变为水运或铁路运输（V1.1.0）
73	AM 0091	新建建筑中使用节能技术和燃料转变（V1.0.0）
74	AM 0092	半导体行业中使用 PFC 气体清洗化学气相沉积（V1.0.0）
75	AM 0093	垃圾填埋区被动曝气避免垃圾填埋气体排放（V1.0.0）
76	AM 0094	家庭或工业使用生物质燃料炉或加热器的分配（V1.0.0）
77	AM 0095	格林菲尔德钢铁厂利用废气复合循环发电（V1.0.0）
78	AM 0096	半导体制造工厂中安装清除系统达到 CF4 减排（V1.0.0）
79	AM 0097	高压直流输电线路安装（V1.0.0）
80	AM 0098	利用合成氨厂尾气蒸汽发电（V1.0.0）
81	AM 0099	已有热电联产电厂安装新的天然气燃料汽轮机（V1.0.0）
82	AM 0100	集成太阳能联合循环项目（V1.0.0）

附录6：大型造林与再造林项目方法学

序号	编号	方法学名称
1	AR-AM 0002	恢复退化土地基础上的造林与再造林（V3.0）
2	AR-AM 0004	农业用地的造林与再造林（V4.0）
3	AR-AM 0005	工业或商业用地的造林或再造林（V4.0）
4	AR-AM 0006	退化土地基础上以灌木为主的造林与再造林（V3.1.1）
5	AR-AM 0007	农业或畜牧业用地的造林与再造林（V5.0）
6	AR-AM 0009	林牧活动导致的退化土地的造林与再造林（V4.0）
7	AR-AM 0010	储备或保护区域内非托管草原上实施的造林与再造林（V4.0）
8	AR-AM 0011	农作物混种土地的造林与再造林（V1.0.1）
9	AR-AM 0012	退化或荒废的农用土地的造林与再造林（V1.0.1）
10	AR-AM 0013	湿地以外的土地的造林与再造林（V1.0.0）
11	AR-AM 0014	退化的红树林栖息地的造林与再造林（V1.0.0）

附录7：小型项目方法学

序号	编号	方法学名称
1	AMS-I.A.	向用户提供电力（V14.0）
2	AMS-I.B.	以电力或非电力形式向用户提供机械能（V10.0）
3	AMS-I.C.	以电力或非电力形式向用户提供热能（V19.0）
4	AMS-I.D.	可再生能源并网发电（V17.0）
5	AMS-I.E.	热力用户转用其他能源替代非可再生生物质能（V4.0）
6	AMS-I.F.	自用和供应微型电网的可再生能源发电（V2.0）
7	AMS-I.G.	植物油生产和使用用于固定用途发电（V1.0）
8	AMS-I.H.	生物柴油的生产和使用用于固定用途发电（V1.0）
9	AMS-I.I.	家庭/小型用户的沼气、生物质热能利用（V2.0）
10	AMS-I.J.	太阳能热水系统（V1.0）
11	AMS-II.A.	供应侧能效提高——传送和分配（V10.0）
12	AMS-II.B.	供应侧能效提高—发电（V9.0）
13	AMS-II.C.	需求侧特定节能技术项目活动（V13.0）
14	AMS-II.D.	工业设施提高能效和燃料转换（V12.0）
15	AMS-II.E.	建筑物提高能效和燃料转换（V10.0）
16	AMS-II.F.	农业设施提高能效和燃料转换（V9.0）
17	AMS-II.G.	提高非可再生生物质能热利用效率（V3.0）
18	AMS-II.H.	整合一个工业区内发电设施提高能源效率（V3.0）
19	AMS-II.I.	工业设施余能有效利用（V1.0）
20	AMS-II.J.	高效照明技术的需方活动（V4.0）
21	AMS-II.K.	安装热电联产或三代系统向商业楼宇供应能源（V1.0）
22	AMS-II.L.	高效的户外和街道照明技术的需方活动（V1.0）
23	AMS-II.M	需方安装低流量热水存储装置提高能效（V1.0）
24	AMS-III.A.	在现有酸性耕地的大豆-玉米轮作中应用接种体进行尿素补偿（V2.0）
25	AMS-III.B.	化石燃料转换（V15.0）
26	AMS-III.C.	低温室气体排放车辆（V13.0）
27	AMS-III.D.	农业和农产品加工业的甲烷回收（V18.0）

序号	编号	方法学名称
28	AMS-III.E.	采用可控燃烧避免生物质腐烂的甲烷排放（V16.0）
29	AMS-III.F.	采用堆肥避免生物质腐烂的甲烷排放（V10.0）
30	AMS-III.G.	垃圾填埋气回收（V7.0）
31	AMS-III.H.	污水处理的甲烷回收（V16.0）
32	AMS-III.I.	利用好氧系统替代厌氧塘避免污水处理的甲烷排放（V8.0）
33	AMS-III.J.	避免工业生产中使用化石燃料生产原材料CO_2（V3.0）
34	AMS-III.K.	机械化替代敞口木炭生产避免甲烷排放（V4.0）
35	AMS-III.L.	采用可控高温热分解避免生物质腐烂的甲烷排放（V2.0）
36	AMS-III.M.	回收造纸生产中的碳酸钠降低电能消耗（V2.0）
37	AMS-III.N.	避免多聚氨酯泡沫硬塑料生产中的HFC排放（V3.0）
38	AMS-III.O.	利用沼气甲烷生产氢能（V1.0）
39	AMS-III.P.	炼厂气回收利用（V1.0）
40	AMS-III.Q.	废气余热回收利用（V4.0）
41	AMS-III.R.	农户、小农场的农业废弃物甲烷回收利用（V2.0）
42	AMS-III.S.	商业客货运引入低排放车辆（V2.0）
43	AMS-III.T.	用作车辆燃料的油料作物种植和炼制（V2.0）
44	AMS-III.U.	大众捷运系统使用电缆车（V1.0）
45	AMS-III.V.	钢铁厂通过安装粉尘或污泥回收系统减少高炉中焦炭的消耗（V1.0）
46	AMS-III.W.	非油气开采活动的甲烷捕捉和销毁（V1.0）
47	AMS-III.X.	家用冰箱的能效和HFC-134a恢复（V2.0）
48	AMS-III.Y.	通过从废水或粪便处理系统中分离固体避免甲烷产生（V2.0）
49	AMS-III.Z.	砖生产过程中的能源转变、工艺改进和能效提高（V3.0）
50	AMS-III.AA.	交通运输能效活动技术改造（V1.0）
51	AMS-III.AB.	避免独立商业冷藏柜的HFC排放（V1.0）
52	AMS-III.AC.	使用燃料电池生产电力或热能（V1.0）
53	AMS-III.AD.	液压石灰生产中的减排（V1.0）
54	AMS-III.AE.	新住宅楼中采取提高能效和使用可再生能源措施（V1.0）
55	AMS-III.AF.	通过开挖和堆肥部分腐烂市政固废避免甲烷排放（V1.0）
56	AMS-III.AG.	从高碳密集的电网电力转变为低碳密集的化石燃料（V2.0）
57	AMS-III.AH.	燃料混合比例从高碳密集转变为低碳密集（V1.0）
58	AMS-III.AI.	通过回收废弃硫酸达到减排（V1.0）
59	AMS-III.AJ.	固体废弃物的回收及循环利用（V3.0）

序号	编号	方法学名称
60	AMS-III.AK.	运输中生物柴油的生产和使用（V1.0）
61	AMS-III.AL.	从单周期转变为复合循环电力生产（V1.0）
62	AMS-III.AM.	热电联产或三联产系统的化石燃料转变（V2.0）
63	AMS-III.AN.	现有制造业公司的化石燃料转变（V2.0）
64	AMS-III.AO.	通过控制厌氧消化回收甲烷（V1.0）
65	AMS-III.AP.	使用适配怠速停止设备的交通能效提高活动（V2.0）
66	AMS-III.AQ.	交通运输中使用生物压缩天然气（V1.0）
67	AMS-III.AR.	以LED照明系统替代化石燃料为基础的照明（V1.0）
68	AMS-III.AS.	现有非能源应用生产设备中从化石燃料转变为生物质燃料（V1.0）
69	AMS-III.AT.	商业货运船队安装数字转速表系统提高能效活动（V1.0）
70	AMS-III.AU.	调整水稻的水管理减少甲烷排放（V1.0）
71	AMS-III.AV.	低温室气体排放的水净化系统（V2.0）
72	AMS-III.AX.	固体废弃物处理场的甲烷氧化层（V1.0）

附录8：小型造林与再造林项目方法学

序列	编号	方法学名称
1	AR-AMS0001	草地或耕地上实施有限位移的小型造林与再造林CDM项目的简化基准线和监测方法学（V6.0）
2	AR-AMS0002	定居点的小型造林与再造林CDM项目的简化基准线和监测方法学（V2.0）
3	AR-AMS0003	湿地上的小型造林与再造林CDM项目的简化基准线和监测方法学（V6.0）
4	AR-AMS0004	小型农林业造林与再造林CDM项目的简化基准线和监测方法学（V2.0）
5	AR-AMS0005	支持活生物的低内在潜力土地上的小型造林与再造林CDM项目的简化基准线和监测方法学（V2.0）
6	AR-AMS0006	小型林牧业造林与再造林CDM项目的简化基准线和监测方法学（V1.0）
7	AR-AMS0007	草地或耕地上的小型造林与再造林CDM项目的简化基准线和监测方法学（V1.1）

附录9：组合方法学

序号	编号	方法学名称
1	ACM0001	垃圾填埋气项目（V11.0）
2	ACM0002	并网可再生能源发电（V12.1.0）
3	ACM0003	水泥生产中以其他燃料或低碳燃料替代部分化石燃料（V7.4.0）
4	ACM0005	水泥生产中提高混材比例（V5.0）
5	ACM0006	生物质能（废弃物）发电（V11.2.0）
6	ACM0007	多循环发电替代单循环发电（V5.0.0）
7	ACM0008	煤层气、煤矿瓦斯、通风瓦斯甲烷回收发电、供热和/或燃烧或催化分解（V7.0）
8	ACM0009	工业生产中天然气替代煤或石油（V3.2）
9	ACM0010	减少粪便管理系统GHG排放（V5.0）
10	ACM0011	现有电力生产工厂天然气替代煤和/或油（V2.2）
11	ACM0012	废气或余热或废压回收利用减少GHG排放（V4.0.0）
12	ACM0013	低GHG排放新建并网火力发电厂（V4.0.0）
13	ACM0014	废水处理避免甲烷排放（V1.0.0）
14	ACM0015	水泥熟料生产采用非碳酸盐替代材料（V1.0.0）
15	ACM0016	大众快速交通项目（V2.0）
16	ACM0017	生物质燃料油生产（V2.1.0）
17	ACM0018	从生物质残留物中电力生产（V1.3.0）
18	ACM0019	硝酸生产中的N_2O消除（V1.0.0）
19	ACM0020	生物质残留物燃烧的热量或电力生产的并网发电（V1.0.0）
20	AR-ACM0001	退化土地的造林与再造林（V5.1.1）
21	AR-ACM0002	不转移已有项目活动的退化土地的造林与再造林（V1.1.0）

附录10：CCER方法学

序号	编号	方法学名称
1	CM-001-V02	可再生能源并网发电方法学
2	CM-002-V01	水泥生产中增加混材的比例
3	CM-003-V02	回收煤层气、煤矿瓦斯和通风瓦斯用于发电、动力、供热和／或通过火炬或无焰氧化分解
4	CM-004-V01	现有电厂从煤和／或燃油到天然气的燃料转换
5	CM-005-V02	通过废能回收减排温室气体
6	CM-006-V01	使用低碳技术的新建并网化石燃料电厂
7	CM-007-V01	工业废水处理过程中温室气体减排
8	CM-008-V02	应用非碳酸盐原料生产水泥熟料
9	CM-009-V01	硝酸生产过程中所产生 N_2O 的减排
10	CM-010-V01	HFC-23 废气焚烧
11	CM-011-V01	替代单个化石燃料发电项目部分电力的可再生能源项目
12	CM-012-V01	并网的天然气发电
13	CM-013-V01	硝酸厂氨氧化炉内的 N_2O 催化分解
14	CM-014-V01	减少油田伴生气的燃放或排空并用做原料
15	CM-015-V01	新建热电联产设施向多个用户供电和／或供蒸汽并取代使用碳含量较高燃料的联网／离网的蒸汽和电力生产
16	CM-016-V01	在工业设施中利用气体燃料生产能源
17	CM-017-V01	向天然气输配网中注入生物甲烷
18	CM-018-V01	在工业或区域供暖部门中通过锅炉改造或替换提高能源效率
19	CM-019-V01	引入新的集中供热一次热网系统
20	CM-020-V01	地下硬岩贵金属或基底金属矿中的甲烷回收利用或分解
21	CM-021-V01	民用节能冰箱的制造
22	CM-022-V01	供热中使用地热替代化石燃料
23	CM-023-V01	新建天然气电厂向电网或单个用户供电
24	CM-024-V01	利用汽油和植物油混合原料生产柴油
25	CM-025-V01	现有热电联产电厂中安装天然气燃气轮机

序号	编号	方法学名称
26	CM-026-V01	太阳能—燃气联合循环电站
27	CM-027-V01	单循环转为联合循环发电
28	CM-028-V01	快速公交项目
29	CM-029-V01	燃放或排空油田伴生气的回收利用
30	CM-030-V01	天然气热电联产
31	CM-031-V01	硝酸或己内酰胺生产尾气中 N_2O 的催化分解
32	CM-032-V01	快速公交系统
33	CM-033-V01	电网中的 SF6 减排
34	CM-034-V01	现有电厂的改造和／或能效提高
35	CM-035-V01	利用液化天然气气化中的冷能进行空气分离
36	CM-036-V01	安装高压直流输电线路
37	CM-037-V01	新建联产设施将热和电供给新建工业用户并将多余的电上网或者提供给其他用户
38	CM-038-V01	新建天燃气热电联产电厂
39	CM-039-V01	通过蒸汽阀更换和冷凝水回收提高蒸汽系统效率
40	CM-040-V01	抽水中的能效提高
41	CM-041-V01	减少天然气管道压缩机或门站泄露
42	CM-042-V01	通过采用聚乙烯管替代旧铸铁管或无阴极保护钢管减少天然气管网泄漏
43	CM-043-V01	向住户发放高效的电灯泡
44	CM-044-V01	合成氨－尿素生产中的原料转换
45	CM-045-V01	精炼厂废气的回收利用
46	CM-046-V01	从工业设施废气中回收 CO_2 替代 CO_2 生产中的化石燃料使用
47	CM-047-V01	镁工业中使用其他防护气体代替 SF6
48	CM-048-V01	使用低 GWP 值制冷剂的民用冰箱的制造和维护
49	CM-049-V01	利用以前燃放或排空的渗漏气为燃料新建联网电厂
50	CM-050-V01	在 LCD 制造中安装减排设施减少 SF6 排放
51	CM-051-V01	货物运输方式从公路运输转变到水运或铁路运输
52	CM-052-V01	新建建筑物中的能效技术及燃料转换
53	CM-053-V01	半导体行业中替换清洗化学气相沉积（CVD）反应器的全氟化合物（PFC）气体
54	CM-054-V01	半导体生产设施中安装减排系统减少 CF4 排放
55	CM-055-V01	生产生物柴油作为燃料使用

序号	编号	方法学名称
56	CM-056-V01	蒸汽系统优化
57	CM-057-V01	现有己二酸生产厂中的 N_2O 分解
58	CM-058-V01	在无机化合物生产中以可再生来源的 CO_2 替代来自化石或矿物来源的 CO_2
59	CM-059-V01	原铝冶炼中通过降低阳极效应减少 PFC 排放
60	CM-060-V01	独立电网系统的联网
61	CM-061-V01	硝酸生产厂中 N_2O 的二级催化分解
62	CM-062-V01	减少原铝冶炼炉中的温室气体排放
63	CM-063-V01	通过改造透平提高电厂的能效
64	CM-064-V01	在现有工业设施中实施的化石燃料三联产项目
65	CM-065-V01	回收排空或燃放的油井气并供应给专门终端用户
66	CM-066-V01	从检测设施中使用气体绝缘的电气设备中回收 SF6
67	CM-067-V01	基于来自新建钢铁厂的废气的联合循环发电
68	CM-068-V01	利用氨厂尾气生产蒸汽
69	CM-069-V01	高速客运铁路系统
70	CM-070-V01	水泥或者生石灰生产中利用替代燃料或低碳燃料部分替代化石燃料
71	CM-071-V01	季节性运行的生物质热电联产厂的最低成本燃料选择分析
72	CM-072-V01	多选垃圾处理方式
73	CM-073-V01	供热锅炉使用生物质废弃物替代化石燃料
74	CM-074-V01	硅合金和铁合金生产中提高现有埋弧炉的电效率
75	CM-075-V01	生物质废弃物热电联产项目
76	CM-076-V01	应用来自新建的专门种植园的生物质进行并网发电
77	CM-077-V01	垃圾填埋气项目
78	CM-078-V01	通过引入油 / 水乳化技术提高锅炉的效率
79	CM-079-V01	通过对化石燃料蒸汽锅炉的替换或改造提高能效，包括可能的燃料替代
80	CM-080-V01	生物质废弃物用作纸浆、硬纸板、纤维板或生物油生产的原料以避免排放
81	CM-081-V01	通过更换新的高效冷却器节电
82	CM-082-V01	海绵铁生产中利用余热预热原材料减少温室气体排放
83	CM-083-V01	在配电电网中安装高效率的变压器
84	CM-084-V01	改造铁合金生产设施提高能效
85	CM-085-V01	生物基甲烷用作生产城市燃气的原料和燃料
86	CM-086-V01	通过将多个地点的粪便收集后进行集中处理减排温室气体

序号	编号	方法学名称
87	CM-087-V01	从煤或石油到天然气的燃料替代
88	CM-088-V01	通过在有氧污水处理厂处理污水减少温室气体排放
89	CM-089-V01	将焦炭厂的废气转化为二甲醚用作燃料，减少其火炬燃烧或排空
90	CM-090-V01	粪便管理系统中的温室气体减排
91	CM-091-V01	通过现场通风避免垃圾填埋气排放
92	CM-092-V01	纯发电厂利用生物废弃物发电
93	CM-093-V01	在联网电站中混燃生物质废弃物产热和／或发电
94	CM-094-V01	通过被动通风避免垃圾填埋场的垃圾填埋气排放
95	CM-095-V01	以家庭或机构为对象的生物质炉具和／或加热器的发放
96	CM-096-V01	气体绝缘金属封闭组合电器 SF6 减排计量与监测方法学
97	CM-097-V01	新建或改造电力线路中使用节能导线或电缆
98	CM-098-V01	电动汽车充电站及充电桩温室气体减排方法学
99	CM-099-V01	小规模非煤矿区生态修复项目方法学
100	CM-100-V01	废弃农作物秸秆替代木材生产人造板项目减排方法学
101	CM-101-V01	预拌混凝土生产工艺温室气体减排基准线和监测方法学
102	CM-102-V01	特高压输电系统温室气体减排方法学
103	CM-103-V01	焦炉煤气回收制液化天然气（LNG）方法学
104	CM-104-V01	利用建筑垃圾再生微粉制备低碳预拌混凝土减少水泥比例项目方法学
105	CM-105-V01	公共自行车项目方法学
106	CM-106-V01	生物质燃气的生产和销售方法学
107	CM-107-V01	利用粪便管理系统产生的沼气制取并利用生物
108	CM-107-V01	天然气温室气体减排方法学
109	CM-108-V01	蓄热式电石新工艺温室气体减排方法学
110	CM-109-V01	气基竖炉直接还原炼铁技术温室气体减排方法学
111	CMS-001-V02	用户使用的热能，可包括或不包括电能
112	CMS-002-V01	联网的可再生能源发电
113	CMS-003-V01	自用及微电网的可再生能源发电
114	CMS-004-V01	植物油生产并在固定设施中用作能源
115	CMS-005-V01	生物柴油生产并在固定设施中用作能源
116	CMS-006-V01	供应侧能源效率提高—传送和输配
117	CMS-007-V01	供应侧能源效率提高—生产
118	CMS-008-V01	针对工业设施的提高能效和燃料转换措施

序号	编号	方法学名称
119	CMS-009-V01	针对农业设施与活动的提高能效和燃料转换措施
120	CMS-010-V01	使用不可再生物质供热的能效措施
121	CMS-011-V01	需求侧高效照明技术
122	CMS-012-V01	户外和街道的高效照明
123	CMS-013-V01	在建筑内安装节能照明和／或控制装置
124	CMS-014-V01	高效家用电器的扩散
125	CMS-015-V01	在现有的制造业中的化石燃料转换
126	CMS-016-V01	通过可控厌氧分解进行甲烷回收
127	CMS-017-V01	在水稻栽培中通过调整供水管理实践来实现减少甲烷的排放
128	CMS-018-V01	低温室气体排放的水净化系统
129	CMS-019-V01	砖生产中的燃料转换、工艺改进及提高能效
130	CMS-020-V01	通过电网扩展及新建微型电网向社区供电
131	CMS-021-V01	动物粪便管理系统甲烷回收
132	CMS-022-V01	垃圾填埋气回收
133	CMS-023-V01	通过控制的高温分解避免生物质腐烂产生甲烷
134	CMS-024-V01	通过回收纸张生产过程中的苏打减少电力消费
135	CMS-025-V01	废能回收利用（废气／废热／废压）项目
136	CMS-026-V01	家庭或小农场农业活动甲烷回收
137	CMS-027-V01	太阳能热水系统（SWH）
138	CMS-028-V01	户用太阳能灶
139	CMS-029-V01	针对建筑的提高能效和燃料转换措施
140	CMS-030-V01	在交通运输中引入生物压缩天然气
141	CMS-031-V01	向商业建筑供能的热电联产或三联产系统
142	CMS-032-V01	从高碳电网电力转换至低碳化石燃料的使用
143	CMS-033-V01	使用 LED 照明系统替代基于化石燃料的照明
144	CMS-034-V01	现有和新建公交线路中引入液化天然气汽车
145	CMS-035-V01	用户使用的机械能，可包括或不包括电能
146	CMS-036-V01	使用可再生能源进行农村社区电气化
147	CMS-037-V01	通过将向工业设备提供能源服务的设施集中化提高能效
148	CMS-038-V01	来自工业设备的废弃能量的有效利用
149	CMS-039-V01	使用改造技术提高交通能效
150	CMS-040-V01	在独立商业冷藏柜中避免 HFC 的排放

序号	编号	方法学名称
151	CMS-041-V01	新建住宅楼中的提高能效和可再生能源利用
152	CMS-042-V01	通过回收已用的硫酸进行减排
153	CMS-043-V01	生物柴油的生产和运输目的使用
155	CMS-044-V01	单循环转为联合循环发电
155	CMS-045-V01	热电联产/三联产系统中的化石燃料转换
156	CMS-046-V01	通过使用适配后的怠速停止装置提高交通能效
157	CMS-047-V01	通过在商业货运车辆上安装数字式转速记录器提高能效
158	CMS-048-V01	通过电动和混合动力汽车实现减排
159	CMS-049-V01	避免工业过程使用通过化石燃料燃烧生产的 CO_2 作为原材料
160	CMS-050-V01	焦炭生产由开放式转换为机械化，避免生产中的甲烷排放
161	CMS-051-V01	聚氨酯硬泡生产中避免 HFC 排放
162	CMS-052-V01	冶炼设施中废气的回收和利用
163	CMS-053-V01	商用车队中引入低排放车辆/技术
164	CMS-054-V01	植物油的生产及在交通运输中的使用
165	CMS-055-V01	大运量快速交通系统中使用缆车
166	CMS-056-V01	非烃采矿活动中甲烷的捕获和销毁
167	CMS-057-V01	家庭冰箱的能效提高及 HFC-134a 回收
168	CMS-058-V01	用户自行发电类项目
169	CMS-059-V01	使用燃料电池进行发电或产热
170	CMS-060-V01	从高碳燃料组合转向低碳燃料组合
171	CMS-061-V01	从固体废物中回收材料及循环利用
172	CMS-062-V01	用户热利用中替换非可再生的生物质
173	CMS-063-V01	家庭/小型用户应用沼气/生物质产热
174	CMS-064-V01	针对特定技术的需求侧能源效率提高
175	CMS-065-V01	钢厂安装粉尘/废渣回收系统，减少高炉中焦炭的消耗
176	CMS-066-V01	现有农田酸性土壤中通过大豆－草的循环种植中通过接种菌的使用减少合成氮肥的使用
177	CMS-067-V01	水硬性石灰生产中的减排
178	CMS-068-V01	通过挖掘并堆肥部分腐烂的城市固体垃圾（MSW）避免甲烷的排放
179	CMS-069-V01	在现有生产设施中从化石燃料到生物质的转换
180	CMS-070-V01	通过电网扩张向农村社区供电
181	CMS-071-V01	在固体废弃物处置场建设甲烷氧化层

续上表

序号	编号	方法学名称
182	CMS-072-V01	化石燃料转换
183	CMS-073-V01	电子垃圾回收与再利用
184	CMS-074-V01	从污水或粪便处理系统中分离固体避免甲烷排放
185	CMS-075-V01	通过堆肥避免甲烷排放
186	CMS-076-V01	废水处理中的甲烷回收
187	CMS-077-V01	废水处理过程通过使用有氧系统替代厌氧系统避免甲烷的产生
188	CMS-078-V01	使用从沼气中提取的甲烷制氢
189	CMS-079-V01	配电网中使用无功补偿装置温室气体减排方法学
190	CMS-080-V01	在新建或现有可再生能源发电厂新建储能电站
191	CMS-081-V01	反刍动物减排项目方法学
192	CMS-082-V01	畜禽粪便堆肥管理减排项目方法学
193	CMS-083-V01	保护性耕作减排增汇项目方法学
194	CMS-084-V01	生活垃圾辐射热解处理技术温室气体排放方法学

附录11：碳普惠制核证减排量方法学

序号	编号	方法学名称
1	2017001-V01	广东省森林保护碳普惠方法学
2	2017002-V01	广东省森林经营碳普惠方法学
3	2017003-V01	广东省安装分布式光伏发电系统碳普惠方法学
4	2017004-V01	广东省使用高效节能空调碳普惠方法学
5	2017005-V01	广东省使用家用型空气源热泵热水器碳普惠方法学
6	2019001-V01	广东省自行车骑行碳普惠方法学

附录12：术语中英文对照

英文名称		中文名称
Type Ⅰ environmental label		Ⅰ型环境标志
Type Ⅱ environmental label		Ⅱ型环境标志
Type Ⅲ environmental label		Ⅲ型环境标志
Endorsement Label		保证标志
Pigovian Taxes		庇古税
uncertainty analysis		不确定性分析
Product Category Rules	（PCR）	产品种类规则
Free Rider		搭便车
inverted U curve		倒U曲线
Conferences of the Parties	（COP）	缔约方会议
Secondary Benefits		二次收益
Negative Externality		负外部性
Tragedy of the Commons		公地悲剧
Public goods		公共物品
International Organization for Standardization	（ISO）	国际标准化组织
International Telecommunication Union	（ITU）	国际电信联盟
Emissions Trading	（ET）	国际排放贸易机制
national footprint accounts	（NFA）	国家生态足迹账户
Nationally Determined Contributions	（NDCs）	国家自主贡献
Intended Nationally Determined Contributions	（INDC）	国家自主贡献预案
Fallacy of Composition		合成谬误
Verified Carbon Standard	（VCS）	核证碳减排标准
Environmental，Social，and Governance	（ESG）	环境、社会及治理
Environmental Label		环境标志
Environmental Product Declaration	（EPD）	环境产品声明
Environmental Kuznets Curve		环境库兹涅茨曲线
Environmental Declaration		环境声明
Baseline and credit		基线与信用机制
allowance-based markets		基于配额碳市场

英文名称		中文名称
project-based markets		基于项目碳市场
the Logic of Collective Action		集体行动的逻辑
Techno-Institutional Complex	（TIC）	技术—制度综合体
Monitoring, Reporting, Verification	（MRV）	监测、报告、核查
Kyoto Protocol		京都议定书
Organization for Economic Co-operation and Development	（OECD）	经济合作与发展组织国家
Convergence Hypothesis		经济收敛假说
Net Primary Productivity	（NPP）	净初级生产力
Net-zero CO_2 emissions		净零 CO_2 排放量
Net Zero Carbon Emission		净零碳排放
Net Zero Carbon Footprint		净零碳足迹
club goods		俱乐部物品
measurable, reportable, verifiable	（MRV）	可测量、可报告、可核查
Kuznets curve		库兹涅茨曲线
Land Use and Land Cover Change	（LUCC）	利用与土地覆盖变化
United Nations Environment Programme	（UNEP）	联合国环境规划署
United Nations Framework Convention on Climate Change	（UNFCCC）	联合国气候变化框架公约
Joint Implementation	（JI）	联合履行机制
The Regional Greenhouse Gas Initiative	（RGGI）	美国区域温室气体减排行动
American Carbon Registry	（ACR）	美国碳登记处标准
sensitivity analysis		敏感性分析
End-of-pipe Treatment		末端治理
The European Union Emissions Trading System	（EU ETS）	欧盟排放交易体系
Emission Allowance Trading		排放配额交易
Climate Action Reserve	（CAR）	气候行动储备标准
regulatory/compliance markets		强制履约碳市场
Clean Development Mechanism	（CDM）	清洁发展机制
Prisoner's Dilemma		囚徒困境
Global Warming Potential	（GWP）	全球变暖潜能值
Global environmental foundation	（GEF）	全球环境基金
Global ecological benchmark		全球生态标杆
Global Footprint Network	（GFN）	全球生态足迹网络
Human load		人类负荷
End Of Life	（EOL）	生命终止
life cycle interpretation		生命周期解释

英文名称		中文名称
Life Cycle Assessment	（LCA）	生命周期评价
Life cycle assessment inventory analysis	（LCI）	生命周期清单分析
Life cycle impact assessment	（LCIA）	生命周期影响评价
Ecologically deficit		生态赤字
Ecologically capacity		生态容量与生态承栽力
Ecologically productive area		生态生产性土地
Ecologically remainder		生态盈余
Ecologically footprint		生态足迹
Biomass energy with carbon capture and storage	（BECCS）	生物能源与碳捕获和储存
World Commission on Environment and Development	（WCED）	世界环境与发展委员会
Coordinating Committee for the World Climate Program	（CCWCP）	世界气候计划合作委员会
World Meteorological Organization	（WMO）	世界气象组织
Market Failure		市场失灵
Double Dividend		双重红利
Private goods		私人物品
Carbon Label		碳标签
Carbon Capture，Utilization and Storage	（CCUS）	碳捕获、利用与封存
Carbon Capture and Storage	（CCS）	碳捕获与封存
peak carbon dioxide emissions		碳达峰
Carbon Sequestration		碳封存
Carbon Sink		碳汇
Carbon Accounting		碳会计
carbon verification		碳鉴证
Carbon Trading		碳交易
Carbon Permits Market		碳交易市场
Carbon Unlock-in		碳解锁
Carbon Reservoir		碳库
Carbon Permits		碳排放权
GHG Inventory		碳盘查，碳计算，碳计量
carbon audit		碳审计
Carbon Lock-in		碳锁定
Carbon Leakage		碳泄漏
Carbon Source		碳源
carbon neutrality，Carbon Neutral		碳中和
Input-output analysis	（IOA）	投入产出分析法

英文名称		中文名称
Decoupling Theory		脱钩理论
GHG Protocol	（GHGP）	温室气体核算体系
Material Flow Accounts	（MFA）	物质流账户体系
point of sale	（POS）	销售终端
Millennium Ecosystem Assessment	（MEA）	新千年生态系统评估
Information Label		信息标志
Credit Trading		信用交易
Permit Trading		许可证交易
Spillover Effect		溢出效应
impact category		影响类型
impact category indicator		影响类型参数
Positive Externality		正外部性
Intergovernmental Panel on Climate Change	（IPCC）	政府间气候变化专门委员会
Intergovernmental Negotiating Committee	（INC）	政府间谈判委员会
Chicago Climate Exchange Offsets Program Standard	（CCX）	芝加哥气候交易所抵消项目标准
Japan Voluntary Emissions Trading Scheme	（JEVTS）	日本试验性排放交易机制
The New Sowh Wales Greehouse Gas Abatement Scheme	（NSW GGAS）	澳大利亚新南威尔士州温室气体减排体系
Direct air capture and storage	（DACS）	直接空气碳捕获和储存
designated operational entity	（DOE）	指定经营实体
Chinese Certified Emission Reduction	（CCER）	中国核证减排量
self-declared environmental claim		自我环境声明
Voluntary Emission Reduction	（VER）	自愿减排信用
voluntary carbon markets		自愿碳市场
Cap and trade		总量限制与交易
total suspended particles	（TSP）	总悬浮颗粒物